Clemens Arvay

Biophilia in der Stadt

GOLDMANN
Lesen erleben

Das Buch

Die Natur ist erwiesenermaßen das beste Mittel gegen Zivilisationsleiden wie Stress, Herz-Kreislaufprobleme und depressive Verstimmung. Im Wald stärken wir unser Immunsystem und unsere Organe bis zu den Zellen. Aber wie die heilende Kraft der Natur in der Stadt erleben? Waldbaden in der City? Clemens Arvay ist optimistisch. Der Biologe zeigt, wie und warum sich naturnah gestaltete Großstädte positiv auf die Gesundheit des Einzelnen und auf das gesamtgesellschaftliche Wohlbefinden auswirken. Mit praktischen Tipps, wie Stadtbewohner die Heilkraft der Natur schon jetzt aktivieren und nutzen können.

Der Autor

Clemens G. Arvay, Jahrgang 1980, ist Diplom-Ingenieur und Biologe. Er studierte Landschaftsökologie und Pflanzenwissenschaften in Wien und Graz und ist Autor zahlreicher Bücher, darunter der Bestseller. Er beschäftigt sich mit der Beziehung zwischen Mensch und Natur, wobei er die gesundheitsfördernden Effekte des Kontakts mit Pflanzen, Tieren und Landschaften in den Mittelpunkt rückt.
www.clemensarvay.com

Von Clemens G. Arvay ist im Goldmann Verlag außerdem erschienen:

Der Heilungscode der Natur
Mit den Bäumen wachsen wir in den Himmel

Jeweils auch als E-Book erhältlich

Stickler

Clemens G. Arvay

Biophilia in der Stadt

Wie wir die Heilkraft der Natur
in unsere Städte bringen

Mit einem Vorwort
von Gerald Hüther

GOLDMANN

Sollte diese Publikation Links auf Webseiten Dritter enthalten,
so übernehmen wir für deren Inhalte keine Haftung,
da wir uns diese nicht zu eigen machen, sondern lediglich auf
deren Stand zum Zeitpunkt der Erstveröffentlichung verweisen.

FSC www.fsc.org MIX Papier aus verantwortungsvollen Quellen FSC® C014496

Verlagsgruppe Random House FSC® N001967

1. Auflage
der Taschenbuchausgabe März 2020
by Wilhelm Goldmann Verlag, München,
in der Verlagsgruppe Random House GmbH,
Neumarkter Straße 28, 81673 München

Umschlaggestaltung: UNO Werbeagentur, München,
Umschlagmotiv: Masterfile/Ikon Images; FinePic®, München
Redaktion: Judith Mark
KF · Herstellung: kw
Satz: Uhl + Massopust, Aalen
Druck und Einband: GGP Media GmbH; Pößneck
Printed in Germany
ISBN 978-3-442-14241-5
www.goldmann-verlag.de

Besuchen Sie den Goldmann Verlag im Netz:

»Sogar ein New York City Girl braucht eine Verbindung mit der Natur.«[1]

Mark Hoelterhoff, Psychologe,
Universität von Cumbria, England

INHALT

VORWORT von Gerald Hüther

Sicher kennen Sie diesen etwas sarkastischen Witz, in dem ein fremder Planet unserer Erde mit den Worten begegnet: »Du schaust aber gar nicht gut aus«. »Ach ja«, sagt die Erde, »ich habe Menschen«. »Das geht vorüber«, ruft ihr der andere zu und fliegt weiter.

Stimmt es, dass alle Menschen dabei sind, der in Jahrmillionen entstandenen Vielfalt des Lebens auf unserem Planeten ein jähes, globales Ende zu bereiten? Oder sind das nicht vielmehr nur diejenigen, die ihren Bezug zu unserer natürlichen Lebenswelt verloren haben? Deren Zahl steigt allerdings schon seit einigen Generationen in bedenklicher Weise an. Und sie leben fast alle in Städten. Sie leben von dem, was überall dort, wo einst die natürlichen Lebensräume dieser lebendigen Vielfalt waren, inzwischen industriell angebaut, gemästet und produziert wird.

Wer nicht völlig einfältig ist, weiß, dass es so nicht weitergehen kann. Ratlos machen sich deshalb die ersten fertig für den Flug zum Mars. Andere sägen unbekümmert weiter an dem Ast, auf dem sie sitzen, offenbar hoffend, dass er noch bis zu ihrem Ableben hält. Und den meisten ist wohl gar nicht bewusst, wie sehr sie von dieser Natur abhängig sind, die sie zerstören, weil sie keinen Bezug mehr zu ihr haben.

An diese vielen Menschen wendet sich Clemens G. Arvay mit diesem Buch, und dafür bin ich ihm sehr dankbar. Die Marsflieger sind keine geeignete Zielgruppe für seine Botschaften, und an den Ignoranten prallen alle Argumente ab. Aber die meisten Menschen, die in unseren Städten leben und Gefahr laufen, ihre Verbundenheit mit der Natur zu verlieren, sind durchaus bereit, sich wieder auf die Natur und ihre lebendige Vielfalt einzulassen. Jedenfalls dann, wenn es dafür überzeugende Argumente gibt.

Dass dort oben, im Gehirn, bis ins hohe Alter neue Netzwerke gebildet, neue Verknüpfungen aufgebaut und somit neue Lernerfahrungen verankert werden können, ist ja eine der wichtigsten Erkenntnisse der Gehirnforscher im 21. Jahrhundert. Aber solche Umbauprozesse kommen eben nur dann in Gang, wenn Menschen etwas erfahren, das sie für ihr Leben als wichtig erachten. Genau hier setzt Arvay an, indem er auf unterhaltsame und verständliche Weise erklärt, was die Natur an wunderbaren Heilmitteln für Stadtmenschen bereithält.

Wer »Mykorrhiza« bisher eher für den Namen einer neuen Girls-Band gehalten hat, dem wird angesichts der gesundheitsfördernden Leistungen dieses unterirdischen Pilzgeflechts der Atem stocken und der Mund offenstehen. Gut so! Jede erfreuliche Veränderung beginnt mit einem Staunen. Und die größte Faszination bieten uns die Wunder der lebendigen Natur. Danke, lieber Herr Arvay, für diesen Augenöffner!

Aber was nützt alles Wissen, das uns staunen lässt, wenn wir das Erstaunliche nicht selbst, am eigenen Leib erleben? Wie gut also, dass dieses Buch nicht nur deutlich macht, was für Schätze die Natur für uns bereithält, sondern auch zeigt, wo wir sie finden: Mitten in der Stadt, vor unserer Haustür, überall, wenn man beginnt, den Blick weg von Asphalt und Beton und hin auf all diese kleinen natürlichen Lebensräume der Stadt zu richten. Und wer so, also wieder mit dem Herzen zu sehen gelernt hat, beginnt sich nicht nur mit seinem Verstand, sondern auch mit seinem Gefühl mit der Natur zu verbinden. Solche Stadtbewohner achten dann auch darauf, dass die natürlichen Lebensräume nicht nur erhalten, sondern erweitert werden – in ihrer Stadt und auch außerhalb, überall in der Welt.

Das also hat der fremde Planet offenbar gemeint, als er die Erde mit seiner Bemerkung, »das geht vorüber« zu trösten versuchte: Wenn endlich immer mehr Menschen ihre lebendige Verbundenheit mit der Natur wiederentdecken, kann die Erde auch wieder gesunden.

Gerald Hüther *Göttingen, im Frühling 2018*
www.gerald-huether.de
www.akademiefuerpotentialentfaltung.org

EINLEITUNG
Wir sind geborene Biophiliacs

Auf der Suche nach dem Biophilia-Effekt in der Stadt nahmen meine Abenteuer für dieses Buch im Frühjahr 2017 ihren Anfang. Mit »Biophilia-Effekt« meine ich ein Naturerlebnis mit äußerst positiven Auswirkungen auf unsere körperliche Gesundheit und unser psychisches Wohlbefinden. Diese Auswirkungen lassen sich wissenschaftlich mit modernen Methoden nachweisen. Ich habe in meinen früheren Büchern bereits darüber berichtet. Der Biophilia-Effekt kann sogar ernsthafte chronische Erkrankungen in der Stadt zurückdrängen und eine biologische Verjüngungskur der Stadtbewohner in Gang setzen. Urbane Wälder haben das Potenzial, die Gehirnentwicklung unserer Kinder zu fördern. Auf all das werde ich im Verlauf dieses Buches noch zurückkommen und zugleich Antworten auf die Frage geben, die mir in den letzten Jahren am häufigsten gestellt wurde: Wie können Stadtbewohner in den Genuss der Heilkräfte der Natur kommen? Oder anders gefragt: Wie können wir Biophilia in der Stadt erleben?

Schon Erich Fromm, der große deutsch-amerikanische Psychoanalytiker und Menschenfreund, wusste, dass die Liebe zur Natur bei jedem oder zumindest fast jedem Menschen zu finden ist. Malerische Landschaften sowie das rege Leben und Wachstum von Pflanzen und Tieren ziehen uns wie magisch an und machen uns glücklich. Wir alle wissen aus eigener Erfahrung, wie sich Biophilia anfühlt. Dazu brauchen wir beispielsweise nur an die Glücksgefühle zu denken, die jedes Jahr mit dem Frühling ins Land ziehen, wenn die Vegetation zu neuem Leben erwacht und überall die Frühjahrsblüher aus dem Boden schießen. Dann zieht es Millionen von Städtern in die Waldgebiete am Stadtrand oder in die florierenden Parks. Auch das ist ein Biophilia-Effekt. Fromm schrieb 1964 in seinem Aufsatz *The Heart of Man*, der später unter dem Titel *Die Seele des Menschen* übersetzt wurde, dass es uns lebendig und gesund erhält, wenn wir die biophilen Kräfte in uns aktivieren.[2] Das geschieht, indem wir mit der Natur in Kontakt kommen.

Wir Menschen sind geborene »Biophiliacs«, also geborene Natur-Freaks. Zwar verhalten wir uns als Gesellschaft eher naturzerstörerisch – und das reicht weit in die Menschheitsgeschichte zurück –, aber der einzelne Mensch findet im Regelfall großen Gefallen an der Natur. Dieser Widerspruch lässt sich aufheben, wie ich in diesem Buch zeigen werde. Ich bin davon überzeugt, dass persönliche Heilung sowie die Heilung unserer Gesellschaft nur dann nachhaltig möglich sind, wenn wir die Natur wieder zurück in unser Leben und in unsere Lebensräume holen – auch oder vor allem in der Stadt. Wir Menschen sind ja Naturwesen und werden es für immer bleiben. Unsere Spezies hat sich in einem langwierigen Evolutionsprozess im ständigen Austausch und Wechselspiel mit Pflanzen, Tieren und Ökosystemen entwickelt. Wir tragen die Handschrift der Natur in jeder unserer Zellen und tief in unserer Psyche. Jeder Mensch sollte durch seine Geburt als *Homo sapiens* ein Recht auf Zugang zu gesunden, ökologisch intakten Lebensräumen haben, egal, wo er wohnt oder arbeitet. Denn die Trennung von der Natur lässt uns körperlich und psychisch krank werden, während Naturkontakt uns gesund hält oder unsere Heilung unterstützt. Die wissenschaftlichen Belege für diese Aussagen mehren sich. Sie beruhen auf anerkannten Forschungsmethoden der Biologie, Medizin, Psychologie und der Sozialwissenschaften. Beispielsweise nimmt für Stadtbewohner die Gefahr einer Herz-Kreislauf-Erkrankung nachweislich ab, wenn rund um ihre Wohnungen Bäume gepflanzt werden. In Waldgebieten sinkt die statistische Häufigkeit von Krebserkrankungen, was ein starkes Argument für mehr Stadtwälder ist. Naturspaziergänge wirken sich äußerst positiv auf unser Immunsystem aus, während Stadtspaziergänge diese Wirkung nicht haben.[3] Derzeit bekommen im Vergleich zum ländlichen Raum achtmal mehr Stadtkinder Asthma.[4] Stadtbewohner erkranken, je nach Größe der Stadt, mit 68 bis 77 Prozent höherer Wahrscheinlichkeit an einer Psychose. Ob wir in einer Stadt leben oder auf dem Land, hat sogar einen stärkeren Einfluss auf unser statistisches Schizophrenie-Risiko als die genetische Veranlagung.[5] Auch das Risiko einer Depression nimmt durch die Urbanisierung zu, während der Kontakt zur Natur die Heilung der genannten psychischen Beschwerden unterstützt.

Der Biophilia-Effekt hilft Stadtbewohnern dabei, ihre körperliche und psychische Gesundheit zu schützen. Die Begrünung von Städten schwächt Aggressionen ab und führt zu einer friedlicheren Koexistenz in Ballungsräumen.[6] Opfer von Gewalt, Krieg und traumatischen Ereignissen profitieren von urbanen Therapiegärten, und das Zusammenleben zwischen Migranten und der einheimischen Bevölkerung lässt sich durch Integrationsgärten deutlich verbessern.[7]

Dieses Buch befasst sich ausführlich mit den Zusammenhängen zwischen Natur und Gesundheit und zeigt auf, was Stadtbewohner jetzt schon tun können, um in den Genuss der Heilkraft der Natur zu kommen. Dazu brauchen Sie das Stadtgebiet nicht zu verlassen, und ich beschreibe nur solche Zugänge zur Natur, die mit öffentlichen Verkehrsmitteln erreichbar sind. Ich liefere Ihnen zahlreiche konkrete Beispiele aus dem deutschsprachigen und internationalen Raum. Denn das gesundheitsschützende »Waldbaden« ist in allen unseren Metropolen jederzeit möglich. Im Original heißt das Waldbaden »Senlinyu« und ist eine alte Tradition aus China, die sich mehr als 2500 Jahre zurückverfolgen lässt. Der chinesische Ursprung ist im Westen unbekannt. Hingegen hat sich eine Variante unter dem Namen »Shinrin Yoku« aus Japan bis nach Europa und in die USA verbreitet. »Shinrin Yoku« ist eine japanische Übersetzung aus dem Chinesischen, die erst 30 Jahre alt ist. In diesem Buch erfahren Sie mehr über die *eigentliche* Herkunft des Waldbadens und lernen das größte offizielle Resort für Waldbaden kennen. Es befindet sich – thematisch passend – am Rand von Taipeh, einer Millionenstadt.

Ich lege außerdem konkrete Pläne vor, wie wir den Biophilia-Effekt in unseren Metropolen verankern können und unsere Städte zu Ökosystemen werden lassen, die unserer körperlichen und psychischen Gesundheit zugutekommen und zugleich zur Gesundung des Planeten beitragen. Ich löse den scheinbaren Widerspruch zwischen Stadt und Natur auf. Die lebensfreundliche Stadt der Zukunft wird von einem Netzwerk aus »Biophilia-Korridoren«, wie ich sie nenne, durchzogen sein wie von grünen, organischen Adern. Sie erfahren, was wir von Termiten über Architektur lernen können und wie die Wolkenkratzer der Zukunft gebaut sein werden, damit unser evolutionär geschultes Gehirn uns bei ihrem Anblick in den Modus der Entspannung und Regeneration versetzt. Ich erkläre anhand neurobiologischer Erkenntnisse, wie sich unsere Siedlungen und Bürokomplexe nach dem Vorbild der Farben und Formen der Natur verändern sollten, weil sich dadurch der Gehalt an Stresshormonen im Blut senken lässt. In der biophilen Stadt der Zukunft werden die Grenzen zwischen drinnen und draußen verschwimmen. Auf diese Weise werden wir wieder an den natürlichen Rhythmus der Natur angeschlossen, auf den unser Organismus seit

Hunderttausenden von Jahren geeicht ist. Die Chronobiologie zeigt uns, dass wir wesentlich gesünder wären, wenn sich unsere biologische Uhr wieder einpendeln würde.

Hausfassaden werden von vertikalen Gärten bewachsen sein. Natürliche Baumaterialien werden in der Stadt eine Renaissance erleben. Der Ökolandbau wird in den Metropolen der Zukunft ein Refugium finden, in dem er sich ohne den Druck von Agrokonzernen zu einer *wirklich* nachhaltigen Biolandwirtschaft entwickeln kann. Städte werden sogar die Rettung unserer Bienen darstellen. Sie sehen: Es geht mir nicht darum, das Stadtleben zu verteufeln. Unsere Städte sind Orte der Begegnung und verfügen über ein reges kulturelles Leben, vielfältige Bildungsangebote und eine gute Infrastruktur. Mein Anliegen ist es, die Vorteile der Stadt und die Vorteile der Natur miteinander zu verbinden und unsere Metropolen an das pulsierende, lebendige Netzwerk der Natur anzuschließen.

Erich Fromm schrieb in *The Heart of Man*, dass Krankheit entsteht und unsere ganze Gesellschaft krank wird, wenn wir uns von der Natur entfernen. Diese schädliche Abkehr von unseren Wurzeln nannte er »Biophobie«. Dabei handelt es sich um den zerstörerischen Gegenpart der biophilen Kräfte, der am ehesten mit Sigmund Freuds Todestrieb »Thanatos« vergleichbar ist. Doch dieses Buch handelt ja glücklicherweise vom Gegenteil, nämlich von unserer grünen Zukunft und der heilsamen Zuwendung zur Natur – in Kleinstädten genauso wie in den größten Metropolen der Erde.

I. Das heilsame Trio des Waldes

Die Erforschung des Biophilia-Effekts geht weiter

Wildwasser als Medizinlabor

»Wasser ist der perfekte Reisende,
denn auf seiner Reise wird es selbst zum Weg.«[8]

Mehmet Murat Ildan, türkischer Schriftsteller

Es war Juni 2017, und es war heiß. Die Sonne lockte mich, einen begeisterten Biophiliac, in Richtung Südeuropa. Ich wollte ein Ökosystem von Weltrang besuchen – den Nationalpark Plitvicer Seen in Kroatien. Für mich als Biologen und Balkan-Freund ist dieser Ort bedeutungsvoll, weil es sich um den ältesten Nationalpark Südosteuropas handelt. Er besteht seit 1949. Außerdem sind die Plitvicer Seen ein UNESCO-Weltnaturerbe. Dort wollte ich mich auf die Suche nach drei besonderen Kräften der Natur begeben, die ich »das heilsame Trio des Waldes« nenne. Diese drei bioaktiven Natursubstanzen sind in ökologisch gesunden Waldgebieten immer zu finden, aber auch in anderen Naturlandschaften, wie wir noch sehen werden. Sie bilden die Grundlage des Biophilia-Effekts, wenn es um die messbare medizinische Wirkung der Natur auf unsere Organe, Zellen und das Immunsystem geht.

Von Wien aus überquerte ich nach drei Stunden Autofahrt die kroatische Grenze. An jeder Autobahnraststätte wurde ab diesem Zeitpunkt Burek, ein gefülltes Blätterteiggericht mit türkischen Wurzeln, angeboten – ein deutliches Zeichen dafür, dass ich auf dem Westbalkan angekommen war. Vorbei an Kroatiens Hauptstadt Zagreb, wohin mich meine Suche nach Biophilia in der Stadt auf dem Rückweg noch führen sollte, steuerte ich meinen Wagen weiter in den Süden. Zwei Stunden später erreichte ich mein Ziel im hügelreichen Karstgebiet Mittelkroatiens. Die Plitvicer Seen liegen nur wenige Kilometer von der Grenze zum Bundesstaat Bosnien und Herzegowina entfernt und sind in dichte Wälder mit einer Ausdehnung von 23 000 Hektar eingebettet. Das entspricht 230 Quadratkilometern. Die ältesten Bäume, die dort wachsen, sind 700 Jahre alt. Die Wälder sind auch das Zuhause von gefährdeten Tierarten wie Wölfen, Luchsen, Braunbären und Steinadlern.

Der Himmel war tiefblau, und es war keine einzige Wolke zu sehen. Die Mittagssonne schien glühend auf mich herab, als ich meinen Fuß auf den Nationalparkboden setzte. Ein Pfad führte mich über einen felsigen Steilhang zu den berühmten »hängenden Seen« hinunter, die auf natürlichen Terrassen neben- und übereinander angeordnet sowie durch unzählige kleine und große Wasserfälle miteinander verbunden sind. Das Wasser glitzerte smaragdgrün. Während des Abstiegs in die erste Schlucht hatte ich einen exzellenten Blick über die Seen. Weiter unten tauchte ich in die unberührte Naturidylle ein und fand mich umringt von knorrigen Eichen und niedrigen Rotbuchen. Die krummen Bäume konnten dort aufgrund des kargen und teilweise felsigen Untergrundes nicht weiter in die Höhe wachsen. Doch auf einem Felsvorsprung über mir thronten drei aufrechte Kiefern, als würden sie »ihre« Schlucht bewachen.

Ich bewegte mich auf einem schmalen, steinigen Pfad zwischen See und Felsen entlang und blieb neben einem Wasserfall stehen, der den Steilhang herabstürzte und die Wassermassen des darüberliegenden Sees in den unteren abfließen ließ. Im freien Fall war das Wasser wild und ungestüm. Es schäumte und färbte sich silbern. Kaum im See angekommen, fügte es sich jedoch rasch in den ruhigen Wasserkörper ein, der so kristallklar war, dass man jedes Detail am Grund gestochen scharf erkennen konnte. Für die smaragdgrüne Färbung der Seen sind mikroskopisch kleine Algen verantwortlich. Am Ufer, halb im Wasser, wuchsen Moose auf dem kalkhaltigen Untergrund. Dieselben Moose fand ich auch in den Bereichen, die durch das herabstürzende Wasser ständig benetzt wurden. Diese Urpflanzen mochten es nass und ließen sich in den starken Wasserströmen sowie in den plätschernden Rinnsalen umspülen.

Die Luft rund um den Wasserfall war feucht und angenehm kühl, was mir an diesem heißen Tag willkommen war. Ich atmete mehrmals tief ein und stellte fest, dass die Luft eine wohltuende, vitalisierende Wirkung auf mich hatte. Auch viele andere Menschen hatten mir geschildert, wie sie an Wasserfällen und rasanten Wildflüssen intuitiv spürten, dass die dortige Luft ihnen sehr guttat. Manche beschrieben das als »reinigend« oder »befreiend«, andere sprachen von einer »Wildwasserkur«. Wieder andere schwärmten von der Luft am Meer, die sie immer dann als besonders wohltuend empfanden, wenn die Wellen im Sturm unbändig gegen die Küste schlugen. Wie so oft, wenn es um die heilsamen Wirkungen der Natur auf uns Menschen geht, also um den Biophilia-Effekt, bestätigen auch in diesem Fall immer mehr wissenschaftliche Erkenntnisse, was viele von uns intuitiv spüren: Wasserfälle, Flüsse und das Meer geben gesundheitsfördernde Wirkstoffe an die Luft ab. Die moderne Forschung hat in den letzten Jahren viele unterschiedliche und ausgesprochen positive Wirkungen auf die Organe, Zellen und auf die Psyche des Menschen nachgewiesen, die vom »Medizinlabor Wildwasser« ausgehen.

Ich packte ein Messgerät in der Größe einer kleinen Schuhschachtel aus und hielt es nahe am Wasserfall in die Luft. Nach einiger Zeit erschienen auf dem Display Zahlen, die sich von Sekunde zu Sekunde veränderten, sich jedoch im ungefähren Bereich von 50 000 einpendelten.

Wasserfall-Plasma: ein »kosmisches« Gesundheitselixier steigert die Abwehrkräfte

In der Nähe von Wasserfällen bildet sich ein kostbarer Stoff, der auf der Erde selten ist. Es handelt sich um eine Substanz, die zum heilsamen Trio des Waldes gehört. Während die Wasserpartikel durch die Luft geschleudert werden sowie durch Reibung beim Aufprall der Wasserpartikel am Boden oder an umgebenden Felswänden entsteht die sogenannte »Wasserfallelektrizität«. Auf ganz natürliche Weise werden elektrische Kräfte freigesetzt, die wir nicht bewusst wahrnehmen können. Dieses Phänomen findet sich nicht nur an Wasserfällen, sondern auch an natürlichen Flüssen und Meeresküsten – also überall dort, wo das Wasser noch wild sein darf und seine Partikel unbändig durch die Luft schleudert. Auch heftige Regengüsse erzeugen Wasserfallelektrizität. Ein regulierter, begradigter, toter Fluss ist nicht mehr in der Lage, diese elektrisierende Wirkung zu erzielen.

Die natürlich entstandenen elektrischen Kräfte führen zur massenweisen Bildung von negativ geladenen Sauerstoffteilchen. Chemiker nennen sie »Anionen«. Überall auf der Erde wimmelt es rund um Wasserfälle geradezu davon. Die Zahl 50 000, die mein Messgerät an den Plitvicer Seen anzeigte, gab die Anzahl der Anionen pro Kubikzentimeter Luft an. Im Nahbereich herabstürzender Wasserfälle enthält die Luft oft sogar 70 000 Anionen pro Kubikzentimeter.[9] An besonders mächtigen Wasserfällen können es noch mehr sein. Beispielsweise zeigten Messgeräte an Europas größtem Wasserfall mit einer

Fallhöhe von insgesamt 385 Metern, den Krimmler Wasserfällen im Nationalpark Hohe Tauern in den österreichischen Alpen, zu besonders günstigen Messzeitpunkten 300 000 Anionen pro Kubikzentimeter Luft an.[10] Die Schwankungen können hoch sein, wie auch meine eigenen Felduntersuchungen ergaben. In unmittelbarer Nähe von Wasserfällen schwirren aber in jedem Kubikzentimeter Luft immer einige Zehntausend Anionen umher. Zum Vergleich: In einem Wald ohne Wasserfall lassen sich durchschnittlich etwa 5000 Anionen pro Kubikzentimeter messen. Das ist noch immer eine vielfach höhere Konzentration, als wir in der Stadtluft finden.

Die Anionen, die sich rund um Wasserfälle massenweise aufspüren lassen, gehören zur selben Art von Materie, aus der auch die Sterne bestehen. Astrophysiker sprechen von »Plasma« – das ist ein Gemisch aus elektrisch aufgeladenen Teilchen. Plasma kennen wir tatsächlich vor allem aus dem Weltall. Die gesamte Sonne und alle anderen Sterne befinden sich in einem Plasmazustand, der auch als vierter Aggregatszustand neben flüssig, fest und gasförmig bezeichnet wird. Ein weiteres Beispiel für Plasma ist der Sonnenwind, ein Strom aus geladenen Teilchen, die ständig von der Sonne abgegeben werden. Das Plasma der Sonne und der Sterne besteht natürlich nicht aus harmlosen Sauerstoffteilchen wie bei Wasserfällen, sondern vorwiegend aus Helium und Wasserstoff. Im Weltraum ist Plasma stark verbreitet. Wissenschaftler gehen davon aus, dass die sichtbare Materie im Kosmos zu mehr als 99 Prozent aus Plasma besteht.[11] Auch Blitze bestehen aus Plasma. Auf der Erdoberfläche entsteht Plasma auf natürliche Weise nur im Feuer und eben durch die elektrisierende Wirkung von ungezähmtem Wildwasser in einer für uns völlig harmlosen Form.

Somit haben wir einen Namen für den Stoff gefunden, der mich im Juni 2017 an den Wasserfällen der Plitvicer Seen umgab und den ich als vitalisierend empfand. Nennen wir ihn »Wasserfall-Plasma«. Zwar handelt es sich dabei um meine eigene Wortkreation und nicht um einen Begriff aus der Wissenschaft; nichtsdestotrotz ist die Bezeichnung physikalisch zutreffend, da eben ein Gemisch aus elektrisch geladenen Teilchen als »Plasma« bezeichnet wird.

Das Wasserfall-Plasma beeinflusst unsere Gesundheit dank seiner Anionen bereits Sekundenbruchteile nach dem Einatmen positiv, und zwar noch bevor es in der Lunge angekommen ist. Studien zeigten, dass die im Plasma enthaltenen Anionen bei Kontakt mit den Nasenschleimhäuten die Bewegungen der Flimmerhärchen beschleunigen, indem sie die elektrische Energie an diese abgeben. Die wichtige Aufgabe der Flimmerhärchen besteht darin, unsere Atemwege zu reinigen und Krankheitserreger ebenso wie krankmachenden Staub und Schadstoffe wie auf einem organischen Förderband zum Rachen zu transportieren. So werden Erreger und Schadstoffe daran gehindert, in die Lunge einzudringen und unseren Körper zu schädigen. Sobald sie im Rachen angekommen sind, verschlucken wir sie und scheiden sie über den Verdauungstrakt aus. Die Magensäure tötet viele Krankheitserreger ab. Bakterien schaffen es zwar oft bis in den Darm, doch dort unterscheiden die Abwehrzellen im Lymphgewebe zwischen »gefährlich« und »harmlos« und schalten die gefährlichen Keime aus. Indem Wasserfall-Plasma die Bewegungen der Flimmerhärchen beschleunigt, können diese effizienter arbeiten und ihre Aufgabe besser erfüllen.[12] Die Anionen des Wasserfall-Plasmas unterstützen also unser Immunsystem bei seiner täglichen Arbeit.

Die Funktion der Flimmerhärchen ist durch Abgase, Feinstaub und Zigarettenrauch bei vielen Menschen gestört, das heißt, ihre Bewegung ist verlangsamt. Das ist einer der Gründe für chronischen Husten und Entzündungen der Atemwege als Folge von Umweltbelastungen. Stadtbewohner sind durch die Abgase und den Feinstaub aus Verkehr und Fabriken besonders betroffen. Wasserfälle, Flüsse und die Meeresbrandung können ein gesundes Gegengewicht zur schlechten Stadtluft darstellen. Deswegen werde ich später in diesem Buch erläutern, wie wir das Wildwasser wieder in unsere Ballungszentren einladen können, nachdem wir es in der Vergangenheit durch exzessive Flussregulierungen und Kanalisierungen aus der Stadt verbannt haben.

Erstaunlich wirksam: Wildwasserkur gegen Asthma

Asthma und die allergiebedingte chronische Nasenschleimhautentzündung, »Rhinitis« genannt, nahmen in den Industrienationen und speziell in Großstädten in den vergangenen Jahrzehnten stark zu. Im Alter von sechs Jahren sind bereits 15 Prozent der Stadtkinder asthmakrank.[13] Allergien kommen bei Schulkindern in Städten insgesamt dreimal so häufig vor wie auf dem Land, Asthma sogar achtmal so häufig.[14] Der Zusammenhang zwischen schadstoffbelasteter Stadtluft und Asthma zeigte sich 1996 während der Olympischen Sommerspiele in Atlanta, der Hauptstadt des amerikanischen Bundesstaates Georgia, sehr deutlich. Die Stadt hat etwa 400 000 Einwohner. Während der internationalen Sportveranstaltung nahm 17 Tage lang der Straßenverkehr um 22 Prozent ab, da viele Menschen bei den Sommerspielen waren oder diese über das Fernsehen mitverfolgten. Das hatte zur Folge, dass die Ozonkonzentration in Atlanta um 22,5 Prozent sank und die Anzahl an akuten Asthmaanfällen, die medizinisch behandelt werden mussten, im Zeitraum der Sommerspiele bei Kindern um 44 Prozent zurückging.[15] Wer könnte da noch behaupten, der Feinstaub und die Abgase in der Stadt machten uns nicht krank?

Im Jahr 2009 führten Forscher der medizinischen Paracelsus-Universität in Mozarts Geburtsstadt Salzburg an den bereits genannten Krimmler Wasserfällen eine klinische Studie mit 54 Kindern im Alter von acht bis vierzehn Jahren durch, die an mittelschwerem Asthma und allergischen Atemwegserkrankungen litten.[16] Die Kinder waren drei Wochen lang in einem Hotel in der Nähe der Wasserfallgiganten untergebracht und wurden per Zufallsprinzip in zwei Gruppen eingeteilt. Eine Gruppe hielt sich täglich für eine Stunde nahe an den Wasserfällen auf. Die zweite Gruppe blieb immer mindestens sechs Kilometer von den Wasserfällen entfernt, hielt sich aber ebenfalls im Nationalpark Hohe Tauern im Wald auf. Es zeigte sich, dass die Asthma-Symptome bei beiden Gruppen signifikant zurückgingen – bei der Wasserfallgruppe noch deutlicher als bei der Waldgruppe. Auch die Lungenfunktion nahm bei allen Kindern stark zu, während der Entzündungsgrad im Laufe der Studie um 40 Prozent abnahm, was ein ausgesprochen positives Ergebnis ist. Der Aufenthalt in der Natur ist also bei Asthma generell gesundheitsfördernd.

Den Kindern der Waldgruppe, die nie näher als sechs Kilometer an die tosenden Wassermassen herankamen, ging es zwei Monate nach ihrer Rückkehr in die Stadt wieder so wie vor der Studie. Die Asthma-Symptome waren zurückgekehrt, die Lungenfunktion hatte sich wieder verschlechtert, und der Entzündungsgrad schnellte erneut in die Höhe. Das war in der Summe kein negatives Ergebnis, denn es bedeutete, dass die Wirkung des Waldes immerhin zwei Monate lang anhielt. Wirklich beeindruckend war aber die Langzeitwirkung der Wasserfälle. Bei den »Wasserfallkindern« hielten die positiven Wirkungen des Naturaufenthalts noch vier Monate nach ihrer Rückkehr in die Stadt an und nahmen erst danach wieder ab. Das heißt, die Wasserfälle hatten die Wirkungsdauer der Naturtherapie verdoppelt.

Alles in allem lernen wir aus diesen Ergebnissen, dass jeder längere Naturaufenthalt eine wirksame heiltherapeutische

Maßnahme bei Asthma und allergischen Atemwegsentzündungen darstellt und dass die stärkende Wirkung der Natur auf das Immunsystem nachhaltig ist. Wir lernen aber auch, dass die Wirkung wesentlich länger anhält, wenn die Naturtherapie mit einem Aufenthalt an einem Wasserfall verbunden ist. Die Kombination der Anionen im Wasserfall-Plasma mit der hohen Luftfeuchtigkeit hat ein überraschend großes Gesundheitspotenzial, das wir bei der Gestaltung unserer Lebensräume unbedingt berücksichtigen sollten. Dieses Beispiel für einen Biophilia-Effekt verdeutlicht sehr einprägsam, wie stark derzeit der Unterschied zwischen Stadt und Natur ist und wie wichtig es für Stadtbewohner wäre, im Alltag mehr Biophilia zu erleben. Könnten wir die Heilkraft des Wassers und der Natur auch in der Großstadt regelmäßig genießen, so ließe sich dadurch ein dauerhaft besserer Gesundheitszustand von Menschen mit Asthma und allergischen Atemwegsentzündungen erreichen. Hinzu käme die generelle Stärkung des Immunsystems auch bei allen anderen Stadtbewohnern. Städtische Krankenhäuser, in denen Asthma, Hals-Nasen-Ohren-Erkrankungen und Lungenkrankheiten behandelt werden, sollten in Zukunft über eigene Wasserfälle verfügen, an denen die Patienten Zeit verbringen können. Das Potenzial für neues Wildwasser in der Stadt liegt tief unter unseren Straßen begraben. Bei der Versiegelung und Bebauung wurden in den meisten Städten der Erde viele kleine und große Flüsse kanalisiert und in Rohre gezwungen. An der Oberfläche erinnert jetzt nichts mehr an die einstigen Ökosysteme. Diese Gewässer sollten wir in Zukunft wieder befreien und ans Tageslicht holen, um neue Flüsse und Wasserfälle in Stadtgebieten und in der Nähe von Krankenhäusern entstehen zu lassen. Dadurch können wir die gesunden Anionen auf nachhaltige Weise wieder in die Stadt bringen.

Wasserfallmäuse – Placeboeffekt ausgeschlossen

Die soeben genannte klinische Studie an den Wasserfällen war an ein zweites Experiment gekoppelt. Es handelte sich um einen Tierversuch, weshalb ich mit einem weinenden Auge darüber berichte. Nachdem die Ergebnisse für unsere Betrachtungen des Biophilia-Effekts aber interessant sind, habe ich mich entschieden, das Tierexperiment nicht unter den Tisch fallen zu lassen. Forscher der medizinischen Paracelsus-Universität und der Paris-Lodron-Universität Salzburg machten Mäuse im Labor mittelschwer bis stark asthmakrank – in meinen Augen kein besonders biophiler Forschungsansatz. Einen Teil der Tiere setzten sie drei Wochen lang täglich für eine Stunde in Käfigen dem Einfluss der Krimmler Wasserfälle aus. Eine andere Gruppe von Mäusen verblieb während der gesamten drei Wochen an der Paris-Lodron-Universität im urbanen Salzburg.

Wie die Kinder zeigten auch die asthmakranken Mäuse, die täglich an den Wasserfall gesetzt worden waren, eine deutliche Linderung ihrer Symptome sowie eine Verbesserung der Lungenfunktion. Je stärker die Mäuse erkrankt waren, desto stärker gingen ihre Beschwerden – in Prozentpunkten gemessen – zurück. Und wie bei den Menschen hielten die Wirkungen des Wasserfalls wochen- bis monatelang an.[17] Anders als bei den »Wasserfallmäusen« trat bei den »Stadtmäusen« keine Besserung ein. Sie waren die großen Verlierer dieses Experiments.

Ich habe mich vor allem deswegen entschieden, diesen Tierversuch zu schildern, weil dadurch ausgeschlossen wurde, dass die therapeutischen Wirkungen von Wasserfällen auf den Placeboeffekt zurückzuführen sind. Zweitens sieht man an den Ergebnissen auch, dass der heilsame Biophilia-Effekt bei Tieren genauso wie bei Menschen eintritt. Ich hoffe, dass sich die Biophilia-Forschung in Zukunft auch in der Veterinärmedizin verbreiten wird. Und drittens veranschaulicht diese Studie sehr deutlich den Unterschied zwischen Stadt und Natur in Bezug auf die Gesundheit der Atemwege, der gegenwärtig sehr groß ist. Das sollte sich in der Stadt der Zukunft ändern. Nichtsdestotrotz möchte ich an dieser Stelle anmerken, dass weitere Tierversuche nicht erforderlich sind, um die Heilkräfte der Wasserfälle, Flüsse oder Meere zu beweisen, da es bereits viele andere positive Studienergebnisse gibt, die auf sorgfältig ausgewählten wissenschaftlichen Methoden basieren.

Übrigens werden inzwischen Geräte angeboten, die die Zimmerluft mit gesunden Anionen anreichern sollen. Sie arbeiten elektrisch und nicht mit der natürlichen Kraft des Wassers. Dennoch beziehen sich die Hersteller häufig auf die Erkenntnisse der Wasserfallforschung und nutzen diese, um ihre Produkte zu bewerben. Während es für die Wirkung des Wasserfall-Plasmas auf unser Immunsystem und unsere Atemwege eindeutige wissenschaftliche Belege von überall auf der Welt gibt, sind mir bisher keine Studien untergekommen, aus denen hervorgeht, dass elektrische »Anionen-Maschinen« in Innenräumen einen ebenso positiven medizinischen Nutzen für uns haben wie die Anionen aus dem Wasserfall-Plasma. Experimente zeigten, dass die Nachahmung dieser Substanz durch gängige technische Geräte nicht zur Linderung von Lungenerkrankungen oder zur Verbesserung der Immunabwehr beiträgt, auch wenn die Hersteller dies versprechen.[18] Maximilian Moser, Professor für Physiologie und Chronobiologe an der Medizinischen Universität Graz, war der erste Wissenschaftler im deutschen Sprachraum, der die Gesundheitswirkung von Wasserfällen erforschte und mit den Wirkungen elektrisch erzeugter Ionen verglich. »Elektrisch generierte Anionen kommen in ihrer Wirkung bei weitem nicht an die durch Wasserzerstäubung generierten Anionen heran«, schlussfolgerte er aus seiner wissenschaftlichen Arbeit.[19] Hier wird einmal mehr deutlich, dass der Mensch die Natur durch Technik nicht ersetzen kann. Die Gesundheitswirkungen der Natur können nicht einfach durch industrielle Patente ausgetauscht werden, wenn wir unsere Ökosysteme erst einmal zerstört haben. Die Wirkung von Wasserfällen ist – so wie alles in der Natur – viel zu komplex, um sie nachbilden zu können.

Die enorme Konzentration von Anionen, die ein Wasserfall in seinem Umkreis entstehen lässt, kann durch Zimmergeräte nicht einmal annähernd erreicht werden. Hinzu kommt, dass wir mit dem natürlichen Plasma auch die Feuchtigkeit des Wasserfalls aufnehmen, die dieser in Form von mikroskopisch kleinen Tröpfchen in seiner Umgebung verteilt. Generell ist die Luftfeuchtigkeit im Nahbereich von Wasserfällen extrem hoch und kann bei besonders großen Exemplaren auf nahezu 100 Prozent ansteigen. Die Anionen heften sich häufig an feinste Wassertröpfchen in der Luft. Dabei bilden sich sogenannte »Elektro-Aerosole«, also winzig kleine schwebende Wasserpartikel, die Anionen transportieren.

Die Anionen beschleunigen die Bewegung und die Funktion der Flimmerhärchen wie beschrieben. Zugleich werden die Schleimhäute befeuchtet, was die Elimination der Krankheitserreger und Schadstoffe zusätzlich unterstützt, weil das organische Förderband besser »geschmiert« ist. Zu diesem Wirkstoffgemisch aus der Natur gesellen sich bioaktive Substanzen aus der Pflanzenwelt sowie Mikroben aus der Erde, die ebenfalls unsere Gesundheit stärken. Das sind die beiden anderen Zutaten des heilsamen Trios des Waldes, auf die ich noch zurückkommen werde. Denn auch sie können die Stadtluft bereichern.

Neben den positiven Einflüssen auf unser Immunsystem und unsere Atemwege haben Anionen noch weitere nachgewiesene Gesundheitswirkungen. Diese betreffen unser psychisches Wohlbefinden und unsere geistige Leistungsfähigkeit.

Wasserfälle als Antidepressiva ohne Nebenwirkungen

»Generell verbessern negative Ionen die Sauerstoffzufuhr zum Gehirn, was in erhöhter Aufmerksamkeit, verringerter Müdigkeit und mehr mentaler Energie resultiert«, sagte Pierce Howard, Forschungsdirektor des Zentrums für Angewandte Kognitionswissenschaften in Charlotte, North Carolina, gegenüber dem medizinischen Online-Magazin Web-MD.[20] Der Neuropsychologe schreibt den Anionen sogar zu, eine Art natürliche Glücksdroge zu sein. Zwei von drei Menschen reagieren laut Howard auf Anionen in der Luft psychologisch besonders positiv. Die Teilchen lösen bei ihnen Gefühle der Glückseligkeit und Unbeschwertheit aus. »Negative Ionen können uns das Gefühl geben, auf Wolken zu laufen«[21], umschreibt Howard diesen psychischen Zustand. Hat er Recht?

Wissenschaftliche Laborexperimente bestätigen diese Aussage. Die Symptome der klinischen Depression ließen sich in einer Studie an der Columbia-Universität in New York durch Anionen in der Luft signifikant reduzieren. Namni Goel, Professorin für Psychologie und Psychiatrie, behandelte die Versuchspersonen, die unter einer Major Depression litten, also unter einer schweren Form der Erkrankung, mehrere Wochen lang regelmäßig mit negativ geladenen Luftionen. Die Patienten atmeten unter Laborbedingungen Anionen ein, die künstlich erzeugt wurden. Eine Gruppe bekam die Ionen in höherer Konzentration verabreicht als die zweite Gruppe. Goels Mitarbeiter überwachten den psychologischen Gesundheitsstatus der Versuchsteilnehmer laufend, wobei ein international anerkannter Standard zur Diagnose der Depression zum Einsatz kam.[22] Bereits nach einer Woche trat eine Verbesserung des Befindens der Patienten um durchschnittlich 25 Prozent ein.

Danach verbesserte sich der Gesundheitszustand der Teilnehmer, die eine eher niedrige Konzentration von Anionen einatmeten, nicht mehr wesentlich. Hingegen verbesserte sich der psychische Zustand der anderen Gruppe, die höhere Konzentrationen verabreicht bekam, bis zur fünften Behandlungswoche um 50 Prozent, was ein äußerst bemerkenswertes Ergebnis ist. Die Forscher führten den Versuch zu allen Jahreszeiten durch, und das positive Ergebnis erwies sich als unabhängig davon. Die Teilnehmer selbst berichteten ebenfalls von einer für sie spürbaren deutlichen Verbesserung ihres psychischen Befindens. Auch die Universität Cambridge veröffentlichte die Studienergebnisse in einer ihrer Fachzeitschriften.[23] Studienleiterin Namni Goel schlussfolgerte: »Negative Luftionen sind in der Behandlung von chronischer Depression effizient.«[24]

Der Medizinwissenschaftler Dominik Alexander nahm am privaten Forschungsinstitut EpidStad in Ann Arbor, Michigan, mehrere Studien über die psychologische Wirkung von Anionen unter die Lupe und wertete sie aus. Auch er kam zu dem Ergebnis, dass Anionen in der Luft Depressionen entgegenwirken und dass eine umso stärkere Wirkung eintritt, je mehr Anionen pro Kubikzentimeter in der Luft messbar sind.[25]

Hohe Konzentrationen von Anionen wirken also stärker positiv auf unsere Psyche ein als niedrigere. Doch in keinem Labor der Welt können die extrem hohen Anionen-Konzentrationen simuliert werden, die im natürlichen Wasserfall-Plasma vorhanden sind. Wir können also durchaus vermuten, dass das psychologische Potenzial eines echten Wasserfalls noch höher als in einem Labor ist, zumal in der Natur wie gesagt ein vielfältiger Cocktail aus Anionen, Elektro-Aerosolen, Pflanzenstoffen, Mikroben und anderen bioaktiven Substanzen auf uns einwirkt. Diesen extrem komplexen »Cocktail-Effekt« können wir durch technische Apparate nicht nachbilden. Dennoch: Die Experimente zeigen, dass die psychologischen Wirkungen von Anionen bis zu einem gewissen Grad tatsächlich auch durch Geräte in Räumen erzielt werden können – anders als die medizinischen Wirkungen der Anionen auf Immunsystem und Lungenfunktion. Diese wurden, wie schon erwähnt, nur für natürliche Gewässer nachgewiesen.

Mit steigender Anzahl von Anionen in der Luft nimmt auch unsere Konzentrationsfähigkeit zu und wir werden besser im logischen Schlussfolgern. Sogar unsere sprachliche Ausdrucksfähigkeit verbessert sich. Das hat der Universitätsprofessor Hans-Peter Hutter vom Zentrum für Public Health der Medizinischen Universität Wien gemeinsam mit seinen Mitarbeitern in wissenschaftlichen Laborversuchen bewiesen. Die Versuchsteilnehmer schnitten unter Einfluss von Anionen bei entsprechenden psychologischen Tests signifikant besser ab als ohne die Zufuhr von Anionen.[26] »Die Studie zeigte«, so fasste Hutter die Ergebnisse zusammen, »dass eine höhere Konzentration an Luftionen eine vitalisierende, aktivierende und leistungssteigernde Wirkung hat. Zudem konnte eine positive Wirkung auf das vegetative Nervensystem und damit auf das Herz-Kreislauf-System nachgewiesen werden.«[27]

Ähnliche Evidenzen kommen aus Indien. Die Psychologin Chitra Andrade führte gemeinsam mit ihren Kollegen in Mumbai eine Studie durch, in der sie Testpersonen in zwei Gruppen einteilte. Einer Gruppe wurden über die Raumluft künstlich erzeugte Anionen verabreicht, die von elektrischen Generatoren abgegeben wurden. Bei der anderen Gruppe liefen zwar ebenfalls solche Generatoren, jedoch nur zum Schein. Sie gaben keine Anionen ab. Dadurch konnten die Forscher ausschließen, dass die Erwartungshaltung der Teilnehmer das Studienergebnis durch den Placeboeffekt verfälschte. Andrade konnte belegen, dass mehr Anionen in der Luft zu einer deutlichen Verbesserung unserer Gedächtnisleistung führen. Die Versuchspersonen stellten unter Einfluss von Anionen bei entsprechenden Testverfahren außerdem eine gesteigerte Kreativität unter Beweis und konnten Denkaufgaben schneller und besser lösen als die Teilnehmer der Kontrollgruppe, denen keine Anionen verabreicht wurden. Diese Erkenntnisse sind vor allem für die Gestaltung unserer Arbeitswelt äußerst bedeutsam. In einem späteren Kapitel werde ich daher Vorschläge machen, wie wir die Kraft des Wassers und generell der Natur in die Architektur der Stadt und ihrer Gebäude integrieren können.

Stadtluft: keine Spur von gesundem Plasma

Ich habe Messungen und Felduntersuchungen durchgeführt, die zeigten, dass die Luft in Städten und in industriellen Gebieten besonders wenige von den gesunden Anionen beinhaltet, die wir im Wasserfall-Plasma massenweise finden. Die Anionen-Messwerte in der Stadt liegen nicht nur weit unter den Werten an Wasserfällen, sondern auch unter den Ergebnissen in Wäldern und anderen Naturlandschaften. Das liegt daran, dass städtische Abgase die Anionen aus der Luft an sich binden. Dadurch verlieren sie ihre elektrische Ladung und ihre bioaktive Gesundheitswirkung. Auch Computer sowie andere Elektrogeräte, Bildschirme und Leuchtreklamen auf der Straße sind echte »Anionenfresser«. Sie absorbieren die wertvollen Teilchen und berauben sie ihrer elektrischen Ladungen. Dasselbe geschieht an der Oberfläche von Plastik und anderen Kunststoffen, die dazu neigen, sich elektrisch aufzuladen. Solche Oberflächen ziehen die empfindlichen Anionen an und eliminieren sie durch ihre elektrisierende Wirkung. Sogar Betonflächen schlucken Anionen oder machen sie nutzlos.

In Wäldern finden sich durchschnittlich 5000 Anionen pro Kubikzentimeter Luft – ein Vielfaches der Anionen-Werte in der Stadt.[28] Im Ökosystem Wald entstehen Anionen durch Wasserfälle, wilde Flüsse oder auch durch Bäche, die über Steine plätschern. In diesen Fällen steigt ihre Konzentration weit über 5000. Aber auch dann, wenn solche Gewässer nicht zu finden sind, lädt sich Waldluft mit Anionen auf und enthält daher Wasserfall-Plasma. Denn die Anionen des Waldes entstehen vor allem bei heftigen Gewittern und Regenfällen. Unwetter und herabfallende Wassermassen lassen durch Reibung Elektrizität entstehen, und so können sich Sauerstoffteilchen genau wie an Wasserfällen negativ aufladen und zu Anionen werden. Jeder von uns hat sicher schon die Erfahrung gemacht, dass Waldluft nach einem Regenguss besonders wohltuend auf uns wirkt. Sie vitalisiert uns und belebt uns körperlich sowie psychisch in besonders hohem Maße. Das liegt unter anderem daran, dass die Konzentration der Anionen in der Luft höher ist als an Tagen ohne Regenfall. Je mehr es gestürmt und gewittert hat, desto mehr Anionen treffen wir im Wald an. Das Besondere im Ökosystem Wald ist, dass die Anionen dort – im Gegensatz zur Stadt – nicht durch Abgase, Feinstaub, Leuchtreklamen, Beton und Kunststoffe zerstört werden. Der Wald sorgt dafür, dass die Teilchen im Waldesinneren bleiben, denn das Kronendach der Bäume hält die Substanzen zurück und verhindert, dass sie sich verflüchtigen. So kann sich Waldluft von Regenguss zu Regenguss mit dem gesunden Plasma anreichern und dauerhaft eine relativ hohe Konzentration halten. Meine Messungen im Wald ergaben immer mindestens 3000 Anionen pro Kubikzentimeter Luft. Damit sind wir auf ein wichtiges Argument für die Pflanzung von Stadtbäumen, ja sogar von urbanen Wäldern gestoßen. Bäume und Wälder in Städten würden nicht nur die Entstehung von Anionen bei Regengüssen fördern, sondern diese durch ihr Kronendach auch zurückhalten.

Im Vergleich mit Wildgewässern bleiben Ballungszentren noch weiter abgeschlagen zurück als im Vergleich mit Wäldern. Zur Erinnerung: An Wasserfällen werden bis zu 70000 und an besonders großen Wasserfällen gelegentlich sogar bis zu 300 000 Anionen pro Kubikzentimeter Luft gemessen. Im Bereich naturnaher Flüsse und Meeresküsten herrschen Konzentrationen von einigen Tausend bis Zigtausend Anionen pro Kubikzentimeter. In Städten und Industriegebieten sinkt die Anionen-Konzentration in der Luft auf etwa 200 bis 300 Teilchen pro Kubikzentimeter. Städte sind also im Vergleich zu Naturlandschaften regelrecht leergefegt von Anionen. Auch das ist höchstwahrscheinlich einer der Gründe für die Zunahme von chronischen Atemwegserkrankungen, Immunschwäche und Depressionen in urbanen Ballungsräumen sowie generell in der Industriegesellschaft. Hinzu kommt, dass in der Stadt anstatt der negativ geladenen Anionen mehr positiv geladene Teilchen in der Luft zu finden sind als in der Natur. Man nennt sie Kationen. Kationen verschlechtern zusätzlich zu den Schadstoffen die Funktion der Flimmerhärchen auf unserer Nasenschleimhaut, indem sie deren Bewegungen langsamer machen.[29] Dadurch können wesentlich mehr Erreger und Schadstoffe in unsere Lunge und von dort in die Blutbahn vordringen. Die positiv geladenen Kationen, von denen unsere Metropolen dominiert werden, verschlechtern also unseren Gesundheitszustand. Das heißt nicht, dass Kationen generell etwas Schlechtes sind, aber das *Verhältnis* zwischen Anionen und Kationen ist in der Stadt einfach zu stark aus dem Gleichgewicht geraten. Solche Zusammenhänge werden bislang von Politikern und Gesundheitsexperten noch nicht beachtet. Viele Entscheidungsträger wissen von diesem Phänomen gar nichts.

Dass Feinstaub und Abgase schlecht für uns sind, ist allgemein bekannt. Doch erst durch die Biophilia-Forschung bekommen wir langsam einen Eindruck davon, wie schädlich die Trennung von der Natur tatsächlich für uns ist. Wir schneiden uns durch Industrie und städtische Betonwüsten immer mehr von gesunden Natursubstanzen wie den Anionen ab und begünstigen dadurch Zivilisationserkrankungen. Diese komplexen Zusammenhänge zwischen Gesundheit und Natur, zwischen Krankheit und Naturentfernung, gehen weit über populäre Kontroversen wie zum Beispiel die Klimawandel-Diskussion hinaus. Unsere Art zu leben und zu wirtschaften frisst die Natursubstanzen von unserem Planeten, die wir brauchen, um gesund zu bleiben oder es wieder zu werden. Gleichzeitig verpesten wir unsere Lebensräume mit Schadstoffen, Giften, Lärm und Unmengen an künstlichem Licht.

Apropos Lichtverschmutzung: Jüngste Erkenntnisse aus der Onkologie zeigen, dass diese sogar für die Zunahme verschiedener Krebserkrankungen wie Prostata- und Brustkarzinom mitverantwortlich ist. Abendliches und nächtliches Kunstlicht in der Stadt und in unseren Wohnungen bringt unsere innere biologische Uhr durcheinander und führt so zu Störungen im Hormonhaushalt, die die Entstehung von Krebs begünstigen.[30] Denn unser Biorhythmus steuert auch das Absterben und die Neubildung von Zellen. Ist er gestört, steigt das Risiko, dass sich ältere Zellen, anstatt den neuen Platz zu machen, zu einem Tumor entwickeln. Wer hätte das noch bis vor kurzem gedacht? Die gesamte Biophilia-Forschung, die unser Verhältnis zur Natur beleuchtet, ist eine einzige große Mahnung an uns Menschen, umzudenken. Denn es sind bei weitem nicht nur die Anionen, die wir durch Flussbegradigung, durch Bändigung von Wildgewässern und durch die Kontamination der Umwelt aus unserer Atemluft entfernen.

Wir sind erst am Anfang unserer Betrachtungen. Im nächsten Teil wenden wir uns einer weiteren Substanz im heilsamen Trio des Waldes zu, die gegenwärtig in der Gesundheitspolitik und Stadtplanung genauso wenig beachtet wird wie Wasserfälle und Flüsse mit ihren Anionen. Sie stammt aus dem Erdboden.

Gesundheitskur aus der Erde

»Die Vorstellung, dass uns ein Bakterium, das im Erdboden zu finden ist, vor schweren psychischen Erkrankungen schützen kann, mag weit hergeholt klingen, aber Bakterien können sowohl auf unsere körperliche als auch auf unsere psychische Gesundheit eine profunde Wirkung haben.«[31]

Graham Rook, Professor für Mikrobiologie, Universitäts-College London

Zurück in den Westbalkan. Ich packte mein Anionen-Messgerät wieder ein und atmete noch einmal tief durch, ehe ich meine Wanderung zwischen den Wasserfällen der Plitvicer Seen fortsetzte. Ein Weg führte mich aus der Schlucht heraus und an anderen Gewässern vorbei in den Randbereich der paradiesischen Wasserlandschaft. Nach einiger Zeit gelangte ich in ein schattiges Waldstück mit einem türkis leuchtenden Waldsee. Die Vegetation kroch bis ganz ans Ufer heran, und hohe Gräser säumten den See. Einige krumme, aber majestätische Eichen streckten lange, ausladende Äste mit urtümlichen Wuchsformen über den Wasserrand. Ich hatte das Gefühl, mitten in einem Dschungel gelandet zu sein. Am gegenüberliegenden Ufer begrenzte eine steile, fast senkrechte Felswand den versteckten Ort im Wald, und mehrere Wasserfälle stürzten von oben herab. Das Wasser strömte über ein Bett aus herabhängenden Moos-

Kolonien, ehe es im freien Fall herunterkam. Ich blickte mich um und sah, dass es auch hier einige Kiefern und Tannen gab, die in diesem Buch noch eine wichtige Rolle spielen werden.

Ich ging das Ufer am Waldrand entlang. Hier herrschte ein besonderes Kleinklima. Die Felswände an der gegenüberliegenden Seite des Gewässers beschatteten den Bereich, in dem ich mich befand. Der Boden war feucht. Die »hängenden Seen« sind zwar sonst vorwiegend von kargen Böden umgeben, doch an diesem Ort spürte ich weichen, tiefgründigen Humus unter meinen Füßen. Die Humusschicht war von teilweise vermodertem Laub, Eicheln, abgestorbenen Pflanzenteilen und ein paar Zapfen von Nadelbäumen bedeckt. Bodenlebewesen verarbeiten dieses Material allmählich zu neuem Humus.

Der Kosmos im Boden

Ich schob die Streu ein wenig zur Seite und grub mit der Hand ein Loch in den Humusboden. Dabei kamen haarfeine weiße Fäden zum Vorschein, die das Erdreich durchzogen. Es waren Pilzfäden, die von Biologen als »Hyphen« bezeichnet werden. Sie umspinnen die Wurzeln von Bäumen und anderen Pflanzen und verbinden sich mit ihnen zu einer Symbiose. Waldpilze sind vorwiegend unterirdische Lebewesen und erstrecken ihr reich verzweigtes Netzwerk über große Flächen. Die Hüte, die wir im Herbst zu sehen bekommen, sind nur ihre Fruchtkörper, die sie über die Erde strecken, um ihre Sporen zu verbreiten und sich zu vermehren. Die Pilze vernetzen Bäume im Wald oft über Quadratkilometer miteinander und versorgen sie mit Wasser, denn durch ihr extrem weitläufiges Geflecht können sie enorme Mengen davon aus dem Boden aufnehmen. Im Gegenzug dazu versorgen die Bäume ihre Pilzpartner mit einer Zuckerlösung, also mit Kohlenhydraten, die sie durch Photosynthese selbst hergestellt haben. Unter Biologen gilt die unterirdische Symbiose aus Pilzen und Pflanzenwurzeln, die als Mykorrhiza bezeichnet wird, als sicheres Zeichen für einen gesunden Kosmos im Boden und wird geradezu als Markenzeichen der Bodengesundheit gewürdigt. Die Mykorrhiza hat es sogar bis in die internationalen Massenmedien geschafft und wird auf Englisch »Wood Wide Web« genannt, also »Internet des Waldes«, da die Pilzfäden als Leitung für biologische Botschaften und Signale dienen, die Bäume untereinander austauschen, um das Ökosystem Wald mit vereinten Kräften zum Beispiel vor Schädlingen zu schützen. Wegen ihrer großen Bedeutung in unserer Umwelt beginne ich meine Betrachtungen des Ökosystems Boden mit der Mykorrhiza. Schon zu meiner Studienzeit interessierte ich mich sehr für diese Lebensgemeinschaft aus Pilz und Pflanze, und ich suchte an verschiedenen Orten auf dem Land und in der Stadt danach. In naturnahen Wäldern wurde ich immer fündig. In Fichtenplantagen, die irrtümlicherweise oft für Wälder gehalten werden, fand ich diese Symbiose fast nie. Auf ökologisch bewirtschafteten Äckern mit Mischkulturen, in denen unterschiedliche Pflanzenarten nebeneinander kultiviert wurden, erzielte ich häufig Treffer. In konventionellen Monokulturen suchte ich stets vergebens. Unter dem Mikroskop lässt sich in Bodenproben, die Mykorrhizen beinhalten, sehr gut sehen, wie die Pilzfäden mit den Pflanzenwurzeln verbunden sind und in sie hineinwachsen, um den Stoffaustausch zu ermöglichen.

Vergleichen wir einen intakten Waldboden mit dem versiegelten und asphaltierten Boden der Stadt, so wird sofort klar, dass wir in urbanen Ballungszentren in der Regel nicht von einem »Ökosystem Boden« sprechen können. Meine Suche nach Mykorrhizen verlief – wenig überraschend – auch auf städtischen Grünflächen nur in Ausnahmefällen erfolgreich, wenn man von Wäldern am Stadtrand absieht. Einbetonierte Stadtbäume können kaum Symbiosen mit Pilzen eingehen oder sich durch Mykorrhizen miteinander vernetzen. Auch in Parks ist das nur sehr eingeschränkt möglich, denn herkömmliche Parkanlagen sind keine komplexen Ökosysteme. Die Bäume stehen einzeln und werden in erster Linie nach ästhetischen Gesichtspunkten ausgewählt. Es entsteht keine natürliche Dynamik in der Vegetation. Viele Parkbäume stammen aus weit entfernten Klimaregionen oder sind das Produkt gärtnerischer Kreuzungen, die in der freien Natur nicht überlebensfähig wären. In den meisten Parks befinden sich zwischen den Gehölzen weitläufige Rasenflächen, auf denen nichts anderes als Gras wächst. Aufkommende Büsche und junge Bäume werden sofort entfernt, der Rasen regelmäßig gemäht. Zwar können auch herkömmliche städtische Parks eine positive Wirkung auf unsere Gesundheit haben, wie wir noch sehen werden, jedoch haben ihre Böden nicht die Chance, zu einem ebenso vielschichtigen und zusammenhängenden Ökosystem zu werden wie ein intakter Waldboden. Folglich entwickelt sich keine reichhaltige Bodenflora und nur wenig Mykorrhiza. In urbanen Parkanlagen entstehen allerdings durchaus einzelne und verteilte Bodenökosysteme, zum Beispiel unter Bauminseln, wo sich manchmal auch eine intakte Bodenflora bilden kann. Das hat unter anderem eine Studie der israelischen Bar-Ilan-Universität in Tel Aviv ergeben.[32] Wir sollten den Mut haben, unsere Parks zu »wilderen« Orten werden zu lassen und dadurch in der Stadt mehr Leben im Boden und vor allem mehr zusammenhängende Ökosysteme entstehen zu lassen.

Symbiosen mit Pilzen im Boden sind nicht nur für die Gesundheit der Pflanzen selbst von Vorteil, sondern auch für die menschliche Gesundheit. Die Biologieprofessorin Miranda Hart an der Universität von British Columbia in Kanada und der Biologieprofessor Pedro Antunes an der Algoma-Universität in der kanadischen Provinz Ontario untersuchten, wie sich die

Mykorrhiza im Boden auf die Inhaltsstoffe von Nahrungspflanzen auswirkt. Sie stellten fest, dass Ackerpflanzen mit Pilzpartnern deutlich mehr sekundäre Pflanzenstoffe bilden als Ackerpflanzen ohne Pilzpartner.[33] Die Pflanzenstoffe, die durch den Pilz gefördert werden, stärken unsere Gesundheit, wenn wir sie über die Nahrung aufnehmen. Darunter sind zum Beispiel Polyphenole, die den Blutdruck regulieren, die Blutfettwerte verbessern und Gefäßverkalkungen vorbeugen, von denen die Gefahr eines Herzinfarkts ausgeht. Die Symbiose der Pflanzen mit den Pilzen erhöht noch weitere sekundäre Pflanzenstoffe in unserer Nahrung, wie zum Beispiel Carotinoide. Diese Stoffe verbessern die Kommunikation zwischen unseren Zellen und können dadurch die Funktion unseres Immunsystems optimieren. Sie haben auch eine antioxidative Wirkung. Das heißt, sie machen freie Radikale, die im menschlichen Körper Krebs auslösen können, unschädlich. Die Pilzsymbiose erhöht außerdem den Gehalt an Flavonoiden in unseren Nahrungspflanzen, die Schutz vor Herz-Kreislauf-Erkrankungen bieten. Antunes und Hart geben aufgrund ihrer Forschungsergebnisse im Hinblick auf die menschliche Gesundheit zu bedenken: »Es dürfte notwendig sein, konventionelle landwirtschaftliche Praktiken wie die schwere Bodenbearbeitung und den Anbau in Monokulturen zu überdenken, da dadurch die Vielfalt und die Funktion der Bodenorganismen beeinträchtigt werden.«[34]

Mykorrhizen auf unseren Äckern und in unseren Gärten können also über die Ernährung einen Beitrag dazu leisten, chronische Krankheiten zurückzudrängen. Gerade urbanes Gärtnern bietet eine Möglichkeit, auch auf kleinen Flächen gezielt Mischkulturen und Pilzpartner in die Stadt einzuladen, die die Entstehung der Mykorrhiza unterstützen. Wie ich in einem späteren Kapitel noch schildern werde, bergen Ballungszentren ein enormes Potenzial für den ökologischen Anbau von

Lebensmitteln. Stadtbauernhöfe werden in Zukunft sogar wirtschaftlich tragfähig sein und eine wichtige Rolle bei der Versorgung der Stadtbevölkerung mit gesunden, regionalen Lebensmitteln spielen. Urbane Ökogärten werden zu Keimzellen für Bodenpilze und andere wertvolle Organismen in der Erde.

So wie Ackerpflanzen werden natürlich auch Waldbäume von ihren Pilzpartnern positiv beeinflusst. Die Biologieprofessorin Manuela Giovannetti bestätigte in ihren Analysen gemeinsam mit ihrem Team an der Universität Pisa, dass die Mykorrhiza generell die Bildung von bioaktiven Pflanzenstoffen fördert, die auch für uns Menschen gesund sind.[35] Die Forscherinnen sprechen von »gesundheitsfördernden Phytochemikalien«, also von chemischen Molekülen, die von Pflanzen gebildet werden und eine wichtige Rolle für pflanzliches Leben spielen. Waldluft ist voll mit solchen Phytochemikalien. Wenn es später um die dritte Kraft des heilsamen Trios des Waldes geht, werde ich noch genau darauf eingehen, wie Phytochemikalien aus dem Wald unsere Gesundheit unterstützen und uns vor Krankheiten schützen. Mykorrhizen fördern die Produktion dieser Pflanzenstoffe. Sie sind eine Art »Joker« für die Gesundheit von Ökosystemen und Menschen.

Die Mykorrhiza ist ein sichtbares Zeichen dafür, dass die Erde voll mit Leben ist. Deswegen war es für mich in dem dschungelartigen Wald an den Plitvicer Seen aufschlussreich, dass ich die betreffenden Pilzfäden aufgespürt hatte. Ich war mir nun sicher, dass sich unter meinen Füßen eine weitere Zutat des Biophilia-Effekts befand, mit der wir in der Natur in Kontakt kommen, während sie in Großstädten rar ist. Im Gegensatz zu den Pilzfäden der Mykorrhiza konnte ich diese Zutat aber nicht mit bloßem Auge sehen, denn es handelte sich um Bakterien. Sie stellen die zweite Substanz des heilsamen Trios des Waldes dar.

Im Jahr 1962 wurde der Mikroorganismus, dem wir uns jetzt

zuwenden werden, in Österreich zum ersten Mal in Kuhdung entdeckt. Kuhdung offenbart unter dem Mikroskop ein faszinierendes Universum aus Einzellern. Davon ist der Name des entdeckten Bakteriums abgeleitet: *Mycobacterium vaccae.* Das lateinische Wort »vacca« bedeutet »Kuh«, und der griechische Begriff »mýkēs« steht für »Pilz«. Die im Kuhdung entdeckten Keime gehören zu einer Bakteriengattung, die in Zellkultur zu sichtbaren Strukturen heranwächst. Ihr Anblick erinnert an das Fädengeflecht der Pilze, ähnlich wie bei der Mykorrhiza. Daher der Name »Mycobakterien«: Es sind pilzartige Bakterien.

In der Natur kommt das *Mycobacterium vaccae*, das ich zur besseren Lesbarkeit ab jetzt als »Biophilia-Bakterium« bezeichne, nicht nur in den Exkrementen von Wiederkäuern vor. Es lebt weltweit in unseren Böden, sofern es sich um gesunde Böden handelt. Man kann ohne Übertreibung sagen, dass das Biophilia-Bakterium beinahe in jedem natürlichen Bodenökosystem zu finden ist. Es kommt zum Beispiel in humusreichen Waldböden vor, die ein Idealbild des unterirdischen Bakterienkosmos verkörpern. Das Biophilia-Bakterium war in den Wäldern rund um die Plitvicer Seen, wo ich die Mykorrhiza gefunden hatte, mit Sicherheit vorhanden.

Mit dem Biophilia-Bakterium das Immunsystem trainieren

Beginnen wir mit der ältesten medizinischen Erkenntnis über die Gesundheitswirkung des Biophilia-Bakteriums. Nach seiner Entdeckung in Österreich gelang in den siebziger Jahren in Ostafrika eine weitere Pionierleistung. Die Immunologen John Stanfort und Graham Rook machten sich auf, ein medizinisches Rätsel zu lösen. Sie hatten festgestellt, dass die Menschen, die an den Ufern des Kyoga-Sees im Zentrum Ugandas lebten, seltener an Tuberkulose verstarben als Bewohner anderer Regionen des Landes. Ihre Immunsysteme kamen besser mit dem bakteriellen Erreger der gefürchteten Epidemie zurecht. Stanfort und Rook fanden gemeinsam mit ihren Kollegen heraus, dass rund um den Kyoga-See ein bestimmtes Bodenbakterium überdurchschnittlich stark vertreten war. Dabei handelte es sich um unser Biophilia-Bakterium. Immunologische Untersuchungen legten einen Zusammenhang zwischen häufigem Kontakt zu dem Bodenorganismus und einer verbesserten Immunabwehr nahe. Das Bakterium aus der Erde unterstützt offenbar unser Immunsystem auf besonders effiziente Weise. Im Falle des Kontakts mit einem gefährlichen Erreger sind unsere Abwehrkräfte dann besser in Schuss, und die Chance auf eine erfolgreiche Abwehr steigt.[36]

Interessant ist auch die Tatsache, dass das völlig ungefährliche Biophilia-Bakterium ein Verwandter des Tuberkulose-Erregers ist. So erklärt sich vermutlich, warum Menschen, die besonders intensiven Kontakt mit dem gutartigen Verwandten hatten, dann seltener an Tuberkulose erkrankten. In den Jahren 2010 und 2011 nahm die Immunologin Xiaoyan Yang vom West China Hospital der Universität Sichuan in Chengdu gemeinsam mit vier anderen chinesischen Immunologinnen 13 internationale klinische Studien zur Wirkung von *Mycobacterium vaccae*, dem Biophilia-Bakterium, unter die Lupe. Die Wissenschaftlerinnen kamen zu dem Schluss, dass die Schutzfunktion des Bakteriums vor dem Tuberkulose-Erreger zweifelsfrei nachgewiesen ist. Sie glauben sogar, dass die medizinische Verabreichung des Bodenbakteriums in Form von Medikamenten und Impfungen in Zukunft Menschen in Risikogebieten vor Tuberkulose schützen könnte.[37] Biologisch betrachtet liegt es nahe, dass das Biophilia-Bakterium die Bildung von Antikörpern stimuliert, die dann auch gegen den gefährlichen Verwandten eine Wirkung haben können oder diesen zumindest so lange in Schach halten, bis genügend spezifische Antikörper gegen Tuberkulose entstanden sind.

Die »biophile« Erkenntnis aus diesen Zusammenhängen ist, dass regelmäßiger Kontakt zu Bakterien in der Natur alles andere als schädlich ist. Vielmehr trainieren die Mikroben unser Immunsystem höchst effizient. Das Gleichgewicht der Kräfte in unserem Immunsystem kann durch das Training mit Bodenbakterien besser gewahrt werden. Wir wissen ja, dass in unserem Immunsystem kein Kampf zwischen »Gut« und »Böse«, sondern ein permanenter Prozess der Ausbalancierung unterschiedlicher Einflüsse stattfindet. Wir haben ununterbrochen Kontakt zu potenziell krankmachenden Viren sowie Bakterien, und unser Immunsystem ist bemüht, einen ständigen Ausgleich herzustellen. Wenn es gut trainiert ist und sich im Gleichgewicht befindet, sinkt die Gefahr, dass wir bei Kontakt zu einem Erreger erkranken. Krank werden wir erst, wenn dieser Ausgleich nicht mehr gelingt, wenn die Prozesse im Immunsystem also nicht mehr in Balance sind. Das Training durch das Biophilia-Bakterium erhöht die Chancen, dass das Gleichgewicht gehalten wird und kein Erreger außer Kontrolle gerät. Moderne Immunologen sprechen übrigens nicht mehr von einer »Stärkung« des Immunsystems, sondern von dessen »Ausbalancierung«. Gerade wenn es um die Wirkung der Natur auf den Menschen geht, spielt diese Einsicht eine wichtige Rolle, denn der Kontakt zur Natur bringt unseren Körper und seine Organe wieder in ein gesundes, natürliches Gleichgewicht.

So wie die Anionen in städtischen Lebensräumen fehlen, kommen Stadtbewohner auch kaum in Kontakt mit dem Biophilia-Bakterium aus der Erde. Hinzu kommt ein völlig falsches Hygieneverständnis. Dass Kinder oft nicht mehr »dreckig« werden oder im Matsch spielen dürfen, ist nicht etwa gut für sie, sondern wirkt sich negativ auf ihre Gesundheit aus. Dieser Umstand dürfte bereits allgemein bekannt sein. Wir sollten unsere Kinder in Kontakt mit Erde und gesunden Böden kommen lassen, damit ihr Immunsystem geschult und trainiert wird. Das ist vor allem in der frühen Kindheit wichtig, denn in dieser Zeit ist das Immunsystem besonders lernfähig. Höchstwahrscheinlich ist der unzureichende Kontakt zu Bodenbakterien im Kindesalter neben Feinstaub und anderen Schadstoffen einer der Gründe für die rasante Zunahme von Allergien, die vor allem in Städten auf dem Vormarsch sind. Eine Studie der polnischen Universität Lodz aus dem Jahr 2007 zeigte, dass allergische Erkrankungen bei Stadtkindern dreimal so häufig auftreten wie bei Landkindern. Betrachtet man nur die Häufigkeit von Asthma, so schneidet die Stadt sogar mit einem achtmal höheren Vorkommen der Krankheit im Vergleich zum Land ab. Der Studienleiter Marek Kowalski und seine Kollegen kommen zu dem Schluss: »Unsere Resultate bestätigen, dass Schulkinder in der Stadt signifikant häufiger Allergien entwickeln als auf dem Land.«[38]

Medizinische Studien haben belegt, dass eine Behandlung mit dem Biophilia-Bakterium sogar bereits bestehende Allergien und Autoimmunerkrankungen lindert – bei Erwachsenen genauso wie bei Kindern. Das trifft beispielsweise auf die Schuppenflechte zu.[39] Manche Immunologen sprechen vom »Bauernhof-Effekt«, der zu einem Rückgang der Allergien führen könne.[40] Das soll heißen: Kinder – und sicher auch Erwachsene – sollten Kontakt zum Erdboden haben, weil das Immunsystem dadurch lernt, zwischen nützlichen und schädlichen Einflüssen zu unterscheiden und sich zu zügeln, anstatt auf Natursubstanzen übertrieben zu reagieren. Deswegen brauchen wir gesunde Ökosysteme, die nicht mit Schadstoffen kontaminiert sind und in denen der lebendige Kosmos im Boden noch intakt ist. Auch die größten Ballungszentren und die am dichtesten besiedelten Großstädte brauchen überall solche »Öko-Hotspots«.

Natürlich bietet der Kontakt zur Erde keinen garantierten

Schutz gegen Krankheiten. Die immunregulierende Wirkung des Biophilia-Bakteriums wurde aber in mehreren Studien belegt und steht außer Zweifel.[41] Ebenfalls außer Zweifel steht, dass es nicht nur das *Mycobacterium vaccae* ist, das für unser Immunsystem wichtig ist. In einem intakten Ökosystem wimmelt es nur so vor Mikroben im Boden, auf Bäumen und Blättern, zwischen Steinen, Flechten und Moosen sowie auf Pilzen. Ein gesunder Boden beherbergt Hunderttausende oder Millionen verschiedener Bakterienstämme, Pilzarten und anderer Organismen. Die Wissenschaft nimmt das Ausmaß dieses gigantischen Kosmos im Boden erst in Ansätzen wahr, und wir fangen nun langsam an zu verstehen, wie wichtig der Kontakt zum Erdboden und seinen Lebensformen für die menschliche Gesundheit ist. Wir können getrost davon ausgehen, dass wir von der Wirkung der allermeisten Mikroorganismen im Boden auf unseren Körper noch keine Ahnung haben und es noch viel Neues zu entdecken gibt. Das Biophilia-Bakterium ist mit Sicherheit nicht der einzige Bodenorganismus, der sich so positiv auf unser Immunsystem auswirkt.

Besonders faszinierend ist der Zusammenhang zwischen Bodenbakterien und unserer psychischen Gesundheit. Hier wird einmal mehr deutlich, wie komplex der menschliche Organismus ist und wie intensiv wir mit unserer Umwelt in Kontakt stehen. Die Entdeckung der sogenannten »Darm-Mikroben-Hirn-Achse« ist für das gesamte Biophilia-Thema von großer Bedeutung. So entpuppte sich die Mikroflora der Natur als eine Art natürliches Antidepressivum, das unsere psychische Gesundheit grundlegend beeinflusst. Wenden wir uns darum nun der faszinierenden Erforschung des »Darm-Hirns« zu.

Doping für die Psyche: das Biophilia-Bakterium im »Darm-Hirn«

Wenn wir uns durch die Natur bewegen und mit Erde in Berührung kommen, nehmen wir Mikroorganismen aus dem Boden, von Pflanzen, von Steinen und aus der Luft in uns auf. Wir atmen sie ein, und sie verfangen sich an unseren Schleimhäuten sowie in den Flimmerhärchen der Nase. Von dort schlucken wir sie hinunter. Oder wir kommen mit den Händen beim Graben in der Erde mit ihnen in Kontakt und führen sie dann unbeabsichtigt zum Mund. Auf diese Weise nehmen vor allem Kinder Bodenorganismen auf. Biophilia-Bakterien aus der Erde gelangen bei jedem Naturaufenthalt in unseren Verdauungstrakt.

Studien haben gezeigt, dass viele probiotische Bakterienarten nach dem Verschlucken nicht, wie von manchen Forschern in der Vergangenheit angenommen, zum größten Teil im Magen abgetötet werden, sondern dass ein relevanter Teil von ihnen bis in den Darm gelangt und dort im Idealfall sogar Teil der mikrobiellen Besiedelung wird.[42] Das heißt, nicht nur schädliche Keime wie *Helicobacter pylori,* der sogenannte »Magenteufel«, der sich sogar dauerhaft in der Magenschleimhaut niederlässt und Übelkeit und Schmerzen verursacht, sondern auch harmlose Bakterien überleben die Magensäure.

Sie ahnen es vermutlich schon: Auch das Biophilia-Bakterium widersteht dem sauren Milieu, wie sich im Rahmen von Versuchen mit der Mikrobe herausgestellt hat.[43] Bei Kontakt zu Erde und beim Aufenthalt in der Natur kommt es zur sogenannten »Ingestion« des Biophilia-Bakteriums, also zur Aufnahme in den Darm. Das ist ja auch einer der Wege, über die das Bakterium Einfluss auf unser Immunsystem nimmt, wie ich es bereits beschrieben habe.

Dass Bakterien in unserem Darm unsere Abwehrkräfte regulieren, ist generell schon lange bekannt. Manche Biologen und Mediziner gehen sogar so weit, den Darm als »Zentrum des Immunsystems« zu bezeichnen. Und das mit gutem Grund. Drei Viertel der Immunzellen unseres Körpers sind im Lymphgewebe der Darmschleimhaut zu finden. Und etwa 90 Prozent aller Antikörper, mit denen unser Immunsystem Krankheitserreger ausschaltet, werden in der Schleimhaut des Dünndarms gebildet. Das Darm-Immunsystem muss ständig zwischen schädlichen und nützlichen Bakterien, die im Darm eintreffen, unterscheiden. Die schädlichen werden von den Abwehrzellen abgetötet, während die nützlichen Teil der Darmflora und somit auch unseres Immunsystems werden. Die Darmmikroben übernehmen unzählige wichtige Aufgaben für unseren Organismus. Sie sondern Enzyme ab – das sind chemische Katalysatoren, die in unserem Verdauungstrakt den Abbau und die Verwertung von Nährstoffen enorm beschleunigen. Manche wertvollen Inhaltsstoffe aus unserem Essen können wir überhaupt erst dank der Enzyme der Darmbakterien aufschließen. Bakterien stellen sogar Vitamine für uns her und versorgen den Darm mit »Treibstoff«, indem sie ihm energiereiche Fette zur Verfügung stellen. Sie trainieren unser Immunsystem, wie bereits erläutert, weil es ständig zwischen schädlichen und nützlichen Bakterien unterscheiden muss. Und mit dem Immunsystem ist es wie beim Sport: Nur wer ständig trainiert und in Bewegung bleibt, kann gute Leistungen erbringen.

Daher ist es nicht wirklich überraschend, wenn ich schreibe: So wie der Boden ist auch der menschliche Darm ein komplexes Ökosystem, das mit anderen Ökosystemen vernetzt ist – und zwar mit Ökosystemen in unserem Körper genauso wie außerhalb unseres Körpers. Die gesamte Natur ist als Geflecht solcher Ökosysteme aufgebaut, und wir sind in dieses Netzwerk eingebettet. Aber wussten Sie auch, dass Mikroorganismen in unserem Darm unser Verhalten und unsere psychische Gesundheit beeinflussen sowie bei Kindern die Entwicklung des Gehirns mitsteuern? Der Darm ist in ein dichtes Netzwerk aus Nervenbahnen eingebettet – so dicht, dass Neurobiologen es als »Darm-Hirn« bezeichnen. Es ist neben dem Gehirn in unserem Kopf der zweite große Knotenpunkt unseres gesamten Nervensystems. Wir wissen, dass das Darm-Hirn eng mit dem Gehirn zusammenarbeitet und permanent über neuronale Signale und Botenstoffe mit ihm kommuniziert, genauso wie es mit dem Immunsystem kommuniziert. Die Darmmikroben sind dabei in das Zusammenspiel aus Darm-Hirn, Immunsystem und Gehirn einbezogen, indem sie biologische Signale an den Vagus-Nerv senden, der den Bauchraum durchzieht.[44] Der Volksmund irrt also nicht, wenn er vom »Bauchgefühl« spricht. In der Neurobiologie hat sich der Begriff »Darm-Mikroben-Hirn-Achse« durchgesetzt.

Zugegeben: Die Neuromikrobiotik, also die Wissenschaft vom Einfluss der Darmmikroben auf unser Gehirn, steckt noch in den Kinderschuhen. Allerdings liegen bereits einige Studien vor, die einen Zusammenhang zwischen unserer psychischen Gesundheit und dem Mikrobiom im Darm nahelegen. Kaum war dieser Zusammenhang entdeckt, trat auch schon die Navy auf den Plan, also die US-Kriegsmarine, und pumpte im Jahr 2015 die Summe von 52 Millionen Dollar in ein derzeit laufendes Forschungsprojekt, in dem untersucht wird, wie sich die Stressreaktion bei Soldaten im Gehirn durch Darmbakterien abmildern lässt.[45] Man möchte gerne wissen, wie Soldaten auch in extremen Belastungssituationen psychisch leistungsfähig gehalten werden können. Eine zweifelhafte Fragestellung, wie ich meine … und eine, die mit Biophilia nichts zu tun hat.

Die Europäische Union hat neun Millionen Euro für ein Projekt zur Verfügung gestellt, in dem ebenfalls die Bedeutung des Darms für unsere psychische Gesundheit erforscht wird. Das Projekt trägt den Namen »My New Gut«, also »Mein neuer Darm«. Erfreulicherweise dient dieses Vorhaben nicht der Kriegsführung, sondern tatsächlich der Gesundheit des Menschen. Es ist aber davon auszugehen, dass es der EU nicht in erster Linie darum geht, Mensch und Natur wieder zu vereinen und den Kontakt zu gesunden Bodenorganismen zu fördern, sondern vor allem um die Entwicklung neuer Medikamente und Patente der europäischen Pharmakonzerne. Die Pharmaindustrie erhofft sich, Mikroorganismen und deren Stoffwechselprodukte künftig als Medikamente vermarkten zu können – sozusagen als neue Generation von Psychopharmaka. Dafür ist der Begriff »Psychobiotika« vorgesehen. Auch dieser Ansatz hat mit Biophilia wenig gemeinsam, wenn auch die gesamte Forschung in diesem Bereich mit den Erkenntnissen rund um das Biophilia-Bakterium am Kyoga-See begonnen hat.

Der Immunologe Graham Rook, der gemeinsam mit seinem Kollegen John Stanfort am Kyoga-See erkannte, dass das Biophilia-Bakterium Menschen vor Tuberkulose schützen kann, wies 2016 in einem Artikel der London's-Global-Universität darauf hin, dass Bakterien eine profunde Wirkung nicht nur auf unsere körperliche, sondern eben auch auf unsere psychische Gesundheit haben können.[46] So ist beispielsweise nachgewiesen, dass der Kontakt mit dem Biophilia-Bakterium über die immunregulierende Wirkung zu einem Rückgang von Entzündungen führt. In der Psychoneuroimmunologie – das ist die Wissenschaft von den Zusammenhängen zwischen Psyche, sozialer Umwelt und dem Immunsystem – ist seit einigen Jahren bekannt, dass chronische Entzündungen im Körper zu einem deutlich erhöhten Risiko einer psychischen Erkrankung führen. Dieses Wissen gehört zu den Grundfesten der noch jungen Wissenschaft. Beispielsweise reagieren Menschen, bei denen Entzündungsprozesse nachgewiesen sind, auf belastende Erlebnisse eher mit einer posttraumatischen Belastungsstörung als Menschen ohne chronische Entzündungen.[47] Übrigens können auch umgekehrt psychische Probleme, wenn sie langfristig auftreten, zu Entzündungen führen. Das gilt vor allem für dauerhaften Stress. Aber das ist glücklicherweise noch nicht alles. Bodenmikroben beeinflussen unsere Psyche auf verschiedenen Wegen positiv.

Hilfe aus der Erde bei Depression und psychischen Erkrankungen

Der Medizinprofessor Bill Deakin an der Universität von Manchester in Großbritannien stellte in einer Studie mit 200 Patienten, die an Schizophrenie erkrankt waren, fest, dass die Aufnahme natürlicher Biophilia-Bakterien zu einer Verbesserung des psychischen Gesundheitszustandes führte. Deakin geht aufgrund seiner Forschungsergebnisse davon aus, dass uns solche Bakterien vor Psychosen schützen können.

Wenn dies zutrifft, so ist es höchstwahrscheinlich, dass der fehlende Kontakt zu Mikroben aus der Erde einen der Gründe für die Zunahme von Schizophrenie in Städten darstellt. Die Gefahr, an Schizophrenie zu erkranken, ist nämlich für Stadtbewohner signifikant höher als für Bewohner ländlicher Regionen. »Es ist nicht geklärt, ob es die Geburt in der Stadt ist oder das Aufwachsen in der Stadt, aber da ist etwas mit dem Stadtleben verbunden, das das Schizophrenie-Risiko erhöht«, zog der Psychiater Ezra Susser an der Columbia Universität, Fakultät für öffentliche Gesundheit, seine Schlüsse aus der wissenschaftlichen Faktenlage.[48] Ob wir in der Stadt leben oder nicht, ist für unser Schizophrenie-Risiko von größerer Bedeutung als unsere genetische Veranlagung. Es gäbe weltweit 35 Prozent weniger Fälle von Schizophrenie, wenn Menschen nicht in Großstädten leben würden. Mehr noch: Es ist sogar nachgewiesen, dass die Größe der Stadt eine entscheidende Rolle spielt. Je größer der urbane Ballungsraum ist, desto stärker steigt das Erkrankungsrisiko an.[49] Dasselbe gilt auch für andere Psychosen und für Depression. Eine schwedische Studie der Professorin für Familienmedizin Kristina Sundquist an der Lund-Universität, in die viereinhalb Millionen Männer und Frauen einbezogen wurden, bescheinigte unseren Metropolen eindeutig, dass sie bei ihren Einwohnern das Risiko für psychische Erkrankungen steigern. Großstädter erkranken im Vergleich zu Menschen auf dem Land mit 12 bis 20 Prozent höherer Wahrscheinlichkeit an einer Depression und mit 68 bis 77 Prozent höherer Wahrscheinlichkeit an einer Psychose.[50] Übrigens zählt auch die bereits angesprochene Schizophrenie zu den Psychosen.

Auch der Medizinprofessor Christopher Lowry an der Universität von Colorado in Boulder experimentierte mit dem Biophilia-Bakterium und stellte fest, dass es psychosomatische Stressreaktionen abschwächt. Er identifizierte einen weiteren Wirkmechanismus: Der Einfluss der Mikrobe auf unseren Organismus bringt den Serotoninhaushalt in ein günstiges Gleichgewicht, was den Zusammenhang mit Depression, aber auch mit Angststörungen erklärt.[51] Denn beide psychischen Leiden hängen mit einer Störung der Serotoninproduktion zusammen. Die Biologieprofessorin Dorothy Matthews und die Psychologieprofessorin Susan Jenks von den Sage Colleges in New York bestätigten durch ihre Versuche, dass der Kontakt zum Biophilia-Bakterium gegen Angststörungen wirkt.[52] Es wird Sie darum vielleicht nicht mehr wundern, dass in Großstädten das Risiko, an Angststörungen zu leiden, je nach Größe der Stadt um 21 bis 39 Prozent im Vergleich zum Land erhöht ist.[53]

Was dieses »Etwas« ist, von dem der vorhin zitierte Psychiater Ezra Susser sprach und das Menschen in Städten eher psychisch krank oder depressiv werden lässt als auf dem Land, kann man sicher nicht auf einen einzigen Faktor reduzieren. Nach allem, was wir über natürlich vorkommende Mikroben wie das Biophilia-Bakterium heute aber wissen, können wir davon ausgehen, dass die Trennung von diesem Bakterium – und generell von Bodenmikroben – einen der Risikofaktoren für Stadtbewohner darstellt. Der Kontakt zu gesunden Bodenbakterien macht uns weniger anfällig für psychische Erkrankungen beziehungsweise unterstützt uns bei der Genesung. Auch die Anionen im Wasserfall-Plasma fördern unsere psychische Gesundheit, sodass wir davon ausgehen können, dass ihr Nicht-Vorhandensein in der Stadt nicht gut für uns ist. Wenn wir bedenken, wie viele Millionen und Milliarden von Natursubstanzen in einem intakten Ökosystem zu finden sind, so gibt uns das ein Gefühl davon, wie wenig wir erst über die Zusammenhänge zwischen Naturzerstörung und Krankheit oder Naturkontakt und Heilung verstehen. Mit den Anionen und dem Biophilia-Bakterium haben wir gerade einmal die ersten Gehversuche in einer völlig neuen Wissenschaft von Mensch und Natur gemacht, die ich als »Biophilia-Forschung« bezeichne. Aber bereits nach diesen ersten Betrachtungen ist klar: Krankheit hat unter anderem etwas mit der Trennung von der Natur zu tun, während Gesundheit durch Naturkontakt gefördert wird. Das moderne Stadtleben setzt uns nicht nur Abgasen, Lärm, Lichtverschmutzung und Stressfaktoren aus, sondern trennt uns auch von wichtigen Naturstoffen, die unser Organismus und unsere Psyche benötigen, um gesund zu bleiben.

Die bereits erwähnten Forscherinnen Dorothy Matthews und Susan Jenks vermuten sogar, dass das Biophilia-Bakterium unsere Lernfähigkeit verbessert. Sie experimentieren zwar vorwiegend im Labor, räumen aber ein, dass wir weder die Pharmaindustrie noch eine Apotheke brauchen, um Kontakt zu der Mikrobe zu haben. »*Mycobacterium vaccae* ist ein natürliches Bodenbakterium, das Menschen einatmen oder verschlucken, wenn sie Zeit in der Natur verbringen«, stellte Matthews gegenüber dem Wissenschaftsjournal *Science Daily* klar.[54] Die Untersuchungen der beiden Wissenschaftlerinnen legen nahe, dass sich das Biophilia-Bakterium auf die Gehirnentwicklung bei Kindern förderlich auswirkt und bei Jung und Alt gleichermaßen die Lernfähigkeit erhöht. Anders als bei den psychologischen Wirkungen des Bakteriums stehen endgültige Beweise dafür aber noch aus. Doch Matthews zeigte sich angesichts ihrer bisherigen Forschungen zuversichtlich: »Es ist interessant zu spekulieren, dass die Schaffung von Lernbedingungen an Schulen, die Zeit in der freien Natur beinhalten, wo *Mycobacterium vaccae* präsent ist, Ängste reduziert und die Fähigkeit der Schüler verbessert, neue Fertigkeiten zu erlernen und sich neues Wissen anzueignen.«[55] Auf diese Annahme werde ich später noch zurückkommen, wenn es um Waldkindergärten und Waldschulen geht – mitten in der Stadt!

Die Botschaft des Biophilia-Bakteriums an die Stadtbewohner

»Darmbakterien sind eine biologische Schnittstelle zwischen unserem Lebensraum und dem Gehirn. Also sind sie auch eine Schnittstelle zwischen Großstadt und Gehirn. Sie ›erzählen‹ uns über die Denaturiertheit des Großstadtlebens«, sagte der Arzt, Psychologe und Psychotherapeut Christian Schubert in unserem Gedankenaustausch über das Biophilia-Bakterium und seine Bedeutung für Stadtmenschen.[56] Schubert ist Psychoneuroimmunologe und Professor an der Medizinischen Universität Innsbruck. Für ihn lassen sich Krankheit und Gesundheit nicht auf einen einzelnen Faktor zurückführen. Deswegen steht er der konventionellen medizinischen Forschung, die komplexe Zusammenhänge oft ungerechtfertigt vereinfacht, skeptisch gegenüber und fordert eine Wissenschaft, die sich mehr am Menschen orientiert. Auch wenn es um den Einfluss der Umwelt auf unsere psychische Gesundheit geht, müsse man »das große Ganze« im Blick behalten, fordert der Experte für die Zusammenhänge zwischen der psychosozialen Umwelt, dem Gehirn und dem Immunsystem.

»Wenn ein Phänomen, das im Labor gemessen wurde, ins gelebte Leben umgelegt werden soll, wird es vor allem bei psychischen Zusammenhängen schwierig«, erläuterte Schubert. Denn die Reduktion auf einzelne Aspekte, die dann isoliert im Labor untersucht werden, führt oft nur scheinbar zu Genauigkeit. Dass Mikroben aus der Erde sowie Bakterien in unserem Darm auf unser Gehirn einwirken und unsere psychische Gesundheit beeinflussen, steht für Schubert außer Zweifel, wie er mir versicherte. »Man muss die Mikroorganismen aber immer in ihrer Rolle im Gesamtsystem sehen. Sie sind, genau wie wir selbst, ein Teil der Biosphäre, also der belebten Welt. Aus meiner Sicht sind Mikroorganismen Naturvermittler. Sie zeigen uns auf, was bei unserem Verhältnis zur Natur aus dem Gleichgewicht geraten ist.«

Auf meine genauere Nachfrage, was unter »Naturvermittler« zu verstehen sei, verwies der Psychoneuroimmunologe auf Feedback-Effekte, die Mikroben in unserem Organismus auslösen: »Aufgrund von Verwirrungen, Verirrungen sowie einer generellen Entfernung von einem natürlichen Lebensstil erscheint vielen Menschen das Leben in unserer Leistungsgesellschaft immer bedeutungsloser. Wir verlieren das Gefühl, dass das menschliche Leben Sinn hat, und sind zu Betriebsmitteln geworden. Menschen sollen ›funktionieren‹ und wirtschaftlich ertragreich sein.« Schubert und ich waren uns einig, dass sich der Großteil der Menschen in unserer Gesellschaft nicht ausgewogen ernährt. Wir nehmen uns keine Zeit mehr, uns mit uns selbst und unserer Nahrung zu befassen. Wir pflegen unsere Beziehung zur Natur nicht mehr. Für Schubert sind das alles »kulturelle Effekte, die auf unsere Darmflora zurückwirken«.

Dieser Theorie zufolge schädigen beispielsweise schlechte Ernährung und Stress das Ökosystem in unserem Darm und beeinflussen in weiterer Folge unser Immunsystem. Dass wir zu wenig mit gesunden Bodenmikroben in Kontakt kommen, sieht Schubert ebenfalls als eine Folge der Denaturierung unserer Gesellschaft an. Denn durch fehlenden Naturkontakt ändern sich die Zusammensetzung und die Stoffwechselaktivität der Darmflora. »Dadurch wird das menschliche Immunsystem beispielsweise in Richtung entzündliche Reaktionen beeinflusst«, erläuterte Schubert. »Unsere Nervenzellen nehmen die Information der Entzündung auf und leiten sie in das Gehirn weiter. Dort wird dann das sogenannte ›Sickness Behavior‹, also ein ›Krankheitsverhalten‹ ausgelöst. Das ist ein körperlicher sowie psychischer Erschöpfungszustand, der mit Passivität bis hin zu Depression verbunden ist.« In diesem Sickness Behavior sieht der Mediziner im Grunde aber eine Strategie unseres Organismus, um in einer lebensfeindlichen Situation, in der die menschliche Integrität angegriffen wird, Energie zu sparen. Das könne zum Beispiel bei einer Infektion, aber auch bei gesellschaftlicher Überforderung der Fall sein. Daraus folgert Schubert: »Letztlich ist dieses durch Darmmikroben ausgelöste Sickness Behavior Teil einer ›gesellschaftlichen Entzündung‹, die aus unserem von der Natur entfremdeten Lebensstil resultiert und uns psychisch krank macht.«

Auf meine Nachfrage, ob man die Darmmikroben daher als eine Art »Spiegel der Gesellschaft« betrachten könne, erwiderte Christian Schubert, dass Begriffe wie »Spiegel« oder »Abbild der Gesellschaft« seiner Meinung nach nicht ganz zutreffend seien, weil sie eine gewisse Linearität implizierten. In der Psychoneuroimmunologie gehe man aber eher von »selbstähnlichen Mustern in der Natur« aus. Die Entzündungsvorgänge, die in unserem Darm entstehen, seien wie eine Art Widerhall, »eine Resonanz innerhalb hoher komplexer Systeme wie Kultur und Gesellschaft«. Dieser Widerhall ließe sich dann eben auch in unserer Psyche wiederfinden. Die Darmbakterien führen demzufolge den Stadtbewohnern das naturentfremdete Großstadtleben vor Augen. Schubert legt aber Wert auf die Feststellung, dass in den Wechselwirkungen von Menschen und Mikroben nur ein Teil des Informationstransfers zwischen außen und innen besteht: »Besonders über die Sprache oder die Kunst drücken Menschen ihr Leiden unter der Naturentfremdung und dem scheinbar sinnlos gewordenen Leben aus.«

Ich fragte genauer nach, wie der Kontakt zur Natur aus Sicht der Psychoneuroimmunologie einen Beitrag dazu leisten könne, uns von diesem Leiden zu befreien. »An der Medizinischen Universität Innsbruck haben wir den Begriff ›Health Behavior‹ geprägt, also ein ›Gesundheitsverhalten‹ im Gegensatz zum Krankheitsverhalten«, antwortete Schubert. »Ich denke, dass der Kontakt zu Mikroben aus der Erde ein Weg ist, der unsere Darmflora ins Gleichgewicht bringen kann, unser Immunsystem trainiert und dadurch zu einer Abschwächung der Entzündungsprozesse im Gehirn führt. Das löst dann ein Gesundheitsverhalten aus, das der Gegenspieler von Sickness Behavior ist.« Das wiederum führe zu einem Rückgang an psychischen Störungen und Depressionen. Allerdings, so schränkte er ein, sei Naturkontakt nur ein Teilaspekt des Problems. »Wir müssen auch bei unserer denaturierten Nahrung und vielen anderen Bereichen unserer naturentfremdeten Lebensweise ansetzen. Es wird wenig bringen, jeden Tag in der Erde zu graben, sich aber zugleich mit Fastfood vollzustopfen oder ein Leben voller Stress, Schadstoffe, Lärm und Leistungszwang zu führen.«

Die Waldluftapotheke

»Wahrscheinlich werden Ärzte in der Zukunft den Wald als Medizin verschreiben.«[57]

Qing Li, Medizinprofessor und Pionier der Waldmedizin, Tokio

Folgen Sie mir in Gedanken noch einmal an den versteckten, dschungelartigen Ort am Rande der Plitvicer Seen. Das glasklare Wasser leuchtete türkis, und die Kronen der Waldbäume, die über das Ufer ragten, spiegelten sich auf der ruhigen Wasseroberfläche. In den Pilzfäden der Mykorrhiza unter meinen Füßen strömten Wasser und Nährstoffe langsam durch den Waldboden. Biologische Signale wurden durch das weitläufige unterirdische Geflecht von Baum zu Baum übertragen. Tief unten gaben Wurzeln Knackgeräusche von sich, die mein menschliches Ohr nicht wahrnehmen konnte. So wie jeder intakte Wald war auch dieses paradiesische Ökosystem eine Art riesengroßer kommunizierender Organismus, in dem alles mit allem in Kontakt stand. Ähnlich wie unsere Organe einander Botschaften schicken, um optimal zusammenzuarbeiten, so tun das auch die Bäume, die Sträucher, die anderen Pflanzen und die Pilze des Waldes untereinander.

Pflanzliche Kommunikation geschieht aber nicht nur über Knackgeräusche der Wurzeln und über Signale, die durch den Waldboden geschickt werden, sondern auch durch eine Art

»chemischer Wörter«, die in der Waldluft zu finden sind. In der Welt der Pflanzen haben sie Bedeutungen, die von anderen Pflanzen entschlüsselt werden können. Begeben wir uns nun auf die Suche nach dem faszinierenden Highlight des heilsamen Trios des Waldes – nach Substanzen, die eine zentrale Rolle in der Waldmedizin spielen und sogar die Krebsheilkunde der Zukunft revolutionieren könnten. Es handelt sich um Stoffe, die wir für Stadtbewohner unbedingt verfügbar machen sollten, weil ihr Nicht-Vorhandensein in der Luft uns anfällig für Erkrankungen macht. Wie Sie sich nun sicher schon denken können, handelt es sich um etwas, das wir einatmen können.

Die »Sprache« der Bäume

Die Kommunikation der Pflanzen ist – anders als zurzeit in den Medien dargestellt – keine neue Entdeckung. Sie wird seit über 40 Jahren erforscht. Die Pflanzensoziologie, also die Wissenschaft vom Zusammenleben der Pflanzen, ist ein Grundlagenfach für Biologiestudenten. Eines der ältesten deutschsprachigen Standardlehrbücher für Pflanzensoziologie erschien bereits 1971.[58] Dass es im Wald einen Informationsaustausch von Baum zu Baum gibt und dass Pflanzen aufeinander sowie auf Umwelteinflüsse reagieren, wussten Biologen und viele Förster schon lange, bevor dieses Thema in den letzten Jahren zum öffentlichen Hype wurde. Um ein Ökosystem aufrechtzuerhalten, ist es unerlässlich, dass die einzelnen Bewohner in irgendeiner Form miteinander kommunizieren. Die »Sprache« der Bäume hat sich, genau wie unsere, im Laufe der Evolution über Jahrmillionen geformt und eingespielt. Sie ist eine biochemische Art der Verständigung, das heißt, sie basiert auf chemischen Molekülen, die in der Welt der Pflanzen bestimmte Bedeutungen tragen. Man könnte auch von

»chemischen Vokabeln« sprechen. Wenn zum Beispiel ein Baum von einem Schädling angegriffen wird, so beginnt er, sich dagegen zu wehren. Das Immunsystem des Baumes reagiert auf den Eindringling auf ähnliche Weise wie unser menschliches Immunsystem, nämlich mit der Aktivierung von Abwehrkräften. Das muss der Baum nicht bewusst »machen«, genauso wenig, wie wir unser Immunsystem bewusst steuern müssen. Es sind biologische Abläufe, die durch die Weisheit unserer Zellen und durch die großen Regelkreise der Natur gesteuert werden. Genauso ist es bei den Bäumen. Ihre Abwehrstoffe gehören zu einem großen Teil in die chemische Stoffgruppe der Terpene. Dabei handelt es sich um die größte Gruppe von sekundären Pflanzenstoffen. Im Laufe der Evolution haben Bäume gelernt zu »verstehen«, was es bedeutet, wenn sich bestimmte Terpene gasförmig in der Waldluft anreichern: »Einige von uns werden angegriffen.« Ihr Organismus kann gewissermaßen den Hilferuf der anderen Bäume empfangen beziehungsweise die Terpene entschlüsseln. Mehr noch: Aus den jeweiligen Terpenen kann das Immunsystem eines Baumes sogar Informationen über die Art der Schädlinge ableiten, denn gegen unterschiedliche Angreifer werden natürlich auch unterschiedliche Terpene gebildet. Bäume haben über Generationen gelernt, die jeweiligen Terpene richtig einzuordnen und dann die nötigen Schutzmaßnahmen zu ergreifen, noch bevor der Schädling bei ihnen eingetroffen ist. Der Baumorganismus aktiviert die Immunabwehr, um sich selbst und dadurch den gesamten Wald zu schützen. Im Prinzip kann man sich das Immunsystem eines Baumes wie eine Art Sinnessystem vorstellen, das mit dem Netzwerk des Waldes verflochten ist und überallhin seine »Fühler« ausstreckt. Aus der Konzentration eines bestimmten Terpens in der Waldluft können Bäume und andere Pflanzen ableiten, wie groß das Aufkommen der Schädlinge ist, die das Ökosystem angegriffen haben, und wie schwerwiegend die Attacke ist. Schwere Angriffe führen zu einer höheren Terpenproduktion der betroffenen Bäume als geringe Schädlingsaufkommen. Dementsprechend passen dann auch die anderen Bäume die Stärke ihrer Immunabwehr an und reagieren selbst mit der Abgabe von spezifischen Terpenen, die gegen den betreffenden Eindringling wirken. Dadurch verbreitet sich die Botschaft in Form der bedeutungstragenden Moleküle bis tief in den Wald.

Pflanzenkommunikation ist von ihrer Methode her vergleichbar mit der Kommunikation der menschlichen Organe untereinander. In beiden Fällen handelt es sich um eine biochemische Kommunikation durch Botenstoffe und biologische Signale, die den Sinn hat, die verschiedenen Teile eines komplexen Organismus aufeinander abzustimmen. Im Falle der Bäume kann der Wald wie ein übergeordneter Organismus betrachtet werden. So wie unser Immunsystem die verschiedenen Kräfte, die auf uns einwirken, in Balance zu halten versucht, damit keine Krankheit entsteht, erhalten Bäume das Gleichgewicht des Waldes aufrecht. Diese Vorgänge sind ein faszinierendes Beispiel für die großen Regelkreise der Natur, die so komplex sind, dass wir sie bisher nur in Ansätzen nachvollziehen können. Sie haben sich über Jahrmillionen entwickelt. Im Falle des Pflanzenreichs reicht diese Geschichte eineinhalb Milliarden Jahre zurück. Vor so langer Zeit dürfte nach neuesten paläobiologischen Erkenntnissen der erste Einzeller die Photosynthese »erfunden« und somit die pflanzliche Tradition begründet haben, aus Kohlendioxid, Wasser und Sonnenenergie Zucker herzustellen. Es handelte sich um eine einfache Algenzelle. An Land leben Pflanzen seit mindestens 475 Millionen Jahren. Die Schachtelhalme, die wir noch heute häufig in Sümpfen, am Rand von Tümpeln, am Waldrand oder als »Unkraut« im Acker finden, sind etwa 400 Millionen Jahre alt und haben sich seither nicht verändert. Der Ackerschachtelhalm, um ein Beispiel aus dieser Pflanzengattung zu nennen, wächst oft auf brachliegenden, verwilderten Flächen in der Stadt. Dann trifft eine Lebensform aus dem Erdzeitalter des Devons auf den modernen Lebensraum der Metropole des 21. Jahrhunderts. In der Volksheilkunde wird der Ackerschachtelhalm gegen Rheuma, zur Blutreinigung sowie gegen Nieren- und Blasenschwäche eingesetzt. Mit ihrem stabilen Gerüst, das ihnen durch die Einlagerung von Silizium eine hohe Festigkeit verleiht, ist die Pflanze zu einem teleskopartigen Wachstum befähigt. Damit geben uns die Relikte aus der Urzeit einen Eindruck von der frühen Vegetation der Erde in Sümpfen und später in den Kohlewäldern. Die Schachtelhalme wurden damals so hoch wie Bäume. Ebenfalls im Devon entwickelte sich übrigens auch die Mykorrhiza – die Symbiose aus unterirdischem Pilzgeflecht und Pflanze, die bis zum heutigen Tag im Wald die Bäume miteinander vernetzt und den Nährstofftransport über viele Kilometer hinweg ermöglicht. Die Ursprünge des Ökosystems Wald liegen also 400 Millionen Jahre zurück. So lange hatte das enge Zusammenspiel der Waldpflanzen Zeit, sich zu entwickeln und einzupendeln.

Wir sind weit davon entfernt, alle Wechselwirkungen im uralten Reich der Pflanzen überblicken zu können. Aber eines wissen wir ganz sicher: Terpene spielen eine zentrale Rolle in der Kommunikation und im Sozialleben der heutigen Pflanzen. Sie sind nicht nur gegen Schädlinge im Einsatz, sondern werden auch abgegeben, um Konkurrenzpflanzen fernzuhalten oder deren Samen am Keimen zu hindern. Pflanzen produzieren sie, um tierische Fressfeinde zu vertreiben oder um Viren und Bakterien in der Umgebung abzutöten, von denen die Gefahr einer Pflanzenkrankheit ausgeht. Manche Biologen nennen diese Art der Terpene »Phytonzide«, also Substanzen von Pflanzen, die antibiotisch wirken. Aber dieser Begriff gilt als veraltet und ist kaum noch in Gebrauch. Bäume schützen sich mittels Terpenen außerdem vor der UV-Strahlung der Sonne, und auch Pilze senden Terpene aus, um beispielsweise ihren Geschlechtszellen den Weg zueinander zu weisen. Es gibt unzählige verschiedene Terpene mit unterschiedlichen Funktionen und Bedeutungen, und die Waldluft ist voll von diesen bioaktiven Wirkstoffen aus dem Reich der Pflanzen und Pilze. Sie strömen gasförmig aus den Blättern und Stängeln sowie aus dem Boden, wo sie auch von Wurzeln abgegeben werden. Sogar Bakterien in der Erde geben Terpene ab und nehmen am Informationsaustausch des Waldes teil. Die Borke der Bäume ist eine reichhaltige Quelle für gasförmige Terpene. Im Sommer ist die Terpenkonzentration im Wald am höchsten, im Winter geringer. Sie sinkt aber nie auf null.

Wenn eine Substanz im Wald eine so große Rolle spielt, liegt die Vermutung nahe, dass sie auch auf uns Menschen eine Wirkung hat. Denn wir sind Wesen des Waldes. Unsere Vorfahren lebten, bevor sie in die Savannen übersiedelten, über lange Zeiträume in Wäldern. Auch der aufrechte Gang dürfte sich bei frühen Menschen zu einer Zeit entwickelt haben, in der unsere Urahnen noch Wälder bewohnten. Das legen jüngste archäologische Funde und evolutionsbiologische Erkenntnisse nahe.

Wie reagiert der menschliche Organismus, der aus dem Wald stammt, auf die Pflanzenstoffe in der Waldluft? Die Terpene des Waldes und die Sprache der Bäume sind, wie gesagt, schon lange bekannt. Auf das enorme Gesundheitspotenzial dieser Substanzen für uns Menschen ist die Wissenschaft aber erst vor wenigen Jahren gestoßen, und zwar in Japan.

Wie Botenstoffe von Bäumen das Immunsystem der Stadtbewohner stärken

Ich halte zwei Begriffe für Schlüsselwörter der modernen Biophilia-Forschung und vor allem der Waldmedizin: »Terpene« und »natürliche Killerzellen«. Der Begriff »Killerzelle« mag im ersten Moment abschreckend klingen. Doch dieser Eindruck täuscht. Diese Art der Zellen ist vom ersten Tag unseres Lebens an extrem wichtig für uns. Ohne natürliche Killerzellen hätten wir keine Überlebenschance. Sie sind Teil unseres angeborenen Immunsystems. Das heißt, sie werden nicht erst dann gebildet, wenn ein Erreger eingedrungen ist, sondern sie schützen uns permanent vor Krankheiten. Die natürlichen Killerzellen sind eine spezielle Form der weißen Blutkörperchen, also der Leukozyten. Sie zählen zur Untergruppe der Lymphozyten, entstehen im Rückenmark und werden von dort laufend ins Blut entlassen. Die natürlichen Killerzellen halten Viren, Bakterien und alle anderen Eindringlinge in Schach und bekämpfen sie, bis unser Immunsystem spezifische Antikörper dagegen gebildet hat. Diese eliminieren die Erreger dann endgültig oder dezimieren sie so weit, dass sie keinen Schaden mehr anrichten. Die natürlichen Killerzellen sind die Basis unserer Abwehrkräfte. Sie entfernen sogar Tumorzellen und potenzielle Krebszellen aus unserem Körper. Dadurch sind sie für die natürliche Krebsabwehr in unserem Organismus von großer Bedeutung und spielen eine wichtige Rolle bei der Krebsheilung. Sie sind immer da und können jede Art von Krankheitserreger sofort angreifen.

Professor Qing Li von der Nippon Medical School in Tokio ist ein internationaler Pionier der Waldmedizin. Für dieses Buch habe ich mich exklusiv mit ihm ausgetauscht.[59] »Mein Forschungsschwerpunkt ist die Umweltmedizin mit dem Schwerpunkt auf Umweltimmunologie«, antwortete Li auf meine Frage, wie er auf die Idee gekommen sei, die medizinischen Wirkungen des Waldes zu erforschen. »Ich interessiere mich für die Wirkung aller Umweltfaktoren auf die menschliche Gesundheit. Daher habe ich auch Interesse an der Wirkung des Waldes auf den Menschen«, erklärte er weiter. Von 2004 bis 2007 führte das japanische Ministerium für Land- und Forstwirtschaft ein Forschungsprojekt durch, in dem die therapeutischen Wirkungen des Waldes auf die Gesundheit des Menschen wissenschaftlich untersucht wurden. Li wurde aufgrund seiner Erfahrung in Umweltmedizin als Studienleiter in dieses Projekt eingebunden. Die Erkenntnisse aus dieser Arbeit, so teilte er mir mit, lenkten seine Aufmerksamkeit auf das enorme Heilungspotenzial des Waldes. Die Waldmedizin stellt seither seinen zentralen Forschungsbereich dar.

Qing Li fand in einer seiner zahlreichen Studien gemeinsam mit dem Umweltmediziner Tomoyuki Kawada heraus, dass Aufenthalte im Wald bei Stadtbewohnern zu einer starken Vermehrung und Aktivierung der natürlichen Killerzellen führen. Dazu rekrutierten die beiden Umweltmediziner zahlreiche Versuchsteilnehmer aus Tokio, um die nach meiner Einschätzung bedeutendste waldmedizinische Studie zu realisieren, die bisher durchgeführt wurde. Sie machten sich mit den Teilnehmern in die ausgedehnten Waldgebiete rund um Tokio auf. Auch die Weltmetropole mit mehr als neun Millionen Einwohnern hat nahegelegene Naturreservate zu bieten, die über das öffentliche Verkehrsnetz vom Stadtgebiet aus zu erreichen sind. Meine Recherchen haben ergeben, dass die schönsten davon westlich von Tokio liegen. So führt beispielsweise die Itsukaichi-Linie die biophilen Stadtbewohner bis an den Fuß des Berges Mito, der von weitläufigen Wäldern bedeckt ist, in denen sich Seen und sogar Wasserfälle finden. Das bedeutet: jede Menge Anionen, Biophilia-Bakterien und Terpene. Wer dorthin möchte, kann bei der Station Musashi Itsukaishi aussteigen und direkt von dort auf den Berg wandern. Das Terrain ist leicht begehbar und familientauglich. Wer von Tokio aus die Ome Linie nimmt, eine Schnellbahn mit größtenteils hochmodernen Zügen, und bei der Station Mitake aussteigt, kann von dort den felsigen Berg Hinodeyama sowie den dicht bewaldeten Berg Iwatakeishiyama erklimmen. Ein drittes Beispiel ist die Chuo Linie – eine Bahnlinie, die aus Tokio in die abgelegenen Waldgebiete des Berges Ougiyama führt. Die Wanderwege beginnen bei der Station Torisawa nahe am westlichen Rand der japanischen Hauptstadt.

Li und Kawada nahmen ihren Versuchspersonen aus Tokio vor und nach den Waldspaziergängen Blut ab. Dabei stellten sie fest, dass der Wald die natürlichen Killerzellen signifikant unterstützte.[60] Nach einem einzigen Tag im Wald hatten die Teilnehmer um 40 Prozent mehr natürliche Killerzellen im Blut. Die elementaren Abwehrzellen waren nicht nur mehr geworden, sondern auch aktiver, wie die Laboranalysen zeigten. Außerdem stieg der Gehalt an Neutrophilen im Blut an.[61] Das sind die »Erste-Hilfe-Zellen« unseres Körpers, die sich mittels einer Art Klebstoff blitzartig an die Innenwände der Blutgefäße heften können, um sich möglichst schnell aus dem Blutstrom zu ziehen. Sobald irgendwo ein Krankheitserreger in den Körper einzudringen versucht, sind die Neutrophilen zur Stelle. Die positiven Wirkungen der eintägigen Waldaufenthalte hielten bei den Probanden nach der Rückkehr nach Tokio im Durchschnitt eine Woche lang an, ohne dass die Probanden in dieser Zeit erneut den Wald aufsuchten. Diese Ergebnisse sind für Biophilia in der Stadt besonders relevant, weil sie veranschaulichen, wie unterschiedlich sich der Aufenthalt in einer Großstadt gegenüber dem Aufenthalt in einem Wald auf unser Immunsystem auswirkt. Das ist aber noch nicht alles.

Der Versuch wurde wiederholt, aber diesmal schickten Li

und Kawada ihre Versuchspersonen nicht nur für einen Tag, sondern für zwei Tage in das Waldgebiet in der Nähe von Tokio. Dabei vermehrten sich die natürlichen Killerzellen um 50 Prozent, und abermals steigerte sich ihre Aktivität. Der zweitägige Aufenthalt unterschied sich vor allem in seiner Wirkungsdauer von dem eintägigen. Bei den Stadtbewohnern war nach der Rückkehr nach Tokio für einen ganzen Monat eine gesteigerte Anzahl und Aktivität der natürlichen Killerzellen zu verzeichnen, ohne dass die Probanden in dieser Zeit in den Wald gingen. Erst nach einem Monat war das Niveau der Killerzellen wieder auf das »Großstadtniveau« gesunken, das auch vor der zweitägigen Waldexkursion gegeben war.

Qing Li kommt daher zu dem Schluss, dass Großstadtbewohner mindestens einmal pro Monat einen zweitägigen Kurzurlaub in einem Waldgebiet einplanen sollten, wenn sie eine dauerhafte Wirkung auf ihr Immunsystem erreichen möchten. Natürlich kann man auch einfach an zwei Tagen hintereinander in ein stadtnahes Waldgebiet fahren. Man muss dort nicht übernachten. Es ist auch nicht nötig, den ganzen Tag zu wandern oder Sport zu betreiben. Es reicht aus, Waldluft einzuatmen und die Terpene, die gasförmig darin vorhanden sind, über die Lunge und die Haut aufzunehmen. Man könnte zum Beispiel abwechselnd spazieren gehen und sich entspannen, Pilze oder Wildkräuter sammeln und auf einem Baumstamm oder einer Bank ein Buch lesen. Wer mit Kindern unterwegs ist, kann auf einer Waldlichtung mit ihnen Ball spielen, einen Drachen steigen lassen, einen Spielplatz aufsuchen, zu einer Aussichtswarte wandern oder ein Picknick in der Sonne veranstalten. Vielleicht findet sich ein Restaurant am Waldrand, wo man zwischendurch einkehren und im Freien Platz nehmen kann, sofern die Jahreszeit es erlaubt. Gerade in Waldgebieten an den Stadträndern finden sich derartige gastronomische Angebote im Allgemeinen zur Genüge.

Intensive Walderlebnisse bezeichnet man in einigen asiatischen Ländern traditionell als »Waldbaden«. In den Wald zu gehen und dort die Gesundheit zu stärken oder bei Krankheit die Heilung zu unterstützen ist beispielsweise bei Stadtbewohnern in Japan sehr beliebt. Der Begriff »Shinrin Yoku« wurde 1982 durch das japanische Ministerium für Land- und Forstwirtschaft geprägt. Dieselbe Praxis heißt in Südkorea »Sanlimyok«. Seinen Ursprung hat das gesundheitsschützende Waldbaden aber weder in Japan noch in Südkorea, sondern in der chinesischen Kultur. Von dort haben es die anderen Länder in der jüngeren Vergangenheit entlehnt. Auf Chinesisch heißt es »Senlinyu«. Und so sieht das Wort in chinesischen Schriftzeichen geschrieben aus: 森林浴

Senlinyu, das originale Waldbaden, blickt in China auf eine lange Entstehungsgeschichte zurück, die vor dem Beginn unserer Zeitrechnung ihre Anfänge nahm. Bereits die alten Qi-Gong-Meister sammelten vor mehr als 2500 Jahren mit sanften Bewegungen und intensiven Atemübungen das »Qi des Waldes« ein. In dieser Tradition liegen die Wurzeln des Waldbadens. Unter dem Begriff »Qi« versteht die traditionelle chinesische Medizin eine Art Lebensenergie, welche die Natur und alle Lebewesen durchdringt, gesund erhält und überhaupt erst lebendig macht. Im menschlichen Körper soll das Qi in Form des Meridiansystems organisiert sein. Das größte Energiezentrum des Menschen soll laut der chinesischen Lehre im Unterbauch liegen und wird als »Xia Dantian« bezeichnet. Die traditionellen Atem- und Bewegungsübungen des Senlinyu sollen eine harmonische Verbindung zum Wald herstellen und zu einer Erneuerung der Lebensenergie des Übenden führen. Das Qi des Waldes wird dabei laut dieser Naturlehre ins Xia Dantian aufgenommen. Die Übungen basieren auf langsamen, aber intensiven Bewegungen, mit denen der gesamte Körper, die Organe und die Psyche ins Gleichgewicht gebracht werden sollen. Beim Senlinyu kommt es auch zu ganzkörperlichen Atembewegungen, bei denen verbrauchte Luft und Schadstoffe ausgestoßen werden. Beim Einatmen strömt die Waldluft mit ihren bioaktiven Wirkstoffen dank der intensiven Atemtechnik tief in die Lunge ein. So lässt sich die gesundheitsschützende Wirkung des Senlinyu auch aus Sicht der westlichen Medizin verstehen. Ich praktiziere Senlinyu und Qi Gong auf täglicher Basis im Wald oder zwischen meinen Obstbäumen, nachdem ich es vor mehr als 20 Jahren von Xiaoqui Li, einem doppelten chinesischen Staatsmeister in traditioneller Kampfkunst, gelehrt bekommen habe. Der aus Südchina stammende promovierte Sportwissenschaftler unterrichtet an der Universität Graz Kung-Fu, Tai-Chi und Qi-Gong. Die positiven Wirkungen des Senlinyu auf Körper und Psyche kann ich aus eigener Erfahrung bestätigen. Auch bei meinen Biophilia-Seminaren in Stadtwäldern kommt Senlinyu bei den Teilnehmern immer sehr gut an. Die Übungen fördern die Durchblutung und die Sauerstoffversorgung unserer Zellen, lösen Muskelverspannungen und bewirken das Gefühl, in eine harmonische Verbindung mit dem Wald zu treten.

Das größte offizielle Senlinyu-Resort liegt zur Hälfte im nördlichen Stadtgebiet von Taipeh, der Hauptstadt Taiwans, auch als »Republik China« bekannt, die sich als unabhängig von der großen Volksrepublik China sieht und mit dieser im Dauerkonflikt liegt. Es handelt sich um den Yangmingshan-Nationalpark, erreichbar mit den Buslinien 260 und 303 aus der Metropole Taipeh, in der fast drei Millionen Einwohner leben. Der zum Waldbaden ausgewiesene Naturpark umfasst mehr als 113 Quadratkilometer Wildnis mit Wäldern, Graslandschaften und den Thermalquellen des 1200 Meter hohen Vulkans Qixing, der sich noch innerhalb der Stadtgrenzen von Taipeh befindet. An diesem Beispiel wird deutlich, wie nah die Tradition des Waldbadens und die moderne Kultur der Großstadt einander sein können.

Waldbaden entfaltet, wie bereits erwähnt, aber auch ohne

fernöstliche Bewegungsübungen eine gesundheitsschützende Wirkung. Der bloße Aufenthalt im Wald ist ausreichend. Selbstverständlich kann man die Waldluft beim Waldbaden nicht überdosieren, und es gibt keine Nebenwirkungen. Wer die Möglichkeit dazu hat, sollte so oft wie möglich in ein Waldgebiet fahren. Ich persönlich nutze jede Gelegenheit, um in den Wald oder unter Bäume zu kommen. Es gibt in jeder Stadt schon heute viele Möglichkeiten, den Aufenthalt im Wald in den Alltag zu integrieren, ohne dass man dazu ein Auto benötigt. Waldbaden in einem »richtigen« Wald ist auch für Stadtbewohner möglich. Darauf werde ich in Kürze noch im Detail eingehen.

Wir sollten aber auch die Wirkung eines gewöhnlichen Parks mit Bäumen und grünen Wiesen nicht unterschätzen. »An unserer Universität, der Nippon Medical School, führe ich ein spezielles Programm für Medizinstudenten durch«, berichtete mir Li. »In diesem Programm besuchen jeden Montagnachmittag acht bis dreizehn Studenten für zwei Stunden mit mir gemeinsam einen Park in Tokio, um die Wirkung des Waldbadens auf städtischen Grünflächen zu genießen. Die Studenten füllen davor und danach Fragebögen aus. Dadurch konnten wir belegen, dass auch herkömmliche Parks in der Großstadt eine positive Wirkung auf unsere Gesundheit haben.« Die Wirkungen der Parks lassen sich vor allem neuropsychologisch erklären. Grünflächen mit vereinzelt stehenden Bäumen und Büschen aktivieren nachweislich den Parasympathikus. Das ist der »Nerv der Ruhe«, der unsere Organe und Zellen in den Modus der Erneuerung und Heilung versetzt. Außerdem gehen dabei Stresshormone zurück, und wir entspannen uns. Während in urbanen Parks diese neuropsychologischen Wirkungen im Vordergrund stehen, stellt der Wald mit seinem dicht gepackten Arsenal an bioaktiven Wirkstoffen zusätzlich eine wahre »Naturapotheke« dar.

Waldbaden fördert die Anti-Krebs-Geschütze unseres Körpers

Die Blutuntersuchungen, die Qing Li und Tomoyuki Kawada an ihren Versuchsteilnehmern durchführten, offenbarten nicht nur einen Anstieg der natürlichen Killerzellen sowie der Neutrophilen beim Waldbaden. Der Aufenthalt im Wald führte auch zu einer gestiegenen Konzentration von drei Proteinen im Blut, die eine wesentliche Rolle bei der Abwehr von Krebserkrankungen sowie bei der Bekämpfung von Tumoren durch unser Immunsystem spielen.[62] Es handelt sich um Perforin, Granulysin und sogenannte »Granzyme«. Zur besseren Lesbarkeit bezeichne ich diese drei als »Anti-Krebs-Proteine«. Dieser Begriff beschreibt zutreffend ihre Funktion. Qing Li erinnerte sich in unserem Gespräch an eine Zeit, in der er noch an der Stanford-Universität in Kalifornien forschte: »Ich entwickelte zwischen 2001 und 2002 eine Methode, um den Gehalt der Anti-Krebs-Proteine in unserem Blut zuverlässig zu bestimmen.« Es gelang ihm, auch diejenigen Proteine messbar zu machen, die sich im Inneren der natürlichen Killerzellen befinden. Dies kam ihm später bei seiner Erforschung der Waldmedizin zugute. Die drei Anti-Krebs-Proteine sind gewissermaßen die Geschütze der natürlichen Killerzellen bei der Verteidigung des Körpers gegen Krebszellen. Sie kommen zum Einsatz, um potenziell gefährliche Zellen abzutöten, die zu Krebs führen könnten. Das sind Zellen in unseren Organen, die bereits mutiert sind und sich weigern, den natürlichen Zelltod zu sterben. Das programmierte Absterben von Zellen ist wichtig, um die Organe zu erneuern und ihre Funktionen aufrechtzuerhalten. Alte Zellen machen Platz für neue – so hält sich unser Körper gesund. Doch wenn Zellen sich durch Mutation über ihre innere biologische Uhr hinwegsetzen, vermehren sie sich und können dadurch zu einem Tumor heranwachsen, der aus lauter Krebszellen mit veränderter DNA besteht. Diesen Prozess verhindern die natürlichen Killerzellen. Sie erkennen die DNA-Schäden, spüren die gefährlichen Zellen auf und eröffnen mithilfe der Anti-Krebs-Proteine das Feuer. Das kann man sich wie den Einsatz mikroskopisch kleiner Katapulte vorstellen. In winzigen Proteinkügelchen werden die Anti-Krebs-Proteine auf die Zellmembran geschossen – das ist die äußere Hülle der Zelle. Sie lösen die Hülle an einer Stelle auf und dringen ein, um die Zelle zu vergiften. Sie zwingen sie also, abzusterben und Platz zu machen, nachdem sie es nicht freiwillig getan hat. Diese Vorgänge laufen in unserem Körper ununterbrochen ab. DNA-Schäden werden ständig repariert und potenzielle Krebszellen wie beschrieben eliminiert. Da die Terpene des Waldes die Entstehung von Anti-Krebs-Proteinen fördern, kann Waldluft als antikarzinogen bezeichnet werden. Sie unterstützt die natürlichen Abwehrmechanismen unseres Immunsystems gegen Krebs und verringert somit die Gefahr, an einem Tumor zu erkranken.

Die Anti-Krebs-Proteine wirken nicht nur vorbeugend, sondern werden von den natürlichen Killerzellen auch genutzt, um bereits bestehende Tumore zu bekämpfen. Regelmäßiges Waldbaden kann daher einen unterstützenden Beitrag in der Krebstherapie leisten. Waldmedizin ist als Komplementärmedizin, also als Ergänzung zu herkömmlichen medizinischen Behandlungen zu verstehen. Sie ist evidenzbasiert, das heißt, sie baut auf wissenschaftlichen Erkenntnissen auf, die mit aussagekräftigen modernen Methoden gewonnen wurden. Die Blutuntersuchungen im Labor sind ein Beispiel dafür. Waldmediziner Qing Li sicherte seine Erkenntnisse aber auch noch von anderen Seiten her ab. Er führte zum Beispiel eine aufwändige statistische Untersuchung durch, die alle Präfekturen und Regionen Japans umfasste, also sowohl die großen urbanen Ballungsräume wie Tokio, Yokohama und Osaka als auch die kleinen Städte und die ländlichen Regionen. Li wertete die Gesundheitsdaten der Einwohner aus und brachte sie in Verbindung mit der Landschaft, in der sie lebten. Die Ergebnisse zeigten, dass statistisch betrachtet in bewaldeten Regionen signifikant weniger Menschen an Krebs versterben als in unbewaldeten Gegenden oder Städten.[63] Eine ganz neue Studie der Urologen Martin Marszalek und Stephan Madersbacher an der Medizinischen Universität Wien, bei der die Daten von fast 15 000 Patienten ausgewertet wurden, zeigte einen Überlebensvorteil von Nierenkrebspatienten auf dem Land gegenüber Patienten in der Stadt. Interessanterweise war dieser Überlebensvorteil insbesondere bei den Patientengruppen ausgeprägt, die nicht operiert wurden und daher besonders auf ihre natürliche Widerstandskraft gegenüber den Krebszellen und den Nebenwirkungen der Chemotherapien angewiesen waren.[64] Das weist darauf hin, dass die städtische Umwelt für die körpereigenen Heilungs- und Regenerationskräfte einen Nachteil im Vergleich zur ländlichen Umwelt darstellt. Ich merke aber der Vollständigkeit halber an, dass in Ländern, wo die medizinische Versorgung der Landbevölkerung mangelhaft ist, das Leben in der Stadt natürlich auch einen Vorteil darstellen kann, sofern man dort bessere medizinische Angebote vorfindet.

Eine Studie des Neuropsychologen Marc Berman an der Universität von Chicago zeigte deutlich, dass mehr Bäume in Großstädten zu einer drastischen Verbesserung des Gesundheitszustandes der Stadtbewohner führen würden. Typische Zivilisationsleiden wie Herz-Kreislauf-Erkrankungen, Diabetes und Krebs lassen sich in Städten durch Baumpflanzungen ebenso reduzieren wie der Einsatz von Medikamenten.[65] Nachdem diese Studie für Biophilia in der Stadt von großer Bedeutung ist, werde ich an anderer Stelle noch ausführlich darauf eingehen.

Für Stadtmenschen ist das regelmäßige Waldbaden aber noch aus einem anderen Grund wichtig. Feinstaub und der Großteil der Umweltschadstoffe, die sich durch Verkehr und Industrie in der Stadtluft sehr stark ansammeln, führen zur Bildung freier Radikale in unserem Körper. Das sind extrem reaktionsfreudige chemische Verbindungen und Teilchen, die auf ihrer Suche nach einem Bindungspartner wie wildgewordene Frisbeescheiben durch unseren Organismus flitzen und erheblichen Schaden anrichten können. Sie erhöhen das Krebsrisiko, indem sie Bestandteile der DNA aus den Zellen herausreißen. Solche DNA-Schäden treten jeden Tag hundert- oder tausendfach auf. Deshalb ist die Arbeit der natürlichen Killerzellen und Anti-Krebs-Proteine, die diese Schäden bemerken und die kranken Zellen aussortieren, so wichtig. Das Stadtleben führt dazu, dass wir mehr Umweltschadstoffen ausgeliefert sind, die freie Radikale entstehen lassen, während wir zugleich weniger von den natürlichen Killerzellen und den Anti-Krebs-Proteinen als Gegengewicht im Blut haben, als das in einem unbelasteten natürlichen Lebensumfeld der Fall wäre. Das Gleichgewicht der Kräfte gerät also im urbanen Lebensraum ins Wanken. Regelmäßiges Waldbaden trägt dazu bei, eine Balance herzustellen. Und genau darum geht es: Waldmedizin ist eine Methode, um die Prozesse in unserem Immunsystem auszubalancieren, sodass die unzähligen Einflüsse wie Viren, Bakterien, Umweltschadstoffe und freie Radikale, die jeden Tag auf uns einwirken, nicht zur Entstehung von Krankheiten führen, sondern durch unsere Abwehrkräfte unter Kontrolle gehalten werden. Aus diesem Blickwinkel betrachtet, könnte man auch sagen: Waldluft führt nicht dazu, dass unser Immunsystem »gestärkt« wird und wir mehr natürliche Killerzellen und Anti-Krebs-Proteine im Blut haben, sondern das moderne industrielle Leben und das Stadtleben führen zu einer *Schwächung* des Immunsystems im

Vergleich zum natürlichen Zustand. Diese Schwächung unseres Organismus wird durch die Trennung von der Natur ausgelöst. Das Leben in Ballungszentren und der Einfluss der Industrie hat uns von unseren natürlichen Lebensräumen abgeschnitten. Die Substanzen der Natur – Anionen, Bodenmikroben, Waldluft-Terpene und viele andere – fehlen uns im Alltag. Der Mensch hat sich aber evolutionär aus der Natur und im Wechselspiel mit ihr entwickelt. Wir sind geborene Biophiliacs. Der Organismus des *Homo sapiens* lebt und funktioniert seit Hunderttausenden von Jahren unter dem Einfluss der Natursubstanzen. Wenn man die Zeit unserer älteren Vorfahren wie beispielsweise des *Homo erectus* hinzuzählt, dann kommen wir auf zwei Millionen Jahre Wechselspiel mit Terpenen und Naturwirkstoffen. Wenn wir auf noch frühere Vorfahren wie die Gattung *Australopithecus* zurückblicken, sind es mehr als vier Millionen Jahre unter dem Einfluss natürlicher Lebenswelten. Wir wurden über unvorstellbar lange Zeit auf die Natur »geeicht«. Gemessen an diesen Zeiträumen lebt der Mensch gewissermaßen erst seit ein paar »Augenblicken« in Großstädten. Es kann kein Zweifel daran bestehen, dass die Trennung des Naturwesens Mensch von den bioaktiven Substanzen der Natur mitverantwortlich für die Entstehung von Krankheiten ist. Die Einflüsse unserer natürlichen Lebensräume, die wir mehr und mehr zerstören, fehlen unserem Organismus. Krankmachende Umweltschadstoffe kommen hinzu.

Ich möchte an dieser Stelle nicht unerwähnt lassen, dass das Landleben nicht automatisch auch ein Leben in einer intakten Umwelt ist. Der Großteil der europäischen Wälder wurde abgeholzt, und die Flächen werden heutzutage agrarindustriell bewirtschaftet. Pestizide und Kunstdünger kontaminieren die Umwelt, und Fabriken setzen auf dem Land dieselben Schadstoffe frei wie in der Stadt. Große Waldgebiete wurden zu Fichtenmonokulturen umfunktioniert, in denen kein ökologisches

Gleichgewicht mehr herrscht. Die Pflanzensoziologie ist dann stark beeinträchtigt, der Terpengehalt in der Luft reduziert, und es kommt kein intaktes Bodenleben zustande. In vielen Regionen fehlen also auch den Landmenschen die Terpene, Anionen, Biophilia-Bakterien und andere gesunde Natursubstanzen. Deswegen zeigte die bereits erwähnte Studie des Waldmediziners Qing Li auch eine erhöhte Krebssterblichkeit in Gebieten, in denen Wälder gerodet wurden, und nicht nur in den Großstädten.

Auf die Terpene kommt es an

»Wenn Leute Zweifel an der Waldmedizin haben«, sagte Qing Li in unserem Gespräch, »dann zeige ich ihnen immer die Daten aus meinen Experimenten. Danach waren bisher alle überzeugt, dass der Wald eine positive Wirkung auf die menschliche Gesundheit hat.« Li sicherte seine Ergebnisse von vielen Seiten hieb- und stichfest ab. Ausgerechnet in einem urbanen Hotel in Tokio, in dessen Nähe kein einziger Baum wuchs, gelang ihm der Beweis dafür, dass es wirklich die Terpene aus der Waldluft sind, die unser Immunsystem und dessen Anti-Krebs-Geschütze stärken. Es ist schon lange bekannt, dass Waldluft überall auf der Erde voll von Terpenen ist und dass diese aus dem Sozialleben sowie dem Immunsystem der Pflanzen stammen. Auch in den Waldgebieten rund um Tokio, wo die waldmedizinischen Studien stattfanden, fanden die Forscher gasförmige Terpene. Ausgestattet mit Messinstrumenten durchstreiften die Waldökologen Tatsuro Ohira und Naoyuki Matsui vom Institut für Forstwirtschaft und Waldprodukte in der japanischen Stadt Tsukuba die Wälder und zeichneten auf, welche Arten von Terpenen dort besonders häufig vorkamen.[66] Li und sein Team stellten die Hypothese auf, dass es genau diese

Terpene sind, die für die positive Wirkung des Waldbadens auf unser Immunsystem verantwortlich sind. Sie rekrutierten zahlreiche Versuchspersonen, um ihre Hypothese zu überprüfen. Das Hotel in Tokio fungierte dabei als Labor, in dem die Versuchsbedingungen genau kontrolliert werden konnten. Die Wissenschaftler quartierten die Probanden für drei aufeinanderfolgende Nächte in Zimmern ein, die alle identisch ausgestattet waren. Sie brachten an der Decke Verdampfer an, die während des Schlafs automatisch arbeiteten. Bei einer Gruppe wurde die Zimmerluft nachts mit Terpenen angereichert, indem ätherische Öle aus dem Stamm der japanischen Zypresse verdampft wurden. Dieser Baum enthält die Terpene, die im Wald besonders hochdosiert zu finden waren. Außerdem wächst die japanische Zypresse in den Versuchsgebieten rund um Tokio. Eine andere Gruppe bekam während der Nächte nur Wasserdampf in ihre Zimmerluft verabreicht, also ein Placebo. Jeden Morgen nahmen Ärzte Blutproben und verglichen die Blutwerte mit den Werten, die vor dem Experiment gemessen worden waren. Dabei zeigte sich, dass – genau wie im Wald – die natürlichen Killerzellen, die Neutrophilen und die Anti-Krebs-Proteine bei der Terpengruppe von Nacht zu Nacht deutlich gestiegen waren. Hingegen gab es bei der Placebogruppe keine Veränderungen.[67]

Um seine Ergebnisse noch stärker zu untermauern, führte Qing Li schließlich auch ein Experiment in den Labors der Nippon Medical School durch. In unserem Gespräch erinnerte er sich daran: »Ich inkubierte in vitro Kulturen von menschlichen Immunzellen für fünf Tage mit Terpenen. Dann stellte ich fest, dass die Aktivität der natürlichen Killerzellen durch die Terpene gestiegen war.«[68]

In beiden Versuchen – also sowohl im Hotel als auch in den Zellkulturen im Labor – erwiesen sich die Terpene mit den chemischen Bezeichnungen Pinen und Limonen als die wirksamsten, gefolgt von Cineol. Die drei werden beispielsweise von Kiefern, Fichten, Tannen, Zedern, Pinien, Zypressen, Wacholder, Rosmarin und anderen Nadelgehölzen abgegeben – in allen Vegetationszonen der Erde, in denen Bäume oder Sträucher wachsen. Es handelt sich um »globalisierte« Terpene in der Waldluft. Sie sind aber nicht die einzigen, die positiv auf unsere Gesundheit wirken. Auch Laubbäume und andere Pflanzen sowie Pilze geben wie erwähnt Terpene ab. Waldmedizinische Studien haben belegt, dass auch das Molekül Isopren unsere natürlichen Killerzellen und Anti-Krebs-Proteine stärkt. Da Isopren die chemische Grundeinheit *aller* Terpene aus der Waldluft darstellt, müssen alle Terpene, die von Bäumen abgegeben werden, eine mehr oder weniger starke gesundheitsfördernde Wirkung auf uns haben. Es werden noch viele Studien nötig sein, um die unzähligen bioaktiven Terpene des Waldes zu testen. Wir können auf alle Fälle davon ausgehen, dass der »Cocktail-Effekt« der Waldluft die Wirkung des Waldbadens im Vergleich zu jedem Verdampfer in geschlossenen Räumen immens erhöht. Auch in dem soeben beschriebenen Hotel-Experiment in Tokio war die Steigerung der Immunfunktion durch die Verdampfung zwar signifikant, das heißt, sie war aus wissenschaftlicher Sicht relevant, aber sie erreichte nicht das Niveau, das der Wald uns bieten kann. Allerdings betone ich, dass es durchaus sinnvoll wäre, in Krankenhäusern in der Stadt sowie auf dem Land mithilfe von Verdampfern terpenhaltige ätherische Öle zu verströmen, wie das Qing Li und seine Mitarbeiter in ihrem Experiment getan haben. Dazu bieten sich vor allem Öle aus Kiefern, Fichten und Tannen an, die in Europa und Nordamerika zu den reichhaltigsten natürlichen Quellen für die Terpene namens Pinen und Limonen zählen. Die Rotkiefer ist auf diesen Kontinenten die Spitzenreiterin und enthält in ihrem Stamm sowie in den Nadeln und Zapfen äußerst hohe Konzentrationen an Pinen. Schwarzkiefern und andere

Kiefern sind ebenfalls sehr reich an diesen ätherischen Terpenen, können aber mit der Rotkiefer nicht mithalten. Ich bezeichne alle Kiefern generell als »edle Damen der Waldmedizin«, und die Rotkiefer nenne ich »Königin der Waldmedizin«. In Südeuropa und im Süden der USA kommen auch Zedern, Pinien und Zypressen als regionale Quellen in Frage. Eine Verdampfung der Öle in Krankenzimmern sollte alleine schon deswegen angeboten werden, weil Patienten in vielen Fällen keine Möglichkeit haben, das Krankenhaus zu verlassen und zum Waldbaden zu gehen. Durch die Verdampfung könnten sie in der Nacht dennoch Terpene aus natürlicher Quelle aufnehmen. Vor allem Patienten mit Immunschwäche sowie Patienten, deren Heilungschancen durch eine Stärkung der Immunabwehr steigen, würden sehr davon profitieren. Krebspatienten gehören jedenfalls dazu. Eine wichtige Fragestellung für die zukünftige waldmedizinische Forschung wird sein, inwiefern auch HIV-positive Menschen, deren Gesundheitszustand ja wesentlich von ihrer Immunfunktion abhängt, von Waldluftterpenen profitieren.

Krebsforscher von verschiedenen Universitäten der Erde, die mit Bäumen ansonsten gar nichts zu tun hatten, kamen in ihren Laborexperimenten zu ähnlichen Ergebnissen wie Waldmediziner. Dadurch werden die zukunftsweisenden Erkenntnisse der Waldmedizin auch von anderen Forschungsrichtungen gestützt. Die Krebsforscherin Roslin Thoppil von der US-amerikanischen Vanderbilt-Universität in Nashville und der Pharmazieprofessor Anupam Bishayee am Larkin-Institut für Gesundheitswissenschaften in Miami stießen völlig unabhängig vom Waldbaden auf die Wirkung von Terpenen gegen bösartige Tumore. Sie analysierten Laborexperimente von verschiedenen Forschungszentren der Erde und fassten die Ergebnisse zusammen. Dabei zeigte sich, dass Krebsforscher die Wirksamkeit von pflanzlichen Terpenen gegen Tumore in Zellkulturen bereits vielfach belegt hatten.[69] Das bedeutet, dass Terpene auch eine direkte Wirkung auf Krebszellen haben, indem sie diese abtöten beziehungsweise ihre Zellteilungsrate verringern. Dass Terpene aber eben auch die natürlichen Killerzellen aktivieren und mehr davon entstehen lassen, wurde in den Laborexperimenten ebenfalls bestätigt.[70] Internationale Krebsforscher streben längst den Einsatz von Terpenen bei der medizinischen Behandlung von Tumoren an. Sowohl die Krebsforscher als auch die Waldmediziner identifizierten dieselben Terpene als die wirksamsten, also Limonen und Pinen.[71] Onkologen dokumentierten, dass die Limonene in Laborversuchen 80 Prozent der Mammakarzinome zum Rückzug oder zum Verschwinden brachten.[72] Pinen, Limonen sowie andere Terpene aus Pflanzen wirkten in medizinischen Versuchen gegen Hautkrebs, Nieren- und Leberkrebs, Lungenkrebs sowie weitere Tumore.[73] Sie führen den Zelltod der Tumorzellen herbei und hemmen deren Aktivität. Die Wissenschaft verfolgt derzeit intensiv die Spur der Terpene, da sie als zukünftiges Heilmittel gegen Krebs in Frage kommen. Unter Krebsforschern herrscht nämlich weitgehend Einigkeit darüber, dass die Chemotherapie durch eine wirksame Therapiemethode abgelöst werden sollte, die weniger Nebenwirkungen hat und nicht die Gefahr der Resistenzbildung mit sich bringt. Denn Krebszellen können – ähnlich wie Bakterien gegen Antibiotika – gegenüber Chemotherapeutika resistent werden. Jede Zelle verfügt über eine Art mikroskopisch kleiner »Pumpe«, mit der sie Gifte aus sich heraus befördern kann. Einzelne Tumorzellen können lernen, die Wirkstoffe der Chemotherapie mittels dieser Pumpe wieder loszuwerden. Wenn diese Zellen die Behandlung überleben, kann aus ihnen durch Zellteilung ein neuer Tumor entstehen, der dann auf die Chemotherapie nicht mehr anspricht. Dieses gefürchtete Phänomen soll durch die Bereitstellung neuer Medikamente umgangen werden. Terpene stellen einen ernstzunehmenden Ansatzpunkt für diese

Entwicklung dar, und ein Krebsmedikament auf Terpenbasis ist bereits im Einsatz. Die Grundsubstanz dieses Medikamentes ist das Terpen Taxol aus der Rinde und den Nadeln der Eibe.[74] Derzeit wird es aus der pazifischen Eibe, die an den Küsten Alaskas und Mittelkaliforniens beheimatet ist, sowie aus der europäischen Eibe gewonnen. Anders als die meisten Terpene, die wir gasförmig aus der Waldluft aufnehmen und die dabei über eine Stärkung unserer Abwehrmechanismen wirken, schädigt Taxol, wenn man es in hoher Konzentration als Arzneistoff verabreicht, die Tumorzellen direkt. Es hemmt die Zellteilung der Krebszellen. Bei Taxol handelt es sich daher – bei entsprechender Dosierung – um ein Chemotherapeutikum mit pharmazeutischen Wirkungen und Nebenwirkungen. In der Pharmazie ist der Wirkstoff unter dem Namen Paclitaxel bekannt.[75] Das Taxol aus der Eibe wird unter anderem gegen Tumore in der Lunge und Bronchien, in der Bauchspeicheldrüse, in der Prostata und an den Eierstöcken eingesetzt. Die Anwendung gegen Brustkrebs ist nur unter bestimmten Umständen sinnvoll. Eine im Jahr 2007 in *The New England Journal of Medicine* publizierte Studie wies nach, dass Taxol gegen einen bestimmten genetischen Typ des Mammakarzinoms signifikant wirksam ist, der in der Fachsprache als »HER2-positiv« bezeichnet wird.[76] Dabei handelt es sich um eine schnell wachsende, aggressive Form von Brustkrebs, die sich rasch im Körper ausbreitet und von der etwa 20 Prozent der Patientinnen betroffen sind. Eine genetische Untersuchung der Tumorzellen gibt Aufschluss darüber, ob eine Brustkrebspatientin unter einem solchen Tumor leidet oder ob die weniger aggressive HER2-negtive Form vorliegt, die häufiger vorkommt.

Da Taxol in den verschiedenen Arten der Eibe in besonders hohen Konzentrationen vorhanden ist, haben Biologen das medizinisch wirksame Terpen nach der Gattung der Eiben benannt. Diese trägt den wissenschaftlichen Namen *Taxus.* Es überrascht Sie sicher nicht, dass die Bezeichnung »Taxol« bereits von einem international vertretenen Pharmakonzern als Warenzeichen geschützt wurde, obwohl es sich um eine Natursubstanz aus Bäumen handelt, die schon seit langer Zeit so genannt wird. Deswegen weigern sich Biologen und Mediziner überall auf der Welt, auf die Bezeichnung »Taxol« für das Eiben-Terpen zu verzichten und verwenden sie weiterhin. Bislang ergaben sich daraus keine rechtlichen Konsequenzen. Allerdings könnte sich das ändern, falls Terpene sich in der Krebsmedizin durchsetzen und künftig eine größere marktwirtschaftliche Rolle für die Pharmaindustrie spielen.

Alle genannten Experimente zeigen, dass man für die Gesundheit der urbanen Bevölkerung viel tun könnte, indem man Terpene in die Stadtluft bringt. Je mehr Bäume und Mischwälder wir in unseren Städten pflanzen, desto höher wird die Konzentration von Terpenen in der Stadt ansteigen, und desto mehr urbane Wälder stehen den Bewohnern zur Verfügung, wo sie Terpene aufnehmen können.

Pflanzliche Terpene wirken entzündungshemmend, wenn wir mit ihnen in Kontakt kommen. Sie lindern Bronchitis, entzündliche Lungenerkrankungen wie Asthma, entzündliche Hauterkrankungen (Dermatitis), Entzündungen der Hals-, Nasen- und Ohrenschleimhaut sowie Arthritis – das ist eine schmerzhafte Gelenkentzündung. Entzündungen der Atemwege, die durch Zigarettenrauch verursacht wurden, ließen sich in Experimenten durch Terpene ebenfalls lindern. Es liegt daher nahe, dass auch Entzündungen, die durch Feinstaub aus städtischen Abgasen verursacht werden, durch Terpene abgeschwächt werden können. Übrigens ist auch die Substanz, die in medizinisch genutzten Hanfpflanzen vorkommt und gegen die Parkinson- sowie die Alzheimer-Erkrankung hilft, ein Terpen. Es trägt den Namen Caryophyllen. Dieser Naturstoff, der auch in Basilikum, Rosmarin, Oregano, Kümmel und Gewürznelken zu finden ist, schützt die Nervenzellen im Gehirn von Parkinson- und Alzheimer-Patienten vor Entzündungen, was das Fortschreiten der Krankheit verlangsamt.[77]

Zahlreiche Studien haben verschiedenen Terpenen eine medizinische Wirksamkeit gegen die Entzündung von Nervenzellen im Gehirn und im ganzen Körper attestiert. Ähnlich wie die Anionen und das Biophilia-Bakterium dürften also auch die Waldluft-Terpene über entzündungshemmende Mechanismen zu einer Linderung von psychischen Beschwerden führen. Den Zusammenhang zwischen Nervenentzündungen im Gehirn und psychischen Erkrankungen habe ich bereits erläutert. Waldspaziergänge sorgen außerdem dafür, dass in unserer Nebennierenrinde mehr von einer Herzschutzsubstanz namens DHEA produziert wird (Dehydroepiandrosteron). Diese Vorstufe des männlichen sowie weiblichen Geschlechtshormons erhöht die Elastizität unserer Blutgefäße, wodurch sie der koronaren Herzkrankheit vorbeugt und uns vor Herzinfarkt schützt.[78]

Natürliche Team-Player

In der Natur ist alles mit allem verbunden. Alles wirkt aufeinander ein. Die Anionen, die Biophilia-Bakterien und die Terpene – also das heilsame Trio des Waldes, wie ich sie nenne – unterstützen sich gegenseitig in ihrer Wirkung. Nach einem Regenguss oder bei Nebelwetter schwirren besonders viele Terpene in der Waldluft umher, weil die Lebensprozesse in den Pflanzen durch das reiche Wasserangebot angeregt und die Bäume aktiver werden. Außerdem führen Regen und Nebel zu einer Zunahme der Anionen in der Waldluft, was ebenfalls die Produktion von Terpenen durch die Bäume ankurbelt. Feuchtes

Wetter ist also eine Art »Motor« für das medizinische Wirkstofflabor des Waldes. Die Feuchtigkeit fördert auch das mikrobielle Leben im Boden, was für unsere Gesundheit genauso positiv ist wie für die Gesundheit der Bäume. Die Mykorrhiza, die in der feuchten Erde gedeiht, vernetzt nicht nur die Pflanzen des Waldes untereinander und versorgt sie mit Wasser, sondern sie steigert auch die Abgabe von Terpenen durch die Pflanzen. Die gasförmigen Terpene werden dann durch die Baumkronen zurückgehalten, damit sie sich nicht verflüchtigen. Der »Organismus« des Waldes sorgt also selbst dafür, dass die bioaktiven Substanzen, die er erzeugt, in der Waldluft verbleiben. Das kommt auch der Gesundheit des Waldwesens Mensch zugute. Denn die Konzentration der Terpene ist in ein bis zwei Metern über dem Boden am höchsten. Das sind genau die Luftschichten, in denen sich unsere Atemorgane befinden. Wir atmen also bioaktive Substanzen aus der reichhaltigsten Schicht der Waldluft. Im Waldesinneren ist die Terpenkonzentration am höchsten.

In der Stadt Bäume zu pflanzen ist ein guter Anfang, um Terpene in die Großstadt zu holen. Herkömmliche Allee- und Parkbäume sind aber nicht in das Ökosystem Wald eingebettet. Ihre Terpene verflüchtigen sich schneller als in einem Wald, wo das geschlossene Kronendach ein eigenes, in sich geschlossenes Mikroklima entstehen lässt, das mit dicht gepackten gesunden Substanzen angereichert ist. Darum ist es wichtig, in Zukunft mehr urbane Wälder zu schaffen und nicht nur Stadtparks und Alleen.

Nach neuesten Erkenntnissen der Humanbiologie ist unser Immunsystem als ein komplexes, kommunikationsfähiges Sinnesorgan zu betrachten. Es überwacht permanent unsere Umgebung wie eine organische Antenne oder ein biologisches Radarsystem. Stellen Sie sich vor, Sie fahren an einem trüben, regnerischen Frühlingstag mitten in der Hauptverkehrszeit mit der Schnellbahn aus der staubigen Stadtmitte hinaus ins Grüne.

An einer Station am Stadtrand steigen Sie an einem Wald aus. Sie treten mit Ihrem biologischen Radarsystem, dem Immunsystem, nach einem starken Regenfall in den nebeligen Frühlingswald ein. Die Bäume, Sträucher, Pilze und Mikroorganismen sind jetzt besonders aktiv. Von den Baumkronen werden chemische »Funksprüche« in Form von Terpenen in den Wald gesandt. In der Pflanzenwelt wird eifrig kommuniziert, und die Immunsysteme der Pflanzen scannen die regennasse Umgebung nach möglichen Krankheitserregern ab. Auch Ihr eigenes Immunsystem streckt seine Fühler in dieses ökologische Netzwerk aus. Es ist ja ein komplexes Sinnesorgan, das mit dem Wald sehr gut vertraut ist. Das Immunsystem ist nach seiner Evolutionsgeschichte im Wald regelrecht »zuhause« und kann mit Terpenen umgehen. Es reagiert auf ähnliche Weise darauf wie die Pflanzen selbst, nämlich mit einer Aktivierung und Steigerung der Abwehrkräfte. Die natürlichen Killerzellen werden mehr und aktiver. Nach einer Weile zirkulieren auch mehr Anti-Krebs-Proteine in Ihrem Blut, und auch die Neutrophilen – die Erste-Hilfe-Zellen – vermehren sich. Ihr Immunsystem nimmt in gewisser Weise an der Kommunikation der Bäume teil. Man könnte auch sagen: Es verbindet sich mit den großen Regelkreisen der Natur im Wald. Es ist ja selbst ein Teil der Natur.

Mit jedem Atemzug strömen mehr Terpene und Anionen in Ihre Lunge ein. Biophilia-Bakterien schaffen es bis in den Darm, wo auch sie ihre positive Wirkung auf das Immunsystem entfalten. Die Flimmerhärchen werden aktiviert und säubern die Schleimhäute Ihrer Atemwege. Dank des heilsamen Trios des Waldes nehmen Entzündungen im Körper ab, und die Lunge reinigt sich. Frische Waldluft strömt in die Lungenflügel ein, während Abgase und Feinstaub aus der Stadt ausgeschieden werden. Ihr Organismus nähert sich seinem Naturzustand an. Er kommt in Balance. Aber in Ihrem Körper und Ihrer Psyche geschieht noch viel mehr. Der Wald ist der perfekte Ort, um vom hektischen Großstadtleben, vom erdrückenden Alltag am Arbeitsplatz oder in der Schule sowie von sozialen Belastungssituationen und Sorgen Abstand zu gewinnen. Der Wald vermag gestresste Stadtbewohner sogar vor dem sogenannten »Burnout« und der krankmachenden chronischen Stressbelastung zu schützen. Die Natur ist ein Ort der Inspiration für neue Ideen und neue Problemlösungsansätze.

Folgen Sie mir nun auf eine Reise in die Großstadt. Es wird eine Reise zu den Waldgebieten und Naturoasen, die wir schon jetzt in Metropolen überall auf der Erde finden können. Erkunden Sie mit mir die Möglichkeit des Waldbadens in der Stadt und besuchen Sie Waldkindergärten in Großstädten. Erfahren Sie auf dieser Reise, wie Sie Ihren vom hektischen Stadtleben belasteten Organismus dank der Heilkräfte der Natur in den Modus der Entspannung und Regeneration versetzen – bis hin zu den Zellen! Biophilia in der Stadt kann sofort gelebt werden. Machen Sie sich aber auch bereit für eine »Zeitreise« in die biophile Zukunft der Städte, in der Ballungszentren von »atmenden« Ökosystemen und lebendigen Flüssen durchzogen sind, Wolkenkratzer wie Termitenhügel aussehen, Hausfassaden dschungelartig bewachsen sind, Architekten beim Stadtdesign auf das Reptiliengehirn tief in unserem Schädel Rücksicht nehmen, die Stadtluft mit bioaktiven Pflanzenstoffen und Wasserfall-Plasma angereichert ist, die Kosten der Krankenkassen durch Baumpflanzungen gesenkt werden, städtische Krankenhäuser über eigene Therapiewälder verfügen und jeder Stadtbewohner das Recht auf intakte Lebensräume und einen gesunden grünen Arbeitsplatz hat. Denn wir sind geborene Biophiliacs. »Von der Natur getrennt degenerieren wir. Mit ihr sind wir zuhause.« Das wusste schon der US-amerikanische Umweltaktivist Howard Zahniser (1906–1964), der einen maßgeblichen Anteil an der Entstehung der amerikanischen Gesetze zum Schutz von Naturgebieten hatte.[79]

II. Biophilia in der Stadt der Gegenwart

Der Biophilia-Effekt für Stadtbewohner im Hier und Jetzt

Waldbaden für Stadtbewohner

»Dass Menschen auf den Kontakt zur Natur angewiesen sind, resultiert aus unserer Evolution in der natürlichen und nicht in der künstlichen oder konstruierten Welt.«[80]

Stephen R. Kellert, Professor für soziale Ökologie, Yale-Universität

Als ich im Juni 2017 den Nationalpark Plitvicer Seen wieder verließ, kam ich auf dem Rückweg noch einmal an den drei aufrechten Kiefern vorbei, die auf einem Felsvorsprung über dem Wasser thronten und »ihre« Schlucht bewachten. Wohlwissend, dass diese Nadelbäume zu den eifrigsten Terpenproduzenten gehören und besonders viel von dem wertvollen Pinen abgeben, stieg ich einen steilen Trampelpfad am Rande des Felsens zu den drei »edlen Damen der Waldmedizin« hinauf. Ich begab mich mit dem Gesicht nahe an den Stamm eines der Bäume und atmete tief ein. Die intensiven Nuancen der ätherischen Öle breiteten sich in meiner Nase aus wie bei einer Aromatherapie. Ich hob einige der Zapfen auf und roch an ihnen. Auch sie dufteten nach ätherischem Kiefernöl. Die späte Nachmittagssonne erhitzte den Boden und verflüssigte die Öle in den herabgefallenen Zapfen, Nadeln und Rindenstücken, sodass die Terpene leichter verdampfen und an die Luft abgegeben werden konnten. So wurde die Erde dort zu einer Art »Aromateppich«, aus dem die gasförmigen Kiefernterpene strömten. Die Wärme der Sonne machte also dasselbe, was der Waldmediziner Qing Li in seinem Hotel-Experiment in Tokio mit Verdampfern bewerkstelligt hatte. Ich nahm den angenehmen Geruch des ätherischen Öls überall rund um die Bäume wahr.

Als ich mit der Straßenbahn ins Gebirge fuhr

Nach meiner Exkursion zu den Plitvicer Seen richtete ich meinen Fokus ganz auf Biophilia in der Stadt. Ich konnte es kaum erwarten, meine urbanen Streifzüge zu beginnen. Auf meinem Rückweg lag die kroatische Hauptstadt Zagreb, eine der Metropolen des Westbalkans mit etwa 800 000 Einwohnern im Stadtgebiet und circa 1,1 Millionen Bewohnern des gesamten Ballungsraums. Ich nutzte die Gelegenheit und legte in Zagreb einen Zwischenstopp ein. Dort suchte ich mir ein zentrales Quartier, von wo aus ich meine Suche nach dem heilsamen Trio des Waldes starten wollte.

Am nächsten Morgen warf ich während des Frühstücks am Ban-Jelačić-Platz in der Altstadt einen Blick auf die Stadtkarte. Ich stellte fest, dass das Medvednica-Gebirge im Nordwesten bis ins Stadtgebiet reichte. Die gesamte südöstliche Flanke der Gebirgskette lag innerhalb der Stadtgrenze. Die politische Stadtgrenze verlief also entlang des Bergkammes. Das Gebiet war laut der Darstellung auf der Karte stark bewaldet. Dort wollte ich nach dem Biophilia-Effekt von Zagreb suchen.

»Entschuldigen Sie, sprechen Sie Deutsch?«, fragte ich den Kellner, als er meine leere Tasse vom Tisch nahm.

»Ein bisschen«, antwortete er freundlich und mit einem charmanten südslawischen Akzent.

»Ich würde gerne dorthin gelangen.« Ich zeigte mit dem Finger auf die kartographische Abbildung des Medvednica-Gebirges am nordwestlichen Stadtrand und suchte dabei nach einem Fixpunkt auf der Karte, den ich dem Kellner nennen konnte. Mein Blick verfing sich schließlich auf dem Berg Sljeme, der einen Teil des Gebirgszuges darstellte. Ich zeigte darauf und sagte entschlossen: »Auf diesen Berg möchte ich gerne gehen. Aber ich bin mit den öffentlichen Verkehrsmitteln unterwegs.«

»Kein Problem«, antwortete der Kellner. Er deutete hinüber zu den Haltestellen des öffentlichen Verkehrsnetzes. Der Ban-Jelačić-Platz ist der zentrale Umsteigeplatz im Stadtzentrum. Alle Straßenbahnen machen dort Halt. »Sie müssen mit der Straßenbahnlinie 14 bis zur Endstation Mihaljevac fahren.« Der Kellner deutete auf die Stelle auf meiner Karte, wo diese Station eingezeichnet war. Zu meiner Überraschung befand sie sich genau am Fuße des Berges.

»Und das ist alles?«, fragte ich nach.

»Ja. Von dort brauchen Sie nur noch den Berg hinauf zu gehen.«

»Das ist ja großartig!« Ich dankte dem freundlichen Kellner, bezahlte meine Rechnung, nahm meinen Rucksack auf die Schultern und ging zur Haltestelle. Die Straßenbahn ließ nicht lange auf sich warten. Die Fahrt dauerte etwa 30 Minuten. Während dieser Zeit bekam ich einen Eindruck der verschiedenen Gesichter von Zagreb. Wir fuhren an wunderschönen städtischen Parks vorbei, in denen gerade die Rosen und andere Blumen blühten. Ich bekam bombastische Gebäude aus der Zeit der k.u.k.-Monarchie zu sehen. Je weiter wir uns vom Zentrum entfernten, desto mehr verfallene Häuser tauchten im Straßenbild auf, die im »Kroatienkrieg« zwischen 1991 und 1995 zerstört und nie wieder aufgebaut worden waren. Weiter draußen wandelte sich das Stadtbild abermals. Die Anzahl der Plattenbauten nahm zu, aber auch die Zahl der liebevoll erbauten Wohnhäuser. Je weiter mich die hochmoderne blaue Niederflurstraßenbahn an den Stadtrand beförderte, desto mehr Einfamilienhäuser waren zu sehen. Kurz vor der Endstation wurden die Straßen überhaupt von diesen Einfamilienhäusern dominiert. In den Gärten wuchsen teilweise Palmen in der Wiese – ein deutliches Zeichen für den Einfluss des Mittelmeers, das den Winter im Vergleich zum Inneren des europäischen Kontinents etwas abmildert und verkürzt. Zwar sind die Winter in Zagreb nicht so mild wie direkt an der Mittelmeerküste, Palmen halten aber Minusgrade über eine gewisse Zeit aus. In nördlicheren Ländern würden sie den langen Winter im Garten nicht überstehen.

Wie am Tag zuvor im Nationalpark Plitvicer Seen war auch an diesem Tag der Himmel wolkenlos und tiefblau. Als ich an der Endstation Mihaljevac ausstieg, konnte ich den Biophilia-Effekt bereits ahnen. Es war so, wie es mir der Kellner versprochen hatte: Die Straßenbahn hatte mich aus dem Stadtzentrum ohne Umsteigen an den Fuß des Medvednica-Gebirges gebracht. Direkt hinter der Endstation lag eine große grüne Weide. Der bewaldete Berghang begann nur wenige Meter von den Gleisen entfernt. Die Straßenbahn wendete in einem großen Bogen und hob sich dabei leuchtend blau von dem durchweg grünen Hintergrund ab. Auch die Gleise waren von Gras bewachsen. Rundherum konnte man mehrere Berggipfel sehen, die alle zum Medvednica-Gebirge gehören und innerhalb des Stadtgebietes liegen. Direkt von der Haltestelle aus begann ich meine Wanderung auf den Berg Sljeme. Den Bus 140, der mehrmals täglich Passagiere von der Straßenbahn bis ganz hinauf auf den Gipfel befördert, ließ ich links liegen. Ich wollte lieber auf meinen eigenen Füßen in die Natur eintauchen. In den ersten 20 Minuten erlebte ich den Wechsel der

Landschaft von »urbanem Stadtrand« zu »Wald pur«. Danach gelangte ich auf einen steinigen Weg mitten im Waldgebiet, und die Steigung nahm zu. Es war der Leustek-Wanderweg, der nach dem kroatischen Förster Albin Leustek benannt ist. Leustek, Jahrgang 1890, lebte in Zagreb und setzte sich für die Pflege und Erhaltung der Wälder des Medvednica-Gebirges ein. Nach seinem Tod im Jahr 1947 wurde er auf eigenen Wunsch unter den Bäumen des Waldes, den er so geliebt hatte, begraben. Der Förster war bestimmt ein sehr biophiler Stadtmensch. Die Beerdigung fand an seiner Lieblingsstelle statt, die bis heute als »das Grab des Försters« bekannt ist. Seither haben sich zahlreiche geheimnisvolle Geschichten rund um diese Ruhestätte in der Natur entwickelt. Manche Menschen wollen den Geist des berühmten Försters beim Streifzug durch die Wälder am Stadtrand gesehen haben. Aber das ist eine andere Geschichte.

Der Leustek-Wanderweg ist durchgehend durch das Symbol eines weißen runden Farbkleckses in einem roten Kreis gekennzeichnet, der in regelmäßigen Abständen auf Baumstämme gemalt wurde. Während meines Aufstiegs auf den Berg Sljeme durchstreifte ich Mischwälder mit Laub- und Nadelbäumen. Rotkiefern, die »Königinnen der Waldmedizin«, waren überall im Baumbestand vertreten. Ich kam aber auch an mächtigen alten Eichen und graziösen Buchen vorbei. Immer wieder überquerte ich Bäche, die den Berg hinunterplätscherten und dabei durch die Reibung des Wassers auf dem steinigen Bachbett Anionen – also Wasserfall-Plasma – an die Waldluft abgaben. Der Waldboden war mit einer schützenden Streuschicht aus Laub und anderen Pflanzenteilen bedeckt, und darunter fand sich eine intakte Humusschicht mit hohem Gehalt an organischen Substanzen. Das Gebiet war mit Sicherheit von Mykorrhiza durchzogen, und bestimmt war auch das Biophilia-Bakterium *Mycobacterium vaccae* vorhanden. An sonnenexponierten Stellen roch es besonders stark nach den ätherischen Ölen der Kiefern. An schattigen und feuchteren Plätzen dominierte der angenehme Geruch von Humus und Pilzen. Von oben hatte ich einen exzellenten Ausblick über Zagreb. Die Hochhäuser der kroatischen Hauptstadt lagen gleißend in der Sonne und schienen mir zum Greifen nahe.

Die Tatsache, dass ich mich bis kurz vor dem Gipfel innerhalb der Stadtgrenze bewegte, milderte den Biophilia-Effekt in keiner Weise ab. Nur der gelegentliche Ausblick auf die Stadt erinnerte mich daran, wie nah ich dem urbanen Trubel war. Ansonsten hatte ich das Gefühl, weit weg von der Zivilisation zu sein. Ich war weg vom hektischen Stadtleben, ohne mich wirklich aus der Stadt entfernt zu haben. Ich konnte eine Auszeit in der Natur genießen, ohne dafür ein Auto zu benötigen oder eine lange Bahnfahrt überstehen zu müssen. Und als ich schließlich zurück am Fuße des Berges angelangt war, stieg ich einfach wieder in die Straßenbahn und fuhr auf direktem Weg zurück ins Stadtzentrum.

Das Gute liegt so nah: die grünen Lungen der Stadt

Was den Bewohnern von Zagreb möglich ist, steht auch den Bewohnern anderer Großstädte offen. Als ich vor einigen Jahren beruflich eine Woche lang mit einem sehr dichten Terminplan in Oslo zu tun hatte, brauchte ich zwischendurch eine Auszeit. Ich nahm die U-Bahn-Linie 5, die mich aus dem Zentrum ohne Umsteigen an den Sognsvann-See am Stadtrand von Oslo brachte. Die Endstation der U-Bahn, die man auf Norwegisch »T-Bane« nennt, hieß ebenfalls Sognsvann. Ich umrundete den See auf einem dreieinhalb Kilometer langen Wanderweg entlang des Ufers und war begeistert darüber, dass der Weg barrierefrei ausgebaut war. Er war mit Rollstühlen, Kinderwagen und generell für Menschen, die auf unwegsamem Gelände nur schwer vorankommen, problemlos begehbar oder befahrbar. Dennoch war der Weg nicht asphaltiert, sondern naturnah gestaltet. Der Bodenbelag war eine dicht gepresste und gut befestigte Mischung aus Kies, Sand und Lehm, die sich harmonisch in die idyllische Wald- und Seenlandschaft einfügte. Ich staunte über die Schönheit des Sees und die Farbenpracht des umgebenden Waldes. Es war Herbst – ein nordischer Herbst! –, und die Blätter der Laubbäume waren bereits rot und gelb gefärbt. Silberweiße Birkenrinde blitzte überall aus dem Unterholz hervor. Das Kleid der Nadelbäume leuchtete sattgrün – außer bei den Lärchen, deren Nadeln sich golden verfärbt hatten. Der Himmel war wolkenlos, und die Sonne schien auf das dunkelblaue tiefe Wasser. Dass ich mich am Rande einer Großstadt mit mehr als 630 000 Einwohnern befand, spürte ich nicht. Ich kehrte danach mit der U-Bahn völlig entspannt und erholt zurück ins Zentrum von Oslo. Nun hatte ich wieder Energie für meine anstehenden Verpflichtungen.

In Berlin führt die S-Bahn-Linie 7 die biophilen Stadtmenschen aus dem Zentrum direkt an den Rand des Grunewalds im Bezirk Charlottenburg-Wilmersdorf im Westen der Stadt. Das ist jener Wald, in dem die legendären Berliner »Gentlemen-Ganoven« Franz und Erich Sass während der Weimarer Republik einen Schatz vergraben haben sollen.[81] Die Gebrüder Sass waren als geschickte Tresorknacker unter Bankiers gefürchtet und in der Bevölkerung geschätzt, weil sie ihre Beute in Form von Geld und Gold zum Teil den Bedürftigen vor die Haustür und in den Briefkasten legten. Heute führt gegenüber der S-Bahn-Station Grunewald der Schildhornweg in das weitläufige Waldgebiet, in dem sich das urbane Waldbaden ungestört praktizieren lässt. Das Gebiet ist groß genug, dass sich seine Besucher nicht zu sehr in die Quere kommen. Bei meinen Erkundungen des städtischen Biophilia-Effekts bewegte ich mich im Sommer 2017 tief in den Berliner Grunewald hinein und gelangte an den beschaulichen Teufelssee. Die Bäume und Sträucher des Waldes wuchsen bis dicht an das Ufer heran und streckten teilweise ihre Äste über die Wasseroberfläche. Die Uferzone war von Schilf bewachsen, das seine spitzen grünen Blätter kerzengerade nach oben streckte. Ich setzte mich auf den umgefallenen Baumstamm einer Weide, die aber keineswegs tot war. Überall wuchsen junge grüne Triebe aus dem Holz. Sträucher links und rechts von mir bildeten eine kleine Laube über meinem Kopf, indem ihre Äste sich in der Luft berührten. Auf diese Weise entstand ein märchenhafter Naturraum, in dem ich verweilte. Ich hatte meinen Laptop dabei und erledigte mitten im Berliner Grün zwei Stunden lang Schreibarbeiten. Die meisten meiner Bücher habe ich in der Natur geschrieben. Da ich nicht an einen fixen Arbeitsort gebunden bin, schreibe ich oft in Wäldern, an Seen oder in Stadtparks. Manchmal sitze ich sogar im Geäst einer Baumkrone und arbeite. Ich verbinde das Waldbaden mit meiner Arbeitszeit, sodass ich mehr Zeit in der Natur verbringen kann. Denn das heilsame Trio des Waldes sowie die beruhigende Atmosphäre der Natur wirken auch während des Schreibens auf mich ein. Außerdem inspirieren sie mich zu neuen Ideen, und die Arbeit macht mir im Grünen mehr Freude als im Büro. Auf diese Weise habe ich schon viele Stadtwälder in ganz Europa erlebt und »erarbeitet«. Ich bin davon überzeugt, dass wir mehr Büroarbeit im Freien erledigen und dass Lehrer mit ihren Schülern Unterricht im Wald oder im Park abhalten sollten. An späterer Stelle werde ich noch darauf zu sprechen kommen, wie der Biophilia-Effekt unsere Freude und Leistung bei der Arbeit sowie beim Lernen erhöht.

Der Berliner Teufelssee ist seit 1960 Teil eines 13 Hektar großen Naturschutzgebietes. Das entspricht 130000 Quadratmetern. Er ist etwa 260 Meter lang und 110 Meter breit. Nur das Südufer darf zum Baden genutzt werden. Der See beherbergt seltene Tierarten wie zum Beispiel die Große Teichmuschel oder Weihermuschel, die Malermuschel sowie eine Fischart namens Bitterling, die mit dem Karpfen verwandt ist und in Deutschland, Österreich und der Schweiz auf der Roten Liste der gefährdeten Tierarten steht. An den Teufelssee grenzt auch ein geschütztes Moor, das als Teufelsfenn bekannt ist. Es entstand am Ende der letzten Eiszeit vor ungefähr 20000 bis 30000 Jahren, nachdem an dieser Stelle ein eiszeitlicher See verlandet war. Das ist ein natürlicher Vorgang. Durch fortschreitende Vegetationsprozesse und die Bildung von neuem Boden verlanden viele Seen im Laufe langer Zeiträume vom Rand her, bis schließlich ein Moor übrigbleibt. Teufelssee und Teufelsfenn sind gute Beispiele für die gelungene Renaturierung von städtischen Naturflächen. Bis 1969 befand sich am See ein Wasserwerk, von dem heute keine Spur mehr zu sehen ist. Da das Wasserwerk einen massiven Einfluss auf den Grundwasserspiegel ausübte, vertrocknete das Moor. Die typische Moorvegetation verschwand völlig. In den achtziger Jahren begann die Berliner Stadtverwaltung, das Moor über einen Tiefbrunnen wieder mit Wasser zu versorgen und zäunte es ein. Das uralte Ökosystem erholte sich. Zunächst fassten Bäume Fuß, die man typischerweise an nassen Standorten findet, also zum Beispiel Pappeln und Birken. Mittlerweile sind aber sogar einige der ursprünglichen Moorpflanzen wieder zurückgekehrt. Dazu gehört auch der Rundblättrige Sonnentau. Das ist eine fleischfressende Pflanze, die durch dicke Blätter mit auffällig roten klebrigen Härchen gekennzeichnet ist. Mit diesen Organen fängt die Pflanze Insekten, die sie anschließend verdaut. »Fleischfressend« bedeutet im Pflanzenreich, dass sich eine Pflanze nicht nur über die Photosynthese und die Aufnahme von Wasser und Nährstoffen aus dem Boden ernährt, sondern zusätzlich auch von Insekten. Auch gefährdete Kröten, Frösche, Unken, Heuschrecken sowie fast 40 Brutvogelarten sind ins Teufelsfenn zurückgekommen.

Vom Teufelssee kann man auf den Teufelsberg wandern, der mit 120 Metern Seehöhe eine exzellente Aussicht auf Berlin ermöglicht. Nach Osten blickt man in die Richtung des Stadtzentrums, nach Westen sieht man zum Stadtrand hinaus. Der nahegelegene Drachenberg bietet sich mit seinem grasbewachsenen und exponierten Plateau an, um mit Kindern Drachen steigen zu lassen.

Wer würde angesichts dieser enorm hohen Biodiversität und Naturvielfalt im Berliner Stadtgebiet noch sagen, es gäbe zurzeit in Großstädten keinen Biophilia-Effekt? Der Grunewald bietet den 3,5 Millionen Einwohnern der deutschen Hauptstadt genügend Möglichkeiten, Terpene und Anionen einzuatmen, mit dem Biophilia-Bakterium in Kontakt zu kommen sowie einfach zu entspannen und sich eine Auszeit zur Regeneration in der Natur zu nehmen. Und all das ist vom Berliner Stadtzentrum mit nur einer einzigen Schnellbahnfahrt möglich.

Im Süden des Grunewaldes befindet sich der Schlachtensee. Er gehört zum Berliner Bezirk Steglitz-Zehlendorf und ist ebenfalls über das öffentliche Verkehrsnetz erreichbar, nämlich mit der Schnellbahnlinie 1, mit der die Passagiere aus dem Stadtzentrum ohne umzusteigen direkt ans Ufer des Sees gelangen. Wer bei der Station Schlachtensee aussteigt, findet dort nicht nur ein wunderschönes Gewässer vor, sondern auch einen fast neun Kilometer langen Rundwanderweg entlang der bewaldeten Uferlinie. Unterwegs befinden sich Restaurants, in denen man einkehren kann, Spielplätze sowie Waldlichtungen. Der Rundweg um den Berliner Schlachtensee, der auch mit Kinderwagen oder Rollstuhl befahren werden kann, bietet sich daher für die ganztägigen Aufenthalte in einem Waldgebiet, die Waldmedizin-Pionier Qing Li mindestens zweimal pro Monat empfiehlt, geradezu an.

Im Norden grenzt ein weiterer See an den Schlachtensee, der den Namen »Krumme Lanke« trägt und mit der U-Bahn-Linie 3 erreichbar ist. Auch er kann barrierefrei umrundet werden. Kiefern, die »edlen Damen« der Terpenproduktion, sind an beiden Seen zu finden. Die deutsche Schriftstellerin Ludovica Hesekiel begann im 19. Jahrhundert eines ihrer Gedichte über den Schlachtensee mit den folgenden Worten: »Die Kiefern neigen sich leise, blau liegt und still der See …«[82]

Etwa die Hälfte der Bäume des Berliner Grunewaldes sind Kiefern, die meisten davon Rotkiefern – »Königinnen der Waldmedizin«.

Im Großstadtdschungel: Waldbaden in der Stadtmitte

Von Berlin aus ging meine Suche nach Biophilia in der Stadt weiter. Als Nächstes verschlug es mich nach Dresden, wo ich beruflich zu tun hatte. Ein Blick auf die Karte offenbarte innerhalb der Stadtgrenzen ein 5000 Hektar großes Waldgebiet. Das entspricht 50 Quadratkilometern. Dieser geschlossene Stadtwald nimmt somit fast ein Sechstel von Dresden ein. Es handelt sich um die Dresdner Heide, ein urbanes Landschaftsschutzgebiet mit einem vielfältigen Baumbestand aus Eichen, Buchen, Erlen, Linden, Birken, Fichten und Rotkiefern. Die »Königin der Waldmedizin« ist also mitten in Dresden anzutreffen. Im Waldbestand wächst auch die europäische Eibe, aus der, wie erwähnt, das Terpen Taxol gewonnen wird, das als Krebsmedikament eingesetzt wird.

Die Dresdner Heide steht unter Landschaftsschutz und zählt zu den größten Stadtwäldern Deutschlands. Das Besondere an dem ausgedehnten Waldökosystem ist, dass es bis in die geographische Stadtmitte reicht. Die Dresdner Heide erstreckt sich vom Mittelpunkt Dresdens bis an den nordöstlichen Stadtrand und ist mit dem öffentlichen Verkehrsnetz aus vielen Richtungen rasch erreichbar. Die Straßenbahnlinie 11 beförderte mich vom Hauptbahnhof auf direktem Weg an den Rand der Dresdner Heide. Ich stieg an der Haltestelle Wilheminenstraße aus und stand unmittelbar vor dem Wald. Entlang der stark befahrenen Bautzner Straße am nördlichen Ufer der Elbe befinden sich zahlreiche Zugänge zur Dresdner Heide. Ich betrat den Wald in der Bautzner Straße 130, gegenüber von Schloss Albrechtsberg. Wer sich von dort aus möglichst geradeaus durch das verzweigte Netzwerk der urbanen Wanderwege bewegt, landet am anderen Ende nach etwa 14 Kilometern Fußweg genau am Dresdner Stadtrand bei Radeberg. Unterwegs verlässt man den Wald kein einziges Mal. Davon, dass man sich mitten auf dem Gebiet einer Großstadt mit 550 000 Einwohnern befindet, merkt man nichts.

Schon wenige Minuten nachdem ich die Dresdner Heide betreten hatte, stellte sich der Biophilia-Effekt ein. Während ich mich in Richtung Waldmitte bewegte, nahm der Straßenlärm rasch ab, und das Singen der Vögel trat in den Vordergrund. Der Wind wehte durch die Baumkronen und erzeugte ein beruhigendes Rauschen. Ich kam an eine kleine Schlucht mit steilen Abhängen. Unten plätscherte ein Bach über den steinigen Untergrund. Ich folgte dem Lauf des Wassers für eine Weile und kam zu einem kleinen Wasserfall – eine der Quellen für das Wasserfall-Plasma und somit für die gesundheitsfördernden Anionen, die sich in der Waldluft verteilten. Es roch nach feuchter Erde, Pilzen, Laub und Nadelbäumen. Die Luft war voll mit Terpenen, und in den Bereichen des Waldes, in denen Kiefern wuchsen, duftete es nach dem ätherischen Pinen. Der intakte Humusboden enthielt mit Sicherheit das Biophilia-Bakterium. Ich war in einem gesunden Wald gelandet, in einer grünen Lunge der Großstadt. Während ich durch das Waldgebiet wanderte und mich von einer Wegkreuzung zur nächsten bewegte, erklärte ich die Dresdner Heide gedanklich zum Vorbild für Stadtwälder. Wir brauchen mehr solche Oasen des Waldbadens im Stadtzentrum. In meiner Vorstellung entstand das Bild einer Biophilia-Stadt der Zukunft, in der zahlreiche städtische Waldgebiete netzartig durch Waldwege miteinander verbunden sind. Diese grünen Wege ziehen sich quer durch alle Stadtbezirke und -viertel. Ich entschloss mich, dieses zukünftige grüne Netzwerk der Stadt als »Biophilia-Korridore« zu bezeichnen. Diese Idee werde ich an späterer Stelle näher beschreiben.

Ich bog in einen schmalen Pfad ab, der mich noch tiefer in den Wald führte. An einer großen, alten Buche blieb ich stehen, um meine Atemübungen aus dem chinesischen Senlinyu durchzuführen, die beim urbanen Waldbaden für mich nicht fehlen dürfen. Ich sammelte das »Qi des Waldes« ein, füllte meine Lunge und mein Blut mit Terpenen und tauchte mit allen Sinnen in die Atmosphäre des Ökosystems ein. Der Begriff »Waldbaden« beschreibt diese Tätigkeit exzellent. Danach packte ich meinen Laptop aus und erledigte noch eine Stunde lang ein paar Arbeiten. Zwischendurch huschte eine Gruppe Rehe an mir vorbei. Sie hatten mich wohl nicht bemerkt, weil ich so still und ruhig auf einem Baumstamm saß. Während ich mich wie in einer entlegenen Wildnis fühlte, hielt ich mich ständig im Dresdner Stadtgebiet auf.

Am nächsten Tag fuhr ich mit der Schnellbahnlinie 2 von Dresden Mitte bis Dresden-Klotzsche am westlichen Rand der Dresdner Heide. Von der Station aus war ich mit wenigen Schritten im Waldgebiet. Ich wanderte entlang des Prießnitztals. Das Wasser der Prießnitz floss wild über Steine und Felsen. Schließlich gelangte ich zu einem Wasserfall, den die Dresdener als Prießnitz-Wasserfall bezeichnen. Dabei handelte es sich wie bei jedem Wasserfall um ein natürliches »Anionen-Labor«. Rund um das Wasser war die Luft feucht und frisch. Sie belebte mich, und es tat mir gut, einige Zeit am Wasserfall zu verweilen. In den Schluchtwäldern der Prießnitz stieß ich auf die Fichte und den Bergahorn, der ansonsten vor allem in den höheren Lagen der deutschen Mittelgebirge wächst. Die Prießnitz ist das größte Fließgewässer in der Dresdner Heide. Es zweigen ein paar Bäche von ihr ab, die durch Nebentäler fließen. Die Prießnitz und ihre Nebenbäche speisen einige Moore mit Wasser. Dort treffen die biophilen Dresdner unter anderem die Sumpfdotterblume an, aber auch geschützte Arten wie die Wasser-Schwertlilie mit großen gelben Blüten, die Europäische Wasserprimel mit ihren zarten weißen Blütenblättern sowie den Rundblättrigen Sonnentau – das ist die fleischfressende Pflanze, die ich bereits bei meiner Beschreibung des Berliner Teufelssees im Grunewald erwähnt habe.

Bis ins frühe 17. Jahrhundert lebten in der Dresdner Heide wilde Wolfsrudel, die aber durch die Jagd vernichtet wurden. Seit einigen Jahren sind Wölfe zumindest als Gäste wieder in Dresden anzutreffen.[83] Sie wandern aus der Region Oberlausitz, wo Wildökologen erfolgreich mehrere Rudel angesiedelt haben, in den Stadtwald. In den vergangenen Jahren gab es acht dokumentierte Wolfssichtungen in der Dresdner Heide.[84] Die Auerochsen und Wildpferde überlebten die Jagd nur bis zum Beginn des 19. Jahrhunderts. Dennoch existieren in der Dresdner Heide bis zum heutigen Tag seltene Tierarten. Dazu zählen zum Beispiel der Fischotter und die Kleine Hufeisennase – das ist eine Fledermaus, die in Felsspalten und Baumhöhlen lebt. Der große Stadtwald beherbergt auch viele heimische Singvögel, die dort mitten in der Großstadt ein Zuhause mit artgerechten Brutplätzen gefunden haben. Von der Dresdner Heide profitieren also nicht nur die menschlichen Stadtbewohner, sondern auch die Tiere. Biophile Waldbesucher können den wohltuenden Gesängen des Eisvogels lauschen, der sie durch sein exotisch anmutendes Federkleid mit blauem Rücken und rotbraunem Bauch erfreuen wird. Mit etwas Glück ist an den Gewässern der Dresdner Heide die Gebirgsstelze anzutreffen. Sie fällt durch ihren leuchtend gelben Bauch auf. Oder Sie genießen beim Waldbaden in Sachsens Hauptstadt die Stimme des Waldlaubsängers mit seinem gelb-grauen Gefieder. Wenn dann das Klopfen eines Spechtes durch den Wald hallt, machen Sie sich auf die Suche nach dem Urheber der Geräusche. Ist es ein schwarzer Vogel mit knallroter »Kappe« auf dem Kopf? Dann ist es der Schwarzspecht.

Die Hauptwege der Dresdner Heide können mit dem Kinderwagen oder Rollstuhl befahren werden. Es handelt sich um typische Forststraßen mit einem stark komprimierten Schotterbelag. Wer aber nicht auf Barrierefreiheit angewiesen ist, findet daneben ein reichverzweigtes Netzwerk an Waldwegen, Trampelpfaden und Hohlwegen vor, die zu biophilen Erkundungen des urbanen Naturgebietes einladen. Zum Entspannen eignet sich der Silbersee am nordwestlichen Rand der Dresdner Heide, der durch sein spiegelndes glasklares Wasser eine tiefe Ruhe ausstrahlt, obwohl er nur 100 Meter von der stark befahrenen Langebrücker Straße entfernt liegt.

Bei einem Besuch in Köln fuhr ich mit der Stadtbahnlinie 9 bis zur Endstation Königsforst. Die Fahrt aus dem Stadtzentrum dauerte weniger als 20 Minuten, danach stieg ich direkt am Rand des Königsforstes im Osten der Stadt aus. Das 25 Quadratkilometer große Gebiet genießt als deutsches Fauna-Flora-Habitat einen besonderen Schutz und stellt außerdem wegen der vielen Wildvogelarten eine Vogelschutzzone dar. Direkt von der Stadtbahn aus stieg ich in einen Waldlehrpfad ein, um mich den Baumarten des Königsforstes zu widmen. Ich stieß auf Kiefern, Eichen, Buchen, Fichten, Linden, wilde Kirschbäume, Weiden, Eiben, Douglasien, Holundersträucher und viele andere Waldgehölze. Im Waldgebiet befindet sich auch ein Bodenlehrpfad, der den Besuchern die Ökologie des Waldbodens näherbringt. Ich gelangte auf einem ausgedehnten Wegenetzwerk tiefer in den Wald, wo ich auch auf einige Bäche und einen ruhigen Weiher stieß – den Kettners Weiher. Die Hauptrouten sind barrierefrei begehbar. Der Kölner Königsforst gehört zum Vegetationsgebiet der Bergischen Heideterrasse – das ist ein zwei bis drei Kilometer breites und etwa 50 Kilometer langes Landschaftsband, das sich zwischen der Ruhr im Norden und der Sieg im Süden erstreckt.

Stadtwälder als Refugien der »Ur-Natur«

Inspiriert durch die Naturerfahrungen beim Waldbaden mitten in Berlin, Dresden und Köln machte ich mich auf die Suche nach noch mehr Stadtwäldern. Die Kombination aus Großstadt und Wald fasziniert mich und übt eine starke Anziehungskraft auf mich aus. Jede Stadt hat ihre eigenen Charakteristika und ihr individuelles Flair. Genauso sind die urbanen Wälder von Stadt zu Stadt verschieden, was sich alleine schon aus den unterschiedlichen geographischen Lagen erklären lässt. Ein ökologisch intakter Wald im Stadtgebiet oder am Stadtrand spiegelt immer die Natur- und Vegetationszone wider, in der sich die Stadt befindet. Stadtwälder am Mittelmeer bestechen durch mediterranes Flair mit immergrünen Steineichen und Korkeichen, Pinien, Zedern und Kiefern sowie Olivenbäumen.

Genau diese Pflanzengesellschaft findet sich beispielsweise im Naturpark Montes de Málaga am nördlichen Stadtrand von Málaga in Südspanien. Dieses Ökosystem wird von Füchsen, Wildschweinen, Dachsen, Wieseln, Habichten, Zwergadlern und vielen anderen Wildtieren bewohnt. Es ist auch ein Lebensraum für die Ginsterkatze. Das ist die einzige in Europa lebende Schleichkatze. Sie zeichnet sich durch einen eleganten, schlanken Körper mit einem grauen, schwarz gefleckten Fell aus. Wer dieses mediterrane Naturreservat besuchen möchte, kann von Málaga Centro aus in 15 Minuten mit der Buslinie 2 bis zur Haltestelle San José fahren. Von dort erreicht man den südlichsten Rand des riesigen Naturparks nach einem Fußmarsch von einem Kilometer. Der Wanderweg führt dann tief in die Wildnis, die sich wegen der vielen Kiefern, Pinien und Zedern zum aromatischen Waldbaden mit reichlich Terpenen anbietet. Spanien und Kalifornien liegen in einer vergleichbaren Klimazone. Eine sehr ähnliche Vegetation wie in Málaga ist daher auch in den Wäldern des Rivas Canyon Parks im Westen der kalifornischen Metropole Los Angeles anzutreffen, erreichbar mit dem Metro-Local-Bus Nummer 2. In San Diego befindet sich in zentraler Stadtlage der Switzer Canyon, ein geschütztes Wildnisgebiet mit südkalifornischer Küstenvegetation. Der urbane Canyon, in dem neben zahlreichen heimischen Pflanzenarten auch Wildtiere wie Hasen und Coyoten leben, ist mit den Buslinien 7 und 215 aus dem Zentrum San Diegos erreichbar.

Ganz anders als in Südkalifornien und am Mittelmeer ist das Klima im niederschlagsreichen Großbritannien. In unmittelbarer Nähe von Glasgow, der größten Stadt Schottlands, befindet sich der bezaubernde Garscadden-Wald. Er ist die Heimat von majestätischen, knorrigen Eichen im Alter von mehreren Hundert Jahren. Die Bäume, Steine und Böden des Waldes sind von Moos bewachsen. Farne wurzeln nicht nur in der Erde, sondern auch auf den starken Ästen der alten Eichen, an deren von Sturm und Unwetter gezeichneter, zerklüfteter und zerfurchter Borke sich im Laufe der Zeit Humus gebildet hat, sodass die Farne auf den Bäumen Fuß fassen konnten. Der urige Wald, der oft von Nebelschwaden durchdrungen wird, ist aus dem Stadtzentrum Glasgows mit den Buslinien 15 und 17 sowie mit ScotRail, den schottischen Bahnbetrieben, ohne Umsteigen binnen 30 Minuten erreichbar, wobei man in Bearsdon, einer Vorstadt von Glasgow, aussteigen sollte.

Ähnlich feucht und ozeanisch wie in Schottland ist das Klima im Bundesstaat Washington im Nordwesten der USA. Die Wälder des Kingfisher Natur-Areals liegen mitten in Seattle, der größten Stadt Washingtons, und sind mit den städtischen Buslinien 73, 75, 372 und 373 erreichbar. Dort trifft man, ähnlich wie in Schottland, auf Nebelwälder mit Farnen und moosbewachsenen Bäumen. Zum Baumbestand gehört die Oregon-Eiche, die im ozeanischen Nordwesten der USA heimisch ist, wobei Nadelbäume wie Zedern, Tannen und Kiefern überwiegen. Die Wälder werden noch heute von Bibern und Coyoten besucht und sind Teil des urbanen Naturparks Thornton Creek an den Ufern des Washington-Sees. Bevor die europäischen Siedler in dieses Gebiet vordrangen und 1852 Seattle gründeten, befanden sich am See zahlreiche Dörfer von nordamerikanischen Ureinwohnern.

In Sydney, der größten Stadt Australiens mit fünf Millionen Einwohnern, befindet sich im äußersten Westen des Stadtgebietes der Yellomundee-Regionalpark. Dieser Naturpark ist Teil des Blue-Mountains-Nationalparks und liegt innerhalb des traditionellen Territoriums der Boorooberongal. Das ist ein Stamm der »Aborigines«. Die Bezeichnung des Regionalparks ging aus dem Namen eines Stammesältesten hervor, den man Yarramundi nannte – »kluger Mann«.[85] Er lebte von 1760 bis 1818, in der frühen Phase der Kolonialisierung Australiens durch die Europäer. In dem Naturschutzgebiet am Rande der Riesenmetropole befinden sich einige geschützte Kulturdenkmäler der australischen Ureinwohner, und der Park wird unter anderem noch heute von Nachfahren der Boorooberongal gepflegt, wodurch sie ihre Verbundenheit mit dem Land ihrer Vorfahren zum Ausdruck bringen. Im Yellomundee-Regionalpark, der am Westufer des Nepean-Flusses liegt, dominiert – wie in den meisten Stadtwäldern – die ursprüngliche Natur, die der geographischen Lage von Sydney entspricht. Das sind Sandstein, Eukalyptuswälder mit bis zu 50 Meter hohen Exemplaren sowie verschiedene Baumarten aus der Familie der Myrtengewächse, die nur im Großraum von Sydney an der Meeresküste vorkommen. Dazu zählt zum Beispiel ein von den Australiern als »Yellow Bloodwood« bezeichneter Baum, also das »Gelbe Blutholz«. Dieser Name geht auf die gelbbraun bis orange gefärbte Borke der bis zu 20 Meter hohen Bäume zurück. Alle diese immergrünen Bäume sind sehr reich an ätherischen Ölen und gelten als intensive Quelle für Terpene in der Waldluft. 94 Prozent der Terpene der Eukalyptusbäume sind Pinen. Wie bereits erwähnt, handelt es sich dabei um das effizienteste Terpen zur Stärkung der natürlichen Killerzellen und der Anti-Krebs-Proteine in unserem Blut. Die Bewohner von Sydney haben also eine hochproduktive Waldluftapotheke direkt vor der Haustüre. Wer den Yellomundee-Regionalpark mit all seinen bioaktiven Pflanzenstoffen, seltenen Fröschen und geschützten Vogelarten vom Zentrum Sydneys aus erreichen möchte, um dort zum »Waldbaden Down Under« aufzubrechen, erreicht das Naturreservat mit der Blue-Mountains-Linie »BMT«, einer Bahnlinie, die vom Zentralbahnhof direkt zum Yellomundee-Regionalpark fährt und sogar noch weit über die Stadtgrenze hinaus bis ins Herz des Blue-Mountains-Nationalparks. So nah und leicht erreichbar kann die ursprüngliche Wildnis selbst von einem großen Ballungszentrum wie Sydney aus sein.

Während meiner Recherchen für dieses Buch entwickelte ich eine große Neugier für die Natur, die Ökosysteme und auch die Artenvielfalt, die unsere Großstädte beherbergen. Wann immer ich mich einer Stadt näherte, fragte ich mich voller Vorfreude: »Welche Art von Wald werde ich hier wohl vorfinden, und wie wird es dort aussehen?«

Frankfurt am Main, die hessische Metropole mit 730 000 Einwohnern, verband ich immer mit gläsernen Wolkenkratzern, moderner Architektur, sterilen Geschäftszentren und natürlich dem »Römer«, der seit 600 Jahren als Rathaus dient. Ich war schon oft in Frankfurt, aber die biophile Seite der Stadt offenbarte sich mir erstmals während der Arbeit an diesem Buch. Der überwiegende Teil des Stadtgebietes südlich des Mains ist bewaldet. Der Frankfurter Stadtwald erstreckt sich über 4000 Hektar. Das entspricht 40 Quadratkilometern. Somit nimmt das Waldgebiet etwa ein Sechstel des Stadtgebietes ein. Das ist ungefähr dasselbe Verhältnis wie zwischen Dresden und der Dresdner Heide. Der Frankfurter Stadtwald erstreckt sich jedoch über die südliche Stadtgrenze hinaus, sodass er insgesamt fast 60 Quadratkilometer umfasst. Frankfurt am Main liegt im Norden der Oberrheinischen Tiefebene. Von Natur aus ist diese Gegend von Eichen-Hainbuchen-Wäldern dominiert. Diese Waldgesellschaft findet sich auch im Frankfurter Stadtwald. Neben Eichen und Hainbuchen wachsen dort – genauso wie im gesamten Naturraum der nördlichen Oberrheinischen Tiefebene – auch Rotbuchen, Birken, Fichten sowie Douglasien, also eine Kiefernart. Das heißt, die »edlen Damen der Waldmedizin« sind anwesend.

Ich erreichte den Frankfurter Stadtwald vom Hauptbahnhof

aus mit der Straßenbahnlinie 21 und stieg bei der Station Oberforsthaus aus. Diese Haltestelle liegt in der Mitte des Waldgebietes. Genau genommen setzte der Biophilia-Effekt bereits vor meiner Ankunft ein, denn die Straßenbahn fuhr durch den Wald und ermöglichte es mir, während der Fahrt Waldatmosphäre aufzunehmen. Die Linie 21 ist nämlich Teil der Frankfurter Waldbahnen. Die Bäume stehen an vielen Streckenabschnitten zum Greifen nahe. Die Straßenbahn taucht regelrecht in den Wald ein. Auch manche Haltestellen sind mitten im Wald, sodass bereits das Warten auf die nächste Straßenbahn biophile Gefühle auslösen kann. Außer der Straßenbahnlinie 21 gehören noch die Linien 12 und 17 zu den Frankfurter Waldbahnen. Sie fahren in unterschiedliche Bereiche des Stadtwaldes. Daneben sind die Wälder auch von verschiedenen Schnellbahnstationen aus mit kurzen Fußwegen erreichbar.

Große Teile des Frankfurter Stadtwaldes liegen etwas erhöht, sodass man einen grandiosen Ausblick auf die Skyline der Stadt hat. Der futuristische Kontrast zwischen Wald und Wolkenkratzern bringt die Idee von Biophilia in der Stadt eindringlich zum Ausdruck. Ich durchstreifte die Wälder und erfreute mich an den Reizen der Natur, während der urbane Hintergrund mich daran erinnerte, dass das Stadtleben in unmittelbarer Nähe war. Für mich geht von dieser Kombination aus kulturellem Großstadtleben und dem Biophilia-Effekt eine große Faszination aus. Den besten Ausblick auf die Frankfurter Skyline hatte man bislang vom Goetheturm aus, der 1931 im Wald erbaut wurde und vollständig aus Holz besteht. Der Turm ist im Herbst 2017 vollständig abgebrannt, soll aber möglichst originalgetreu wieder aufgebaut werden.

Im Frankfurter Stadtwald befinden sich Quellen, Bäche sowie acht Teiche. Der idyllische Jacobiweiher im Zentrum des Waldes ist mit einer Wasserfläche von sechs Hektar oder 60 000

Quadratmetern das größte stehende Gewässer des Waldes. Er wurde nach dem Frankfurter Stadtförster Hans Bernhard Jacobi benannt, der von 1886 bis 1940 lebte. Am Teich haben heimische Vögel wie Kormorane, Stockenten, Grünfüßige Teichrallen, Blässhühner, Graureiher, Spechte und seltene Eisvögel ein Zuhause gefunden. Beim urbanen Waldbaden am Jacobiweiher lässt sich mit etwas Glück auch die exotische Mandarinente beobachten, die ursprünglich der ostasiatischen Wildnis entstammt. In Europa haben sich einzelne verwilderte Populationen gebildet, nachdem die Vögel als »Ziervögel« eingeführt und gehalten wurden. Die Männchen fallen durch große leuchtend orangefarbene Flügel und einen knallroten Schnabel auf. Die Weibchen sind mit ihrem grauen oder braunen Federkleid im Vergleich zu den Männchen eher unauffällig. Der Wald rund um den Weiher wurde 2003 zur Erhaltung der natürlichen Lebensräume und der dort lebenden Tier- und Pflanzenarten zum Fauna-Flora-Habitat laut EU-Richtlinie erklärt und steht unter besonderem Schutz.

Anders als die Dresdner Heide ist der Frankfurter Stadtwald kein vollständig geschlossenes Waldgebiet. Er ist stellenweise zerstückelt, also von Straßen, Gleisen, Gebäuden oder Bürokomplexen durchzogen. Es gibt aber zahlreiche Waldstücke, die abgeschlossene ökologische Inseln bilden und ausreichend Raum für ausgedehnte Spaziergänge und Wanderungen bieten, ohne dass man den Wald dabei zwischendurch verlassen müsste. Im Frankfurter Stadtwald befinden sich zahlreiche barrierefreie Wege. Für ungestörtes urbanes Waldbaden in idyllischer Naturlage empfehle ich eine Fahrt in den Schwanheimer Wald mit der Straßenbahnlinie 12. Dieses Waldstück liegt im Westen des Frankfurter Stadtwaldes und ist für seine majestätischen Eichen bekannt, die als »Schwanheimer Alteichen« bezeichnet werden und unter Denkmalschutz stehen. Es handelt sich um 30 Bäume im Alter von durchschnittlich 500 Jahren. Der Schwanheimer Wald besteht vorwiegend aus Eichen und Hainbuchen.

In Hamburg ist der urbane Biophilia-Effekt ebenfalls von den natürlichen Gegebenheiten des Umlandes geprägt. Deutschlands Norden ist reich an Heideland und Mooren. Auch in der Metropole Hamburg mit 1,8 Millionen Einwohnern befindet sich ein wunderschönes Moor. Es ist das Naturschutzgebiet Raakmoor im Norden der Stadt, das sich für den urbanen Biophilia-Effekt anbietet und zum Waldbaden einlädt. Neben zahlreichen Gewässern findet man im Raakmoor auch Bruchwälder mit Birken, Kiefern und Fichten. Als »Bruchwald« bezeichnet man einen Wald auf sumpfigem Untergrund, der das ganze Jahr lang nass ist. Ähnlich wie bei einem Auwald, der regelmäßig überflutet wird, kommt es im Bruchwald aufgrund der Nässe zu einer raschen Verjüngung des Baumbestandes. Der Unterschied zum Auwald liegt darin, dass der Bruchwald eben permanent nass ist, während der Auwald zwischen den Überflutungen immer wieder trocken bleibt. Bei meiner Recherche erreichte ich das Raakmoor mit der U-Bahn-Linie 1 von der Innenstadt aus. Die Station Langenhorn Nord befindet sich nahe am Naturschutzgebiet. Das Moor bescherte mir nicht nur den urbanen Biophilia-Effekt, sondern beeindruckte mich »Südländer« auch mit seinem fast schon nordischen Flair.

Der offizielle Raakmoor-Rundweg ist sechs Kilometer lang und weitgehend barrierefrei. Einige sumpfige Bereiche im Wald sind durch Stege und hölzerne Gehwege überbaut, sodass man sie leicht überwinden kann. Das Raakmoor war früher ein torfreiches Hochmoor, das durch den Abbau des Torfs und durch Entwässerung bis 1950 zerstört wurde. 1977 befüllte das Hamburger Gartenbauamt die künstlichen Entwässerungsgräben mit Erde, sodass das Wasser nicht mehr aus dem Moor abgeleitet wurde. Zusätzlich wurde der Himmelsbütteler Moorgraben aufgestaut. Das ist ein Bach, der das Moorgebiet von Norden nach Süden durchzieht. Seither speist sich das Raakmoor aus diesem Gewässer. Den Rest der Renaturierung erledigte die Natur selbst. Das Moor lebt vom Wasser. Wie ein ausgetrockneter Schwamm saugte es sein Lebenselixier auf und entfaltete sich neu. Seitdem verwandelt es sich immer mehr zurück in ein Hochmoor, und die ursprünglichen Moorgewächse kehren zurück. So gedeihen heute im Raakmoor wieder der fleischfressende Sonnentau, die Moorlilie und das Torfmoos. Die grüne Oase mitten in Hamburg ist das Zuhause zahlreicher seltener Schmetterlings- und Libellenarten sowie von Kröten, Moorfröschen und Kreuzottern. Das Moor steht seit 1979 unter Naturschutz. Genauso wie der Berliner Teufelssee und das Teufelsfenn ist das Hamburger Raakmoor ein Beispiel für die gelungene Renaturierung von Ökosystemen in der Stadt. Renaturierung beginnt damit, dass wir schädliche Eingriffe durch den Menschen wieder rückgängig machen und die Voraussetzungen dafür schaffen, dass sich ein Ökosystem erholt. Die Natur kehrt dann von selbst zurück in die Stadt. Sie taucht überall auf, wo wir sie lassen, egal, ob am Stadtrand oder mitten im Zentrum.

Eine umfassende Auflistung von Stadtwäldern im deutschen Sprachraum mit Empfehlungen für die öffentliche Anfahrt finden Sie im Anhang dieses Buches.

Wie Stadtwälder unsere Psyche heilen

»Wenn ich Erholung brauche, suche ich den dunkelsten Wald, den undurchdringlichsten, ausgedehntesten Sumpf. Ich betrete ihn wie einen heiligen Ort. Dort ist die Kraft, das Mark der Natur.«[86]

Henry David Thoreau, amerikanischer Schriftsteller und Philosoph (1817–1862)

»Wir haben Wurzeln, und die sind definitiv nicht in Beton gegossen.« Mit diesen Worten brachte der in Wien lebende österreichische Musiker und Journalist Andreas Danzer seine Verbindung mit der Natur zum Ausdruck.[87] Seine Geschichte zeigt auf eindrückliche Weise die heilsame Wirkung von Stadtwäldern. Andreas, der Sohn des 2007 verstorbenen Austro-Rockers Georg Danzer, erkrankte 2011 an Lungentuberkulose. Er musste ein halbes Jahr in einem Krankenhaus im Westen von Wien verbringen. Der Wienerwald, der größte Stadtwald in Österreichs Hauptstadt, lag in unmittelbarer Nachbarschaft. Die »grüne Lunge von Wien« erstreckt sich weit ins Bundesland Niederösterreich und nimmt insgesamt 1350 Quadratkilometer ein. Davon liegt ein Zehntel innerhalb des Stadtgebietes. Es handelt sich um das größte Naherholungsgebiet der Wiener und seit 2005 um einen ausgewiesenen UNESCO-Biosphärenpark, in dem sich auch einige streng geschützte Waldökosysteme und Biotope befinden. Die dominierenden Bäume des Wienerwaldes sind Rotbuchen, Eichen und Hainbuchen. Die mächtigen silbergrauen Stämme der Rotbuchen und ihr sehr hohes Kronendach erzeugen den Eindruck, man befände sich in einer Art riesengroßer »Kathedrale«. Die Verwaltung des Naturgebietes spricht von einem »Biosphärenpark am Rande einer Millionenstadt«.

Andreas Danzer erzählte mir, wie er nach der ersten Phase der Niedergeschlagenheit den Drang verspürte, in den Wienerwald zu gehen. Die Ärzte erlaubten es ihm. Anfangs schleppte er sich mühsam den Waldweg entlang, doch das Ökosystem am Stadtrand übte eine große Anziehungskraft auf ihn aus und motivierte ihn Tag für Tag von neuem, die Anstrengung auf sich zu nehmen. Die frische Luft und die Bewegung halfen ihm, wieder Muskeln aufzubauen und seine körperlichen Reserven zu stärken. Im Wienerwald gibt es zahlreiche Berge, die man besteigen kann. Andreas Danzer befüllte seine Lunge mit gesunder Waldluft und schied durch das Schwitzen beim Gehen die Giftstoffe der Medikamente besser aus. Er berichtete, dass der Wald ihm dabei half, den langen Krankenhausaufenthalt psychisch zu überstehen. Er spürte im Wald auch die Schmerzen weniger, die von der Lungentuberkulose verursacht wurden. »Meine Faszination für den Wald und die Tiere lenkten mich von meinen körperlichen Symptomen ab«, erinnerte er sich. »Es entstand eine Beziehung zwischen mir und einer Hirschfamilie, der ich fast jeden Tag begegnete.« Mit der Zeit gewöhnten sich die Tiere an seine regelmäßige Anwesenheit. Als er eines Tages auf einem Baumstamm auf einer Waldlichtung saß und von den Wildtieren umgeben war, fühlte er sich »wie Dian Fossey in *Gorillas im Nebel*«. Durch den Wienerwald konnte Danzer Abstand vom Alltag im Krankenhaus gewinnen und seine Aufmerksamkeit auf Dinge richten, die ihn beflügelten. Dadurch regenerierten sich seine psychischen Kräfte, die er dringend brauchte, um die Krankheit zu überstehen.

»Wegsein«: Auszeit für Stadtbewohner

Ähnlich wie bei Andreas Danzer spielte der Wienerwald auch in meinem Leben bereits eine wichtige Rolle. Während meiner Studienzeit suchte ich den Stadtwald regelmäßig auf. Ich mietete eine Wohnung am Fuß des Schafberges, von der aus ich es nicht weit in den Wald hatte. Trotz der Lage am Waldrand befand sich eine Straßenbahnstation vor der Tür, von der aus ich ohne umzusteigen bis zum Schottentor in die Innenstadt fahren konnte. In den Jahren meines Studiums verging fast kein Tag, an dem ich nicht im Wald war. Der Wienerwald war für mich das eigentliche »Stadtzentrum«. Oft ging ich morgens oder abends dort spazieren. Etwa dreimal pro Woche joggte ich oder fuhr mit dem Mountainbike auf den Gipfel des Schafbergs, der zur Gänze im Stadtgebiet liegt. Oben angekommen, machte ich Klimmzüge an Bäumen, stemmte Äste und schwere Steine, die ich im Wald fand, und absolvierte Hindernisläufe über Baumstämme, Felsbrocken oder auf unwegsamen Steilflächen. Ich nenne diese Art von Natursport »Biophilia-Training«. Das Walderlebnis stellte einen starken Anreiz dar, mich zum Sport aufzuraffen. Die Anhöhe des Schafberges ist auch mit dem Bus 42A erreichbar. Von oben hat man eine grandiose Aussicht über die Dächer und Wolkenkratzer von Wien, wo zwei Millionen Menschen leben.

Wenn ich ausreichend Zeit zur Verfügung hatte, ließ ich mich von einem der Wienerwaldbusse 35B, 43B und 38A tiefer in das Waldgebiet bringen. Diese Busse fahren entlang der historischen Höhenstraße in verschiedene Bereiche des Wienerwaldes. Das ist eine Aussichtsstraße entlang der Stadtgrenze, von der aus man an mehreren Stellen über Wien sieht. Die Höhenstraße besteht aus Pflastersteinen und wurde bereits 1905 erbaut. Die Stadtverwaltung machte damals explizit zur Bedingung, dass die Wälder beim Bau der Höhenstraße geschont werden mussten. Zu diesem Zweck griffen die Behörden auf ein Konzept für naturnahe Stadtplanung zurück, mit dem der Architekt Eugen Fassbender 1892 bei einem Wettbewerb der Stadt Wien den zweiten Rang belegt hatte. Seine Ideen für einen Straßenbau, welcher der Natur ausreichend Raum lässt, wurden beim Bau der Höhenstraße umgesetzt. Die Straße gilt heute als kulturhistorisches Erbe Wiens. Sie schlängelt sich an den Berghängen durch den Wienerwald und fügt sich mit ihrem Pflastersteinbelag harmonisch in die Waldlandschaft ein. Die Höhenstraße wird gepflegt wie ein Denkmal.

Der höchste Punkt im gesamten Wiener Stadtgebiet ist der Hermannskogel. Mit einer Höhe von 542 Metern über dem Meeresspiegel zählt er zu den Ausläufern der Ostalpen. Er gehörte beim Waldbaden im Wienerwald zu meinen häufigsten Destinationen. Auf einer großen Wiese am Fuß des Berges verbrachte ich oft Stunden. Ich saß auf Lichtungen in der Sonne, kletterte auf Bäume, streifte durch den Wald oder wanderte zur Aussichtswarte auf dem Gipfel. Wenn ich Kummer hatte, half mir eine Auszeit auf der Waldlichtung dabei, wieder Klarheit und Mut zu fassen. Im Winter nutzte ich die Schönheit des Waldes gegen Winterdepression und Niedergeschlagenheit. Während die Stadt zur kalten Jahreszeit ein farbloser, unwirtlicher und oft von grauem Schneematsch bedeckter Ort ist, stellen Stadtwälder auch im Winter biophile Orte dar. Die Ästhetik von glasklarem Eis und leuchtendem weißem Schnee, der gefrorene Boden unter den Füßen, die Stille des Waldes sowie die in der Sonne glitzernden Eiskristalle sind ein anregendes Gegengewicht zum oft monotonen Straßenbild des städtischen Winters auf Asphalt und Beton.

Ich erinnere mich an einen Tag im Frühling 2005, an dem ich – damals 24 Jahre alt – wegen einer Trennung unter Liebeskummer litt. Ich flüchtete mit dem Bus zum Hermannskogel, setzte mich mit meiner Gitarre und meiner Trommel unter eine alte Eiche mitten in der Wiese und versuchte, auf andere Gedanken zu kommen. Beim Musizieren ließ ich mich von der Natur inspirieren. Die Sonne blinzelte durch die Baumkrone, und die Gefühle, die dabei entstanden, wirkten gegen den Schmerz in meinem Herzen. Meine Stimmung hellte sich auf, und ich schrieb an diesem Tag unter der Eiche spontan ein lebensfrohes Gedicht auf einen Zettel, das von der Schönheit des Wienerwaldes handelte und mich auch an den darauffolgenden Tagen beim Lesen immer wieder aufheiterte.

Natürlich möchte ich nicht behaupten, der Biophilia-Effekt sei ein garantiertes und unmittelbar wirksames »Wundermittel« gegen jede Form von psychischem Leiden. Mir hat die Natur aber schon oft dabei geholfen, besser mit Kummer, Sorgen oder Ängsten umzugehen und diese zu überwinden. Das gelang mir vor allem dann, wenn ich den Therapieraum Wald in Krisenzeiten über einen längeren Zeitraum regelmäßig aufsuchte und mich der Schönheit der Natur ganz bewusst öffnete. Auch an dem Tag, an dem ich mein Gedicht niederschrieb und musizierte, bot mir der Wienerwald einen Raum, um meinen Gefühlen auf kreative und positive Weise Ausdruck zu verleihen. Ich fühlte mich entlastet. Das Zwitschern der Vögel, die Wärme der Sonne, das Summen der Bienen und Hummeln, der Duft und die Farbenpracht der Blumen am Waldrand sowie die Gerüche der Erde lenkten meine Aufmerksamkeit auf ganz natürliche Weise nach außen und mich selbst von meinem seelischen Schmerz ab. Der Wienerwald verschaffte mir durch die positive Ablenkung und seine natürliche Artenvielfalt eine psychische Auszeit und etwas Abstand von meinen Problemen. Zugleich inspirierte er mich dazu, die Dinge mit anderen Augen zu sehen, nämlich mit einem hoffnungsvolleren Blick auf die Zukunft. Mir wurde klar, dass ich die Fähigkeit, Glück zu empfinden, keineswegs verloren hatte. Erich Fromm würde sagen, die Lebens- und Wachstumsprozesse der Natur hatten die lebenspositiven, also die biophilen Kräfte in mir aktiviert und die lebensnegativen, biophoben Kräfte zurückgedrängt.

Dass der Wald eine heilsame seelische Wirkung auf uns hat, dürften die meisten Menschen bereits selbst erfahren haben. Die psychische Heilkraft der Stadtwälder wurde aber auch durch zahlreiche wissenschaftliche Studien bewiesen. Umweltpsychologen bezeichnen die Auszeit in der Natur als »Being-away«, also als »Wegsein«. Die Natur verschafft uns Abstand von sozialen Konflikten, Schwierigkeiten am Arbeitsplatz, Leistungsdruck, dem hektischen Stadtleben oder sonstigen negativen Einflüssen aus der Gesellschaft. Stadtwälder bieten uns die Möglichkeit, »weg« in der Natur zu sein, ohne die Stadt, in der wir leben, verlassen zu müssen.

Dieses Wegsein ist die Basis der psychologischen Wirkung von Naturerfahrungen. In der Natur tauchen wir in ein neues Setting ein. Die Bäume oder Tiere des Waldes setzen uns nicht unter Leistungsdruck. Sie verurteilen uns nicht für unser Äußeres, für unsere Lebensweise oder dafür, dass wir nicht der Norm entsprechen. Schon Friedrich Nietzsche schrieb im 19. Jahrhundert: »Wir sind so gern in der Natur, weil diese keine Meinung über uns hat.«[88] Der Wald ist ein Raum, in dem wir sein dürfen, wie wir eben sind. Wir fühlen uns in der Natur in unserem Element, weil wir Naturwesen sind. Das Wegsein in der Natur – die Auszeit, der Abstand – bildet die Grundvoraussetzung dafür, dass Wälder, Flüsse, Wiesen, Steppen, Savannen, Berge oder Wasserfälle auf uns einwirken können. Auf dieser Basis treten beim Waldbaden verschiedene psychologische Phänomene ein, die förderlich für unsere seelische Gesundheit sind. Dazu gehören zum Beispiel die Naturfaszination, das Flow-Erleben, die Wiederherstellung der Aufmerksamkeit, die Inspiration und das Phänomen des sicheren Raumes.

Naturfaszination – Modus der geistigen Regeneration

Schon der amerikanische Psychologe und Philosoph William James, der als Begründer der wissenschaftlich fundierten Psychologie in den USA gilt, erkannte vor mehr als 100 Jahren, dass wir Menschen zwei Formen der Aufmerksamkeit besitzen. Die eine ist die gerichtete Aufmerksamkeit, auf die ich als Erstes eingehen möchte. Danach komme ich auf die andere Form zurück.

Die gerichtete Aufmerksamkeit müssen wir aktiv aufrechterhalten, zum Beispiel beim Lesen oder Lernen, bei der Arbeit, während eines Vortrags, beim Korrigieren von Texten und so weiter. Die gerichtete Aufmerksamkeitsspanne ist begrenzt. Es ist anstrengend und kostet uns Energie, sie aufrechtzuerhalten. Wenn die geistigen Energiereserven aufgebraucht sind, reißt unsere Fähigkeit zur gerichteten Aufmerksamkeit einfach ab. Dann heißt es »System überladen«. Jeder von uns kennt diesen Zustand. Es ist unmöglich, einem Vortrag unbegrenzt zu folgen oder sich pausenlos auf die Arbeit zu konzentrieren. Wir brauchen dann eine Auszeit, um unsere geistigen Kapazitäten wieder aufzuladen. Wenn wir uns keine oder zu wenige Pausen gönnen, kann unsere Konzentrationsfähigkeit sogar langfristig in den Keller rasseln, und das berüchtigte Burnout droht.

Das ist nichts anderes als ein Zustand der totalen Erschöpfung. Wer »ausgebrannt« ist, hat über längere Zeit zu viel Energie in die gerichtete Aufmerksamkeit sowie ins »Funktionieren« gesteckt und zu wenige Phasen der Regeneration genossen. Ein Burnout ist das natürliche Ergebnis von Überlastung und Leistungsdruck. Dabei ist es unerheblich, ob wir uns diesen Druck selbst auferlegt haben oder ob er uns von jemand anderem auferlegt wurde. Der Zustand des Ausgebranntseins ist in unserer Leistungsgesellschaft weit verbreitet und unter Psychologen und Ärzten unbestritten. Strittig hingegen sind der Ausdruck »Burnout« sowie dessen Führung in der Internationalen statistischen Klassifikation der Krankheiten der Weltgesundheitsorganisation (WHO).[89] Denn es handelt sich eben beim Burnout nicht um eine Erkrankung, sondern um das natürliche Symptom einer Gesellschaft, in welcher der Mensch wie eine Maschine funktionieren soll und nach wirtschaftlichen Gesichtspunkten bewertet wird. Unsere Bedürfnisse als Naturwesen kommen zu kurz.

Ich weiß aus eigener Erfahrung, wie ermüdend es sein kann, stundenlang konzentriert vor dem Computer zu sitzen. In den Endphasen der Schreibarbeiten geht es bei mir oft sehr stressig zu. Ich sitze von morgens bis abends vor dem Monitor und lese, korrigiere, überarbeite, revidiere oder ergänze meine Texte. In diesen besonders intensiven Arbeitsphasen merke ich sehr deutlich, wie meine Konzentrationsfähigkeit im Laufe des Tages von Stunde zu Stunde abnimmt. Ich verliere den roten Faden, übersehe Tippfehler, muss Sätze oft mehrmals lesen, bis ich sie erfasst habe, und es gehen mir die Ideen für neue Formulierungen aus. Irgendwann geht gar nichts mehr. Die Endphasen meiner Manuskriptarbeiten fallen meist in den Winter, da fast alle meine Bücher im Frühjahr erscheinen. Das hat sich einfach so eingependelt. Zur kalten Jahreszeit bin ich an mein

Büro gebunden und kann nicht im Freien arbeiten. Wenn ich merke, dass meine Energien für die gerichtete Aufmerksamkeit zu Ende sind, ist es völlig sinnlos, mich zum Weiterarbeiten zu zwingen und an den Schreibtisch zu »fesseln«. Dann schalte ich den Rechner aus und mache mich auf in den Wald. Ich gehe still und beständig durch den Herbst- oder Winternebel und merke, wie ich in eine Art Naturmeditation verfalle. Beim Gehen stellt sich ein innerer Rhythmus ein. Diese Wirkung bemerke ich nicht, wenn ich in der Stadt spazieren gehe. Langsam wird es ruhig im Kopf, und die Gedanken an die Arbeit verflüchtigen sich. Ich entspanne mich zusehends, und der Wald um mich herum zieht immer mehr von meiner Aufmerksamkeit auf sich, ohne dass ich dazu etwas tun müsste. Es geschieht einfach. Meine Sinne sprechen ganz natürlich und von selbst auf die Welt der Pflanzen an. Mein Gehirn verbindet mich mit ihr. Ich fühle mich erleichtert und befreit. Nach einiger Zeit kommen Ideen in mir auf, die meine aktuelle Arbeit betreffen. Ich beginne, wieder an mein Manuskript zu denken. Doch das kostet mich, anders als im Büro, keine Mühe. Es ist vorwiegend ein Denken in Bildern. Wie von selbst fallen mir Formulierungen ein, auf die ich zuvor nicht gekommen wäre. Ich sehe plötzlich, wie ich den roten Faden in meinem Text wieder aufnehmen könnte.

Mein Gehirn arbeitet. Aber das tut es in der Natur in einem völlig anderen Modus als im Büro. Es kostet mich keine Energie, meinen Gedanken zu folgen, sondern ich habe sogar das Gefühl, mich dabei geistig aufzuladen. Ich finde neue Ansätze zur Lösung von Problemen. Das muss nicht immer meine Arbeit betreffen, sondern es kann auch um soziale Konflikte gehen oder um belastende Ereignisse, die ich plötzlich mit anderen Augen sehen kann. Die Silhouette eines alten, knorrigen Baumes taucht aus dem Nebel auf, und ich staune über den geheimnisvollen Anblick.

Mir fällt nebenher ein, dass bei Nebelwetter besonders viele gesunde Anionen und Terpene in der Waldluft vorhanden sind und dass die Biophilia-Bakterien im Humus meine geistigen Kräfte positiv beeinflussen. Ich lasse die frische Luft tief in meinen Brustkorb einströmen. Hoch über mir zieht ein Krähenschwarm über den Wald hinweg, und die Rufe der Vögel hallen über die Baumwipfel. Es fällt mir leicht, mich von den Gedanken an die Arbeit oder an meine Probleme wieder zu lösen und mich an der Natur zu erfreuen. Wenn ich dann zurückkomme, bemerke ich, dass sich meine geistigen Reserven regeneriert haben. Ich kann mich wieder besser konzentrieren und die neuen Ideen und Lösungsansätze, die mir in der Natur eingefallen sind, mühelos umsetzen. Diesen Effekt habe ich in der beschriebenen Intensität nach einem Stadtspaziergang noch nie beobachtet. Es ist eben ein hundertprozentiger Biophilia-Effekt, den nur die Natur bieten kann. Ich gehe daher immer mit einem Notizblock durch den Wald, um meine Ideen sofort niederschreiben zu können, sobald die Wildnis sie in mir erzeugt hat.

Im Herbst 2012 hatte ich beruflich in Zürich zu tun, der größten Stadt der Schweiz mit 400 000 Einwohnern. Ich recherchierte für ein neues Buch und war zugleich noch intensiv damit beschäftigt, ein anderes Manuskript abzuschließen. Ich fühlte mich unter Druck, und mein Kopf rauchte. Mein Laptop war immer dabei, aber die Arbeit ging nur sehr schleppend voran. Ich hatte schon seit Tagen eine Schreibblockade und konnte mich einfach nicht mehr konzentrieren. Ein Spaziergang in der Stadt half mir nicht. Im Gegenteil, ich fühlte mich danach noch gestresster. Ich malte mir gedanklich schon aus, wie ich meinem Verleger gestehen musste, dass das Manuskript trotz des mir gewährten Aufschubs nicht fertig war. So weit wollte ich es nicht kommen lassen. Ich beschloss, mich in der fremden Stadt auf die Suche nach dem Biophilia-Effekt zu machen. Direkt vor meinem Quartier am Züricher Hauptbahnhof stieg ich in die Schnellbahnlinie 10 und fuhr ohne Umsteigen in nur 20 Minuten auf den bewaldeten Uetliberg im Südwesten des Stadtgebietes. Die S10, die auch als »Uetlibergbahn« bezeichnet wird, befährt an den Berghängen eine der steilsten normalspurigen Bahnstrecken Europas, ohne dabei das Stadtgebiet zu verlassen. Ähnlich wie das Medvednica-Gebirge in Zagreb ist der Züricher Uetliberg also zu großen Teilen eine urbane Berglandschaft.

Als ich oben ankam, fand ich mich in der winterlich verschneiten Natur wieder und konnte weit über die Dächer von Zürich blicken. Ich war »draußen«. Ich war »weg«. Weg aus dem Trubel der Stadt, aber noch immer innerhalb des Stadtgebietes. Der gut markierte Wanderweg führte mich über Wiesen in den Wald. Ich kam an Felsen vorbei und ließ die winterliche Stimmung auf mich wirken. Bereits nach etwa 20 Minuten trat der Biophilia-Effekt ein. In einem Zustand der kontemplativen Gelassenheit und Freude an der Natur kamen mir neue Ideen und Lösungsansätze. Ich setzte meine urbane Bergwanderung noch eine Stunde lang fort und nahm danach meine Arbeit mit neuer Inspiration wieder auf. Auch in den darauffolgenden Tagen suchte ich die stadtnahe Natur auf, und mein Manuskript wurde rechtzeitig fertig. Der Verlag war mit dem Ergebnis sehr zufrieden – und ich auch.

Später führte ich ein Gespräch mit dem TV-Moderator Kurt Aeschbacher vom Schweizer Radio und Fernsehen (SRF), der in Zürich lebt. Ich erzählte ihm von meinem Naturerlebnis in der Stadt und fragte ihn nach seinen eigenen urbanen Biophilia-Erlebnissen. »Der Uetliberg steht sozusagen vor meinem Küchenfenster«, antwortete Aeschbacher, »denn wir wohnen nicht weit davon entfernt. Man kann den Uetliberg wunderbar ›erwandern‹, indem man die Straßenbahn – bei uns ›Tram‹ genannt – bis zum Fuß des Berges nimmt und dann einen ziemlich steilen, aber wunderbaren Aufstieg zum Waldbaden in Angriff nimmt. Oben wird man mit einer wunderschönen Aussicht auf Zürich belohnt. Der Uetliberg überrascht Jahr für Jahr auch mit der ersten weißen Puderschicht an Schnee, während es unten in der Stadt noch trüb ist.« Ich fragte den Moderator nach weiteren Tipps zum Waldbaden in Zürich. »Ein fantastischer Wald und wildes Naturareal liegt nur ein paar Kilometer südlich von Zürich«, berichtete er begeistert. »Es ist der Sihlwald, ein Naturschutzgebiet entlang des Flusses Sihl. Ein Waldbadeort par excellence!«[90]

Doch welche Phänomene in der Natur ziehen uns so stark an und sind für die Regeneration unserer geistigen Kräfte verantwortlich? Umweltpsychologen haben herausgefunden, dass das Wegsein in Kombination mit Naturfaszination der Auslöser für die positiven Wirkungen eines Aufenthaltes in der Natur ist. Ich habe bereits erwähnt, dass schon William James zwei Formen der Aufmerksamkeit voneinander unterschied. Die gerichtete Aufmerksamkeit habe ich ausführlich beschrieben. Wir müssen sie aktiv aufrechterhalten, und sie zehrt an unseren geistigen Energien. Die zweite Form der Aufmerksamkeit ist die Faszination. Sie lädt uns mit Energie auf. Wir müssen sie nicht aktiv erzeugen. Dinge, Phänomene und Eindrücke der Natur können uns in ihren Bann ziehen. Ganz ohne Anstrengung verbindet sich unsere geistige Aufmerksamkeit dann mit dem Objekt der Faszination. Wir fokussieren auf natürliche Weise auf das Objekt. Wir »befüllen« es mit unserer Aufmerksamkeit. Andere Eindrücke werden dabei ausgeblendet oder abgeschwächt. Gedankenkreisläufe werden durchbrochen, Belastendes tritt in den Hintergrund, unsere Wahrnehmung engt sich auf einen bestimmten Teil der Wirklichkeit ein, den wir dann aber besonders intensiv wahrnehmen. Es handelt sich also keineswegs um eine Einschränkung der Aufmerksamkeit, sondern um eine Verlagerung und Intensivierung. Dadurch bekommen wir Abstand von Problemen, Konflikten oder störenden Einflüssen aus dem Alltag, wozu auch der turbulente und stressige Trubel der Großstadt gehören kann. Naturfaszination befreit uns, nimmt uns aus dem Alltag heraus. Viele Menschen kennen diesen Zustand als »Flow-Erlebnis«. Es ist das völlige Aufgehen in einer Tätigkeit oder in der Beobachtung eines Phänomens. Der meditative Bewusstseinszustand des Wanderers in der Stille der Berge oder die vertiefte Gartenarbeit, bei der man das Gefühl für Zeit verliert, sind Beispiele für Flow-Erlebnisse.

William James berichtete 1890 in seinem mehrbändigen Werk *Die Prinzipien der Psychologie* an einigen Stellen über die geradezu mystischen Erlebnisse, welche die Natur in ihm auslöste. James hielt sich regelmäßig in den Schweizer Bergen auf. In einem Brief an seine Frau Alice schrieb er: »Diese teure Schweiz, deren Berge, Bäume, Wiesen und Gewässer so rein und gut für mich sind! Sie erscheinen mir so ehrlich, so absolut ehrlich. Sie alle wirken sich auf mein Gemüt aus und in einer Flut meiner Verehrung für sie – und für Dich – lief ich zum Fenster, um auf die nächtliche Szenerie zu blicken. Über dem Berg zu meiner Rechten erschien die Milchstraße und erstreckte sich leicht abwärts gerichtet nach links, mit großen, hellen Sternen, die in ihr brannten, während sich die kleineren überall verstreuten.«[91] James setzte seinen Brief fort, indem er Alice schilderte, wie er in dem Sternenmeer ihr Gesicht zu erkennen glaubte, ihre strahlenden Augen und die sanften Formen ihres Mundes. Seine Naturfaszination ließ ihn seine tiefen Gefühle für und seine Sehnsucht nach Alice, die weit weg in den Vereinigten Staaten weilte, auf kreative, positive Weise wahrnehmen. »Ich fühlte mich am Morgen um zehn Jahre jünger, obwohl ich so wenig geschlafen hatte«, fährt er in dem erwähnten Brief fort, »und die Natur, Gott und die Menschheit erschienen mir alle vereint.«[92] Für William James war die geistig anregende und regenerierende Wirkung der Naturfaszination kein bloßer Studiengegenstand, sondern er erlebte den Biophilia-Effekt vielfach in seinem Leben und berichtete häufig darüber.

Die Umweltpsychologen Rachel und Stephen Kaplan von der Michigan Universität stellten in zahlreichen Studien fest, dass die Natur wesentlich besser dazu geeignet ist, Faszination und Flow-Erlebnisse auszulösen, als jede andere Umgebung. Naturfaszination ist einer der wichtigsten Wege, über die ein Ökosystem wie zum Beispiel ein Stadtwald seine psychische Gesundheitswirkung auf uns entfaltet. Die Kaplans führten zahlreiche Vergleichsstudien durch, in denen sie Versuchspersonen auf Spaziergänge durch die Stadt sowie in die Natur schickten. Sie achteten darauf, dass die Ausflüge alle gleich lang dauerten und die körperlichen Anstrengungen in der Stadt sowie in der Natur vergleichbar waren. Es zeigte sich eindeutig, dass Stadtspaziergänge zu keiner Regeneration der geistigen Reserven führen, Spaziergänge in der Natur hingegen schon. Ein Gebäude in der Stadt mag interessant und ästhetisch sein, es übt aber nicht dieselbe Art von Faszination auf uns aus wie beispielsweise ein gigantischer Wasserfall, die Meeresbrandung oder ein eiszeitliches Moor in der stadtnahen Wildnis.

Während meiner Arbeit an diesem Buch ließ ich keine Chance aus, auch bei zufälligen Stadtbesuchen die naheliegende Natur zu erkunden. Wenige Tage bevor ich diese Zeilen schrieb, war ich von einer alten, knorrigen Eiche fasziniert, die auf einem Felsen bei Krems an der Donau über den Dächern thronte. Krems ist eine kleine Stadt in Österreich mit etwa 30 000 Einwohnern, aber mit drei Universitäten und einem gut erhaltenen mittelalterlichen Zentrum. Die Innenstadt wird von einer Bergkette durchzogen, auf deren Kamm man weit in den Westen durch die Wachau wandern kann. Das ist eine sonnenreiche Gegend, die für den Anbau von Wein, Aprikosen und Pfirsichen bekannt ist. Die steilen Hänge rund um Krems werden von Eichen-Kiefern-Wäldern und Weinbergen dominiert. Dort stieß ich auf die erwähnte Eiche. Sie wurzelte auf einem kargen, felsigen Untergrund und hielt sich mit ihren starken Wurzeln daran fest. Um an Wasser und Nährstoffe zu gelangen, musste sie sich einige Meter in die Tiefe gestreckt haben, denn an der Oberfläche war keine Erde sichtbar. Es ist wie ein Naturwunder, dass Bäume unter solchen unwirtlichen Bedingungen Halt finden können. Der imposante Baum war bestimmt 300 Jahre alt, die Borke tief zerfurcht und brüchig. Zum Vergleich: Die älteste Eiche im deutschsprachigen Raum, die sich in einem Stadtgebiet befindet, ist in Eisenach in Thüringen anzutreffen. Dort leben 42 000 Menschen. Der laut den Angaben der Stadtgemeinde etwa 1000 Jahre alte Baum wurde zum Wahrzeichen des Stadtteils Berteroda ernannt und eingezäunt. Als Biologe muss ich dazu anmerken, dass Bäume, die als tausendjährig betrachtet werden, oft nicht ganz so alt sind. Eine exakte biologische Altersbestimmung ist bei so betagten Exemplaren schwierig, und die Schätzungen beruhen häufig auf Überlieferung oder historischen Rekonstruktionen. Doch auch wenn die »dicke Eiche« von Eisenach nicht 1000 Jahre alt sein sollte, ist sie mit Sicherheit steinalt, vermutlich etwa 800 Jahre. Sie wird rund um die Uhr von einem eigens errichteten Schutzhaus aus bewacht, um sie vor Vandalismus zu bewahren. Die Naturfaszination, die von alten Bäumen ausgeht, ist also auch in der Kommunalpolitik bereits angekommen. Der Stammumfang der historischen Eiche beträgt aktuell mehr als zehn Meter. Der Stamm der erwähnten Eiche bei Krems an der Donau ist nicht so dick, doch ebenfalls beeindruckend und von Wülsten übersät. Hingegen ist sie nur etwa vier bis fünf Meter hoch. Sie ist in dieser exponierten Lage auf dem Berg seit Jahrhunderten Unwetter und Sturm ausgesetzt. Der Blitz muss mehrmals in sie eingeschlagen haben, was an dem gespaltenen Stamm und den Aststümpfen erkennbar ist. Die Äste sind fast alle abgebrochen, doch die krumme Eiche hat über lange Zeit an zahlreichen Stellen des Stammes immer wieder neu ausgetrieben. Sie hat eine gedrungene Form. Als mein Blick auf sie fiel, blieb ich sofort wie angewurzelt stehen. Sie strahlt Beständigkeit, Ausdauer und Willensstärke aus. Mich ergriff beim Anblick dieses alten Baumes eine tiefe Ehrfurcht. Ich hatte das Gefühl, in dieser Eiche einer Art Weisheit zu begegnen, ähnlich wie bei einem betagten, gereiften und lebenserfahrenen Menschen, der uns Ratschläge gibt, die sich fast immer als richtig herausstellen. Ich fasste die alte Borke an und stellte mir vor, was der Baum schon alles miterlebt hatte. Rund eine halbe Stunde verweilte ich bei dem Baum, und die Zeit verging wie im Flug. Danach war ich mit Inspiration und geistigen Kräften aufgeladen und machte mich in einem Kaffeehaus in der Altstadt von Krems wieder an die Arbeit. Immer wieder dachte ich dabei an die Eiche und blickte zu den Bergen hinauf, deren Gipfel ich durch das Fenster sehen konnte. Ich war stundenlang ins Schreiben vertieft, ehe ich die Stadt verließ und nach Hause fuhr.

Etwa fünf Kilometer nordwestlich von Krems entsteht in der Gemeinde Senftenberg ein öffentlich zugänglicher Kur- und Heilwald. Im Jahr 2017 legte die niederösterreichische Landesregierung gemeinsam mit einem privaten Medizinzentrum die Pläne für dieses Vorhaben auf den Tisch.[93] Auf der Ostseeinsel Usedom existiert bereits ein solcher Kur- und Heilwald, der ebenfalls für jedermann barrierefrei zugänglich ist. Wir sollten aber nicht vergessen, dass *jeder* naturnahe Wald ein Heilwald ist, auch der Berliner Grunewald, die Dresdner Heide, der Kölner Königsforst, das Hamburger Raakmoor, der Wienerwald, das Kingfisher-Natur-Areal in Seattle, der Yellomundee-Regionalpark in den Blue Mountains von Sydney sowie all die anderen Stadtökosysteme der Erde.

»Wenn man eine Umwelt findet, in der die Aufmerksamkeit automatisch funktioniert, kann sich die zielgerichtete Aufmerksamkeit ausruhen. Das bedeutet eine Umgebung, die starke Faszination ausübt«, schreibt Stephen Kaplan.[94] Rachel und Stephen Kaplan befragten im Rahmen ihrer Forschungen 1200 Büroangestellte in amerikanischen Städten. Die Versuchsteilnehmer, die von ihrem Schreibtisch aus durch ein Fenster Ausblick auf eine urbane Grünfläche hatten, gaben viel seltener an, an Konzentrationsschwäche und schlechter Stimmung am Arbeitsplatz zu leiden als diejenigen, die keinen Grünblick hatten. Die »Grünblicker« schätzten ihre Arbeit als signifikant freud- und sinnvoller ein als die Teilnehmer, die auf städtische Häuserfronten schauen mussten.[95] Laut Rachel und Stephen Kaplan reichen schon kurze Grünblicke aus dem Fenster aus, um die Konzentrationsfähigkeit im Büro zu fördern und die Gefahr der geistigen Ermüdung zu reduzieren. Die Kaplans haben für die fördernde Wirkung der Natur auf unsere geistigen Kapazitäten den Begriff »Aufmerksamkeits-Wiederherstellung« geprägt.

Der schwedische Psychologieprofessor Terry Hartig an der Uppsala-Universität führte Untersuchungen mit Rucksacktouristen durch. Er und sein Team teilten die Backpacker in drei Gruppen ein. Eine Gruppe wurde auf Wanderschaft in die Natur geschickt, eine andere war zur selben Zeit in Städten unterwegs. Eine weitere Gruppe blieb zu Hause. Danach schnitten bei Konzentrationstests, bei denen versteckte Fehler in einem Text gefunden werden mussten, die Versuchspersonen, die in der Natur unterwegs gewesen waren, am besten ab. Sie konnten sich länger konzentrieren und ermüdeten weniger schnell als vor ihrem Trip ins Grüne. Die Stadtgruppe und die Heimgruppe zeigten keine Verbesserungen.[96] Auf dieselben Ergebnisse kam Hartig auch, als er Menschen für 40 Minuten auf einen Spaziergang durch einen Naturpark schickte, eine andere Gruppe in ein gewöhnliches Stadtgebiet und eine dritte zum Hören von Entspannungsmusik in einen geschlossenen Raum. Die Natur-Spaziergänger hatten danach ihre Aufmerksamkeit und Konzentrationsfähigkeit deutlich besser regeneriert als die beiden anderen Gruppen. Natur stellt unsere geistigen Kräfte also sogar effizienter wieder her als Entspannungsmusik. Am schlechtesten schnitt die Gruppe ab, die durch das herkömmliche Stadtgebiet spaziert war.

Das urbane Wald-Büro zum Aufklappen

Für mich gibt es keinen besseren Ort zur Überwindung von Schreibblockaden und zur Regeneration der Konzentrationsfähigkeit als den Wald. Dass mir die Natur außerdem beim Lernen hilft, stellte ich schon als Schüler fest. Ich besuchte in Graz, der mit knapp 300 000 Einwohnern zweitgrößten Stadt Österreichs, ein Gymnasium, das in einem verkehrsreichen Viertel lag. Die Gegend war von dahinbrausenden, stinkenden Autos und Lastwagen sowie staubigen Häuserschluchten dominiert. Doch der Schulhof war riesengroß und von einer Mauer umgeben, die uns vor dem Lärm und den Abgasen schützte. Hohe Bäume säumten den Rand der Anlage. Auf den Grünflächen befanden sich Wiesen mit kleinen Waldinseln, zwei Fußballplätze, ein Baseballplatz, ein Handballplatz, eine Laufbahn mit Weit- und Hochsprunganlage, unzählige Alleebäume und ein kleiner

Teich. Es war wie ein grünes Paralleluniversum, das sich hinter den Mauern verbarg. Von den Jüngsten bis zu den Abiturienten bevölkerten Scharen von Schülern in jeder Pause die Grünanlage. Der Schulgarten war der wichtigste soziale Treffpunkt, und es kam dort kaum zu Rangeleien. Im Schulgebäude hingegen war physische Gewalt unter den Jungs an der Tagesordnung. Damals, in den neunziger Jahren, waren in diesem Gymnasium, das von der katholischen Kirche betrieben wurde, nur Jungen zugelassen. Dementsprechend hoch war auch das Aggressionspotenzial unter den Schülern. Alles in allem war meine Schulzeit aus diesem Grund eine eher belastende Episode meines Lebens. Umso erstaunlicher war es, dass der Garten so etwas wie eine sichere Zone war, wohin ich mich immer wieder flüchtete und eine Auszeit vom täglichen Mobbing fand. Auch die Mannschaftsspiele im Sportunterricht liefen draußen immer deutlich friedlicher ab als in der Sporthalle, wo es härter und offensiver zuging. Wir waren ja umringt von Bäumen und Vogelgesang. Ich werde später noch ausführen, wie das Ambiente der Natur unseren »Nerv der Ruhe« aktiviert sowie gegen Aggressionen wirkt.

Unser Biologielehrer wusste um die Wirkung der Natur. Der begeisterte urbane Biophiliac verlegte den Unterricht häufig nach draußen und erklärte uns auch, warum er das tat. Er sprach mit uns über die Wirkung der Natur auf das menschliche Gehirn. Er machte uns deutlich, dass die Natur unsere Konzentrations- und Aufnahmefähigkeit fördert und uns mehr Freude am Lernen verschafft. Der Lehrer vermittelte uns im Garten den im Lehrplan vorgesehenen Stoff und war dabei umringt von Anschauungsmaterial. Wenn wir etwas über den Bau der Blüten lernten, konnte er uns alles direkt an lebenden Pflanzen zeigen – zumindest im Frühjahr und Sommer. Ganz allgemein hörten wir interessierter und aufmerksamer zu, wenn wir im Garten unterrichtet wurden. Wir blickten nicht ständig auf die Uhr, wie wir das im Klassenzimmer taten. Es gab auch kein nervöses Tuscheln und störendes Kichern während des Unterrichts. Stattdessen waren wir sogar enttäuscht, wenn die 50 Minuten Biologieunterricht vorbei waren und wir wieder ins Gebäude gehen mussten. Die Effizienz des Lernens in der grünen Natur sprach sich unter den Lehrern herum, und so kam es, dass außer Biologie gelegentlich auch andere Fächer im Schulgarten unterrichtet wurden – wenn das auch eher die Ausnahme blieb. Es war ja genügend Freiraum auf dem Areal vorhanden, dass sich mehrere Schulklassen gleichzeitig Plätze suchen konnten, an denen sie niemand störte. Unsere Stühle brachten wir dabei einfach aus dem Klassenzimmer mit.

In einer Studie der Universität von Michigan, an der mehr als 100 Schulen in den USA teilnahmen, konnte ein Team von Umweltpsychologen belegen, dass Schulen, die Naturflächen und einen grünen Blick aus den Fenstern bieten, bei Leistungstests besser abschneiden und eine geringere Quote an Schulabbrechern aufweisen als Schulen ohne diesen Bezug zum Grün. Außerdem gehen von den Schulen mit Grünblick mehr zukünftige Akademiker ab als von anderen Schulen.[97] Der Blick ins Grüne fördert die Problemlösungsfähigkeit von Schülern und den sozialen Zusammenhalt unter den Klassenkameraden.[98]

Ob meine spätere Studienwahl, die Biologie, etwas mit dem Einfluss unseres Biologielehrers zu tun hatte, kann ich nicht beurteilen. Jedenfalls behielt ich die Praxis des Lernens in der Natur bei. Der Wienerwald half mir während meiner Studienzeit sehr dabei, die Freude am Lernen zu erhalten und meine Prüfungen erfolgreich abzulegen. Während meines Studiums kam ich auf die Idee mit dem Klapptisch. Ich kaufte einen stabilen und extrem leichten Campingtisch aus Aluminium. Man konnte ihn zu einem handlichen Paket zusammenfalten. Außerdem kaufte ich einen Klappstuhl, der ebenfalls in Leichtbauweise aus Aluminium gefertigt war und sich zum Transport stark verkleinern ließ. Den Stuhl konnte ich an den Halterungen meines Wanderrucksacks befestigen, die eigentlich zur Anbringung eines zusammengerollten Zeltes oder einer Isomatte gedacht waren. Somit war ich flexibel und konnte mit der mobilen Büroeinrichtung auf den Hermannskogel gehen, ohne dabei eine schwere Last hinaufschleppen zu müssen.

Sofern es das Wetter zuließ, fuhr ich regelmäßig zum Lernen mit dem Bus in den Wienerwald. Ich stellte mein mobiles Natur-Büro in Form von Stuhl und Tisch meistens auf einer Waldlichtung auf. Dazu fuhr ich mit dem Bus 43A entlang der Höhenstraße auf den 460 Meter hohen Dreimarkstein, weil von dort aus mehrere idyllische Wiesen innerhalb von 15 Minuten Fußmarsch erreichbar sind. Wer von der Haltestelle aus 50 Meter entlang der Straße zurückgeht, gelangt an ein Restaurant am Waldrand. Hinter dem Restaurant führt ein Weg den Berg hinunter. Wenn man dem Verlauf dieses Weges durch den Wald folgt, erreicht man im nächsten Tal eine wunderschöne große Wiese am Fuße des Hermannskogels. Auf dieser Wiese verbrachte ich mit meinem aufklappbaren Wald-Büro sehr viel Zeit. Manchmal fuhr ich mit demselben Bus bis zur Endstation Cobenzl in einer Seehöhe von 382 Metern. Dieser Berg heißt eigentlich Reisenberg, wird aber auf Altwienerisch als »Cobenzl« bezeichnet. Von oben sieht man an schönen Tagen über die ganze Stadt. Der Ausblick ist sensationell. Manchmal kletterte ich mit meinen Skripten und Büchern auf eine Eiche, suchte mir einen kräftigen Ast mit einer bequemen Sitzgelegenheit und studierte in der Baumkrone meine Unterlagen. Dieses Ambiente inspirierte mich ganz besonders. Als ich mich auf eine Prüfung in Pflanzenphysiologie vorbereitete und mich detailliert mit chemischen Abläufen in Pflanzen befassen musste, war die Eiche meine Retterin. Das Erlernen von Formeln und mathematischen Berechnungen der Vorgänge in Pflanzenzellen lag mir nicht. Mir fehlte dabei der Bezug zum Studiengegenstand. Es war mir zu theoretisch. Ich bin eben einer von diesen »Wald- und Wiesenbiologen« und weniger ein Molekularbiologe. Doch im Baum sitzend stellte ich mir vor, wie die Molekülbewegungen, die in meinem Skript dargestellt waren, in den Blättern, Ästen, Wurzeln und im Stamm abliefen. So wurde ich dann doch neugierig auf die Prozesse, die meinen Baumfreund am Leben erhielten. Meine Freude am Lernen stieg, und ich bestand die Prüfung mit der Note »Sehr gut«.

Klapptisch und -stuhl sind seither fixer Bestandteil meiner Arbeit. Viele Kapitel meiner Bücher habe ich im aufklappbaren Natur-Büro verfasst. Manchmal setze ich mich damit einfach in einen Park mitten in der Stadt. Auch langweilige Arbeiten wie die Erstellung meiner Steuererklärung oder die Verwaltung von Recherchematerial am Computer erledige ich oft im Grünen. Sie gehen mir dort wesentlich leichter von der Hand als in einem geschlossenen Raum. Um möglichst lange ohne Strom auszukommen, habe ich mir einen sehr kleinen Laptop mit besonders langer Akkulaufzeit gekauft. Aufgrund des kleinen Bildschirms und der Beschränkung auf die Nutzung von Schreib- und Verwaltungsprogrammen kann ich auf diesem kostengünstigen Gerät zehn Stunden arbeiten, ohne es aufladen zu müssen. Wer das ausprobieren möchte, sollte aber unbedingt darauf achten, einen entspiegelten Bildschirm zu wählen, der die Umgebung und das helle Tageslicht nicht reflektiert. Innovative Firmenchefs und Manager könnten die Natur oder eine nahegelegene städtische Grünfläche ganz gezielt in ihre Betriebskonzepte einbinden und ihren Mitarbeitern ermöglichen, im Grünen zu arbeiten oder dort Konferenzen abzuhalten. Lehrer und Professoren sollten mit ihren Schülern und Studenten das Klassenzimmer oder den Hörsaal verlassen und den Unterricht nach draußen verlagern, um den Biophilia-Effekt zu nutzen.

Auch Albert Einstein ging jeden Tag auf dem Campus der Princeton Universität in New Jersey, wo er als Professor lehrte und forschte, im Wald spazieren, um seine geistigen Kräfte zu regenerieren und Inspiration für neue Lösungsansätze zu finden. Einstein war bekannt für seine große Naturfaszination.

Die britische Schriftstellerin und Booker-Preisträgerin Hilary Mantel berichtete in einem ihrer Artikel, dass sie in der Natur arbeite, wann immer es ihr möglich sei. »Es ist wichtig, jeden Gedanken sofort niederzuschreiben«, betonte sie. [99] Denn nach der Rückkehr aus der Natur lassen sich die Einfälle meistens nicht mehr so leicht fassen. Sie sind spontane Biophilia-Effekte, die auf Naturfaszination zurückgehen. Der US-amerikanische Maler Richard Harrington schrieb in einem Blogeintrag im Jahr 2008, dass er die Natur nicht nur als Inspiration für seine Arbeit brauche, sondern auch an Stress und Depressionen leide sowie generell unglücklich sei, wenn er nicht regelmäßig in die Natur gehen könne.[100]

Wie George in einem Stadtwald in London seelische Heilung fand

»Es ist ehrfurchtgebietend, wie stark die heilende Wirkung der Natur ist.« [101] Diese Aussage stammt von der Fachärztin für Psychiatrie und ganzheitliche Medizin Marnie Burkman, die am Department of Veteran Affairs in Colorado traumatisierte Soldaten behandelt. Sie arbeitet mit der psychotherapeutischen Heilkraft des Naturkontakts sowie mit der bloßen Vorstellung von Natur in der Fantasie. Die Natur wirke, so Burkman, oft schon innerhalb von Sekunden angstlösend auf Traumapatienten und verändere deren gesamtes Nervensystem positiv: »Ich habe noch keine Angstmedikation so schnell wirken sehen!«[102]

Seit ich Bücher über Biophilia schreibe, vertrauten mir zahlreiche Menschen ihre persönlichen Heilungserfahrungen in der Natur an. Viele dieser Menschen waren Stadtbewohner, und die Heilungen fanden in urbanen Wäldern statt. Beispielsweise berichtete ich in meinem Buch *Der Biophilia-Effekt* über die junge Modedesignerin Jasmin aus Wien, die im Rahmen einer Angststörung unter Panikattacken litt.[103] Die Anfälle äußerten sich unter anderem durch ein beängstigendes Gefühl der Unwirklichkeit. Jasmin nahm sich selbst und die Welt dann als nicht real wahr und hatte den Eindruck, den Anschluss an die Welt zu verlieren. Diese Symptome kommen im Rahmen von Panikattacken häufig vor und sind für die Betroffenen sehr belastend. Während eines psychiatrischen Klinikaufenthalts halfen Jasmin nicht etwa Medikamente, sondern tägliche Ausflüge in den Wienerwald dabei, ihre Anfälle in den Griff zu bekommen, weil sie sich dort »geerdet« und »als Teil des Waldes« fühlte, wie sie es ausdrückte. Jasmins Sinne sprachen auf die vielen Reize der Natur an und halfen ihr, den Kontakt zur Umwelt – in diesem Fall zum Wald – wieder wahrzunehmen. Das Waldbaden holte sie ins Hier und Jetzt und durchbrach den Teufelskreis der Angstzustände und der empfundenen Unwirklichkeit.

Während meiner Recherchen für dieses Buch erzählte mir ein junger Mann eine Geschichte über den Biophilia-Effekt in einer der größten Metropolen Europas. Für George ist es in Ordnung, dass ich sein Erlebnis wiedergebe. Allerdings habe ich hierzu seinen Namen geändert. Die Begebenheit gibt der Psychiaterin Marnie Burkman Recht: Die Heilkraft der Natur ist ehrfurchtgebietend – auch dann, wenn es sich um Natur in der Großstadt handelt.

In einer Nacht im Spätsommer 2010 wurde George auf dem Heimweg von einem Pub in der Nähe eines aufgelassenen Fabrikgeländes in London von drei Männern angegriffen. In einer spektakulären Aktion befreite er sich aus der Gewalt der Fremden und konnte fliehen. Dann folgte der psychische Zusammenbruch.

George schaffte es nicht mehr bis nach Hause. Er war verstört und stand unter Schock. »Ich fuhr mit meinem Auto ohne Plan schnurgerade in die Richtung der Stadtmitte«, erinnerte sich George. »Es war etwa zwei Uhr morgens, und die Straßen waren fast leer. In meinem Kopf ratterte ununterbrochen die Szene des Überfalls ab. Schreckliche Vorstellungen von dem, was alles noch hätte passieren können, stiegen in meiner Fantasie auf. Nach einiger Zeit des ziellosen Umherfahrens lenkte ich meinen Wagen vor irgendein Bed & Breakfast, an dem ich gerade zufällig vorbeikam. Ich stieg aus und belegte ein Zimmer. Völlig erschöpft schlief ich ein und hatte beängstigende Träume.«

George fiel nach diesem Ereignis in ein tiefes psychisches Loch. Die Erinnerungen an diese Nacht verfolgten ihn. Er konnte sich nicht mehr konzentrieren und schaffte es nicht, an seiner Diplomarbeit für die Uni zu schreiben. Er litt unter Angstzuständen, konnte sich nicht entspannen und nicht schlafen. Er fühlte sich emotional taub, und sein Weltbild war erschüttert. George zeigte die Symptome einer posttraumatischen Belastung. Das rege Londoner Stadtleben zog an ihm vorbei, ohne dass er Anteil daran nehmen konnte. Er fühlte sich abgekapselt. »Meine Motivation, am Sozialleben teilzunehmen oder die kulturellen Angebote der Stadt zu nutzen, sank auf null«, erinnerte er sich. »Überall auf der Straße sah ich potenzielle Gewalttäter. Plante der Mann dort drüben an der Ecke vielleicht gerade einen Überfall auf einen ahnungslosen Menschen? Hatte der Typ mit den harten Gesichtszügen, der neben mir in der U-Bahn stand, ein Messer in der Tasche? Mein Vertrauen in die Menschheit war völlig zerstört. Mein Blut muss voll mit Stresshormonen gewesen sein. Und da ich das Gefühl hatte, nie wieder aus diesem angespannten Zustand herauszukommen und in eine Depression zu schlittern, entschied ich mich, rasch zu handeln. Ich wollte nicht, dass sich der Zustand verfestigte. Ich brauchte Ruhe und Abstand von der Gesellschaft. Ich musste raus aus der Stadt – einfach raus!«

Am vierten Tag nach dem Überfall fuhr George frühmorgens mit der Central Line des Londoner U-Bahn-Netzwerks zur Endstation Epping am nordöstlichen Stadtrand. »Ich konnte es kaum erwarten, den Wald zu betreten!«, erinnert er sich. »Ich nutzte die U-Bahn, ein Symbol der Großstadt, um der Stadt zu entrinnen. Es war eine Art Kompromiss.« Der Epping Forest ist ein Stadtwald, der sich von den Londoner Bezirken Wanstead und Woodford etwa 20 Kilometer bis in die Gemeinde Epping knapp außerhalb der Stadt erstreckt und ein Areal von 25 Quadratkilometern einnimmt. Mit der U-Bahn und dem Bus ist er an mehreren Stellen vom Stadtzentrum aus ohne Umsteigen erreichbar, und viele der Wege können von Gehbehinderten und Eltern mit Kinderwagen barrierefrei genutzt werden. George war nicht zum ersten Mal dort. Der Wald war ihm bekannt, und er schätzte ihn für seine märchenhafte Schönheit: »Die Eichen und Buchen im Epping Forest erinnerten mich immer an alte englische Mythen und Rittersagen. An nebeligen Herbsttagen suchte ich dort gemeinsam mit meiner Freundin oft nach Kastanien. Der Wald ist mir vertraut.«

George sagte, dass er den Stadtwald nicht bei Dunkelheit betreten hätte, denn in London leben – wie in jeder Großstadt – nicht nur friedliebende Menschen. Das hatte er ja erst kurz zuvor zu spüren bekommen. Auch in der Stadt fühlte er sich vor allem bei Dunkelheit nicht mehr sicher. »Aber bei Tageslicht fühlte ich mich im Epping Forest sehr wohl. Ich betrat den Wald im Norden und bewegte mich nach Süden auf die Stadtmitte zu. Mein Plan war, das Waldgebiet zu durchwandern und bei der Station Buckhurst Hill wieder in die U-Bahn einzusteigen. Ich wollte den ganzen Tag in der Natur verbringen.«

Kurz nach dem Eintreten in den Wald wurde es rund um George ruhiger. Die Geräusche des Stadtverkehrs verschwanden, und an ihre Stelle trat der Gesang der Vögel. Es roch nach feuchter Erde und Pilzen. Die Sonne warf breite Strahlen durch die Baumkronen, und aus dem Unterholz am Wegrand leuchteten rote Himbeeren und glänzten schwarze Brombeeren. »Ich ging ein Stück abseits des Weges und fand mich mitten in einem Waldstück mit hohen Buchen wieder. Ich nahm auf einem umgefallenen Baumstamm Platz und blieb dort einfach sitzen.« George nahm wahr, wie sich seine psychische Anspannung allmählich legte. Von Augenblick zu Augenblick richtete sich seine Aufmerksamkeit immer mehr auf die vielfältige Natur rundherum, und George wurde dadurch von seinen unangenehmen Erinnerungen und Ängsten abgelenkt. »Es war eine schleichende Ablenkung. Ganz unbewusst fokussierte ich immer mehr auf die Landschaft, die Pflanzen und die Tiere im Wald. Nach einiger Zeit stellte ich fest, dass meine Hände nicht mehr zitterten. Ich kam in einen Entspannungszustand, der sehr angenehm war.«

An diesem Tag im Wald konnte George zum ersten Mal seit dem nächtlichen Vorfall wieder an andere Dinge denken und spürte, wie die Motivation für seine Diplomarbeit neu in ihm aufkeimte. Er verbrachte Zeit an einer zweistämmigen Eiche, die einige Jahrhunderte alt war. »Es klingt vielleicht seltsam, aber ich erzählte ihr einfach mein Leid. Ich sprach mir bei der Eiche alles von der Seele.« Später verweilte George an einem kleinen See und beobachtete wildlebende Enten. Im Londoner Epping Forest befinden sich mehr als 100 Seen und Teiche, die für Tiere ein wertvolles Refugium darstellen. »Als ich dann auf einer Lichtung plötzlich einer Herde englischer Langhörner gegenüberstand, war ich völlig gefesselt von dem Anblick dieser gigantischen Tiere«, erinnert sich George mit leuchtenden Augen. Die Langhörner sind eine alte englische Rinderrasse mit imposanten und – wie der Name schon verrät – sehr langen Hörnern, die stark gebogen sind. Diese Tiere wurden in der jüngeren Vergangenheit aus Gründen des Artenschutzes und der Landschaftspflege auf den Wiesen im Epping Forest angesiedelt.

George kam eine Woche lang jeden Tag in den Wald. Mit jedem Mal nahmen seine Ängste ab, und seine Nerven beruhigten sich. Von Waldbad zu Waldbad festigte sich sein psychischer Zustand, und die Erinnerungen an das traumatische Erlebnis gingen allmählich zurück. Sie wurden durch andere, positive Gedanken abgelöst. Im Wald fühlte er sich frei und sorglos. George ist sich sicher: »Hätte ich mich damals nicht in die Natur geflüchtet, hätte ich bestimmt nicht so schnell mein psychisches Gleichgewicht und meine Lebensfreude wiedergefunden.« George kehrte danach im Abstand von einigen Tagen noch mehrmals in den Epping Forest zurück. Seine Beziehung zu dem Stadtwald ist seither noch intensiver geworden. Er erfuhr Heilung aus dem Wald – in einem der größten Ballungszentren Europas.

Die Neurobiologie des urbanen Waldbadens

Wie wirkt die Wildnis auf unsere Psyche? Welche Kräfte des Waldes halfen George, seine posttraumatischen Belastungssymptome zu überwinden und seine Nerven zu beruhigen? Der Architekt und Medizinwissenschaftler Roger Ulrich, der als Professor an der Chalmers-Universität in Schweden lehrt und forscht, untersuchte über Jahrzehnte, welche Landschaftselemente die Selbstheilungskräfte von Menschen unterstützen – psychisch wie körperlich. In den siebziger und achtziger Jahren bewies er in einem seiner klinischen Experimente, dass alleine schon der Blick auf einen Baum heilt. Dabei ging es um Patienten, die sich einer Gallenblasenoperation unterziehen mussten. Alle Patienten wurden in identisch ausgestatteten Zimmern untergebracht. Es gab nur einen Unterschied zwischen den Gruppen, und der betraf den Ausblick aus dem Fenster. Diejenigen, die nach dem chirurgischen Eingriff aus dem Krankenhausfenster auf eine Grünfläche mit einem Baum sehen konnten, wurden schneller wieder gesund als die anderen Patienten, die nur auf eine Hauswand blickten. Die Wundheilung bei der »Baumgruppe« war beschleunigt, der Bedarf an Schmerzmedikamenten signifikant reduziert. Bei den Patienten mit Baumblick traten nach der Entlassung sogar weniger Nachblutungen auf. Die bahnbrechenden Ergebnisse wurden 1984 in der naturwissenschaftlichen Fachzeitschrift *Science* veröffentlicht.[104] Doch wie lassen sich diese erstaunlichen Heilkräfte eines Baumes erklären? Die Antwort auf diese Frage liefert die moderne Neurobiologie.

Der Anblick der Natur aktiviert einen wichtigen Teil unseres Nervensystems, der für psychische Ruhe und körperliche Regeneration zuständig ist. Es handelt sich um den Parasympathikus. Man sollte ihn sich nicht wie einen einzelnen Nerv vorstellen, sondern als ein komplexes Netzwerk von Nervenbahnen, das an unserem Gehirn ansetzt, durch die Wirbelsäule verläuft und sich von dort in unseren Körper fortsetzt. Der Parasympathikus ist mit sehr vielen Organen verbunden. Der größte Nerv des Parasympathikus ist der *Nervus vagus*. Er ist an der Regulation der meisten inneren Organe beteiligt. Von seiner großen Verbreitung in unserem Körper rührt auch sein Name her: Das lateinische Wort »vagari« bedeutet »vagabundieren« oder »umherstreifen«. Das parasympathische Nervensystem spielt eine wesentliche Rolle bei der Entstehung des »Bauchgefühls« sowie der Funktion des »Darm-Hirns«, das ich bereits im Zusammenhang mit dem Biophilia-Bakterium vorgestellt habe.

Im modernen Leben und insbesondere im hektischen Alltag der Großstadt ist ein anderer wichtiger Teil unseres Nervensystems meist zu stark und vor allem zu lang aktiviert. Es ist der Sympathikus. Ich nenne ihn »Nerv der Erregung«. Diese Bezeichnung ist zugegebenermaßen nicht wissenschaftlich, aber sie trifft zu. Von Natur aus benötigen wir den Nerv der Erregung in Gefahrensituationen. Wenn wir unter Stress stehen oder bedroht werden, macht er uns besonders leistungsfähig. Er lenkt unsere psychischen und körperlichen Energien auf das nackte Überleben, auf Flucht oder Kampf. Das ist der Zustand, in dem George nach seinem traumatischen Erlebnis in London gefangen war und der sich als innere Unruhe, Schlaflosigkeit, Angst und Zittern bemerkbar machte. Es ist ein permanenter Alarmzustand. Chronischer Stress, posttraumatische Belastungsstörungen sowie Angst- und Panikzustände gehen stets mit einer Überaktivität des Nervs der Erregung einher. Dabei wird Energie von anderen psychischen und körperlichen Funktionen abgezogen, die wir in einer Gefahrensituation nicht benötigen würden, weil sie nicht dem nackten Überleben dienen. Aus diesem Grund führt die chronische Stressbelastung beispielsweise auch zu Verdauungsstörungen, sexuellen Störungen, Konzentrationsschwäche, mangelnder Kreativität und Depression. Die Depression ist die Folge eines psychischen Energiesparmodus und äußert sich in Lethargie, Antriebslosigkeit und mangelnder Lebensfreude. Der Blutdruck und der Blutzuckerspiegel hingegen sind erhöht. Der Pegel an Stresshormonen steigt.

An diesem Punkt setzt die neuropsychologische Wirkung der Natur an. Es ist nachgewiesen, dass Waldbaden und generell der Aufenthalt in der Natur die Aktivität des Nervs der Erregung bremst und stattdessen den Parasympathikus aktiviert, der unter Neurobiologen umgangssprachlich als »Nerv der Ruhe« bekannt ist.[105] Wegen seiner regenerierenden Wirkung, die bis zu den Zellen reicht, sollten wir aber besser vom »Nerv der Ruhe *und Regeneration*« sprechen. Diese beruhigende und regenerierende Wirkung tritt ein, wenn wir Natur wahrnehmen, also zum Beispiel einen Baum sehen, Vogelgesang hören, ja sogar schon beim Betrachten von Naturaufnahmen oder bei der bloßen Vorstellung einer Naturlandschaft. Der Nerv der Ruhe und Regeneration unterbricht die chronische Stressbelastung und schaltet uns in einen Modus, in dem wir wieder entspannt und ruhig sind. Die Regeneration der Zellen und Organe sowie körperliche Reparaturprozesse stehen dann im Mittelpunkt. Die Verdauung kommt in Gang, und der Blutzuckerspiegel sowie der Gehalt der Stresshormone in unserem Blut sinken. Unsere geistigen Energien stehen uns wieder zur Verfügung, und kreatives Denken sowie optimistische Problemlösungsansätze werden gefördert. Die psychische Heilung und die Ausbalancierung des Nervensystems, die George im Epping Forest in London erlebte, lässt sich durch die Wirkungen des Nervs der Ruhe und Regeneration erklären, der im Wald aktiviert wurde.

Neurobiologische Feldstudien zeigten, dass nicht nur der Wald diesen regenerierenden Teil unseres Nervensystems aktiviert. Am stärksten balancieren lichte Baumbestände und Grünflächen mit verstreut wachsenden Büschen, Bäumen und Baumgruppen unser Nervensystem aus. Diese Landschaftsform, die als Typ der Savanne bekannt ist, aktiviert den Nerv der Ruhe und Regeneration besonders effizient.[106] Savannenartige Landschaften haben sich daher als wirksame Unterstützung in der Therapie von Burnout, Angststörungen und innerer Unruhe erwiesen. Sie finden sich nicht nur in Afrika, sondern überall auf der Erde und auch in Städten. Der mitten in New York City gelegene Central Park besteht aus Wäldern, Seen und savannenartigen Landschaftsformen. Er stellt ein 3,5 Quadratkilometer großes Ökosystem mitten in einer Metropole mit 8,5 Millionen Einwohnern dar. So wie der Central Park sind viele Stadtparks rund um den Globus nach dem Vorbild der Savanne angelegt. Auch Kulturlandschaften mit Grünland, Hecken und Gehölzen entsprechen oft der Savanne. Diese Landschaftsform diente schon unseren Vorfahren über lange Zeit als Lebensraum. Der Übergang vom *Homo erectus* zum *Homo sapiens* erfolgte nach neuesten Erkenntnissen bereits vor 400 000 Jahren in der ostafrikanischen Savanne. Diese Landschaft spielte also in der Evolution des Menschen eine wichtige Rolle. Evolutionsbiologen gehen davon aus, dass die starke beruhigende Wirkung der Savanne darauf zurückzuführen ist, dass wir dort zwischen den Bäumen hindurchsehen und die Landschaft überblicken können. Wir fühlen uns sicher, weil wir keine versteckten Gefahren zu befürchten haben. Unter diesen entspannenden Grundbedingungen wirken dann die Reize der Natur ungehindert auf unsere Sinne ein und aktivieren den Nerv der Ruhe und Regeneration besonders effizient.

Ich bin generell mit evolutionsbiologischen Erklärungen für

Vorgänge in der menschlichen Psyche sehr vorsichtig. Im Fall der beruhigenden Wirkung von Naturreizen und insbesondere von Savannenlandschaften liegt der Zusammenhang zwischen den Lebensräumen unserer Vorfahren und unseren evolutionär entstandenen inneren Warnsystemen aber auf der Hand. Für Stadtbewohner stellen savannenartige Parks und urbane Wälder einen wichtigen Gegenpol zu der stressigen und oft lauten Umgebung der Großstadt dar. Auch ohne spezifische neurobiologische Studien können wir getrost davon ausgehen, dass auch das Meer, ein See und ein malerisches Gebirge eine beruhigende, stresslösende und regenerierende Wirkung auf uns haben.

An der britischen Universität von Essex schickten Umweltpsychologen ihre Versuchsteilnehmer, die über Depressionen klagten, auf Spaziergänge in den Wald sowie in ein städtisches Einkaufszentrum. Davor und danach verglichen sie die Gruppen miteinander. Die Waldspaziergänge führten bei 92 Prozent der Patienten zu einem deutlichen Rückgang der depressiven Symptome. Auch Wut, Erschöpfung und Verwirrungszustände gingen im Wald zurück. Hingegen hatte das Einkaufszentrum keine Wirkung und zog bei 22 Prozent der Patienten sogar eine Verschlechterung des psychischen Befindens nach sich.[107] Der Biologieprofessor Jules Pretty und die Sportwissenschaftlerin Jo Barton fanden – ebenfalls an der Universität von Essex – heraus, dass sich Bäume am stärksten auf unsere psychische Gesundheit auswirken, wenn ein Gewässer in der Nähe ist. Die Wissenschaftler konnten zeigen, dass Menschen mit Depressionen durch diese Kombination aus Bäumen und Wasser eine Besserung ihres Zustandes erfahren.[108]

Das deutsche Max-Planck-Institut veröffentlichte 2017 eine Studie, die belegt, dass Stadtbewohner, die in der Nähe von Wäldern wohnen, unter dem Magnetresonanztomographen gesündere Gehirnstrukturen zeigen als Menschen, die in grauen

Vierteln zwischen Beton leben. Unter anderem war bei den städtischen Waldrandbewohnern die Amygdala, die auch »Mandelkernkomplex« genannt wird, funktionell und anatomisch besser entwickelt.[109] Die Amygdala befindet sich etwa in der Höhe der Augen zwischen unseren Schläfen und erstreckt sich von der Hirnrinde ins Kerngebiet des Gehirns. In enger Verbindung mit dem Stammhirn steuert sie grundlegende Körperfunktionen wie die Atmung und den Kreislauf mit. Auch bei der Wahrnehmung von Gerüchen spielt sie in Kooperation mit der Hirnrinde eine Rolle. Besonders hervorzuheben ist die Bedeutung der Amygdala für unsere emotionale Verfassung und die Entstehung von Gefühlen. Störungen des Mandelkernkomplexes können zu Ängsten und Nervosität führen und bewirken den Verlust der Fähigkeit, soziale Zeichen richtig zu deuten. Die Amygdala ist also unter anderem ein basales »Sozialorgan«. Die Ergebnisse der genannten Studie, die eine positive Wirkung eines grünen Wohnortes auf die Amygdala offenlegte, sind ein weiterer Hinweis darauf, dass sich mehr urbane Natur positiv auf die neurobiologische Gesundheit der Stadtbewohner auswirken würde.

Gesund, clever, geschickt: die neuen Waldkinder der Stadt

»Die Natur entwickelt unsere Fähigkeiten und Kräfte.«[110]

Jean-Jacques Rousseau, französischer Pädagoge und Naturforscher (1712–1778)

Im angloamerikanischen Sprachgebrauch hat sich der Begriff »Naturdefizitstörung« für die negativen Folgen der Entfernung unserer Gesellschaft von den natürlichen Lebensräumen des Menschen durchgesetzt. Diese Störung, die nicht im Sinne einer anerkannten medizinischen oder psychologischen Diagnose zu verstehen ist, geht unter anderem auf das Aufwachsen vieler Stadtkinder ohne Naturkontakt zurück. Mittlerweile betrifft das Problem aber auch die ländlichen Regionen. Kindheit ist jedoch mehrheitlich ein urbanes Thema, denn zwei Drittel aller Kinder in Deutschland leben in Städten.[111] In anderen europäischen Ländern sind die Verhältnisse ähnlich. Laut UNICEF, dem Kinderhilfswerk der Vereinten Nationen, werden bis 2050 weltweit sieben von zehn Menschen in Ballungsräumen leben.[113]

Die Waldmedizin lieferte in den vergangenen Jahren viele Befunde, die die Diagnose der Naturdefizitstörung stützen. Ein Mangel an Naturkontakt, Sonnenlicht und natürlicher Bewegung führt bei Kindern zu psychischen und körperlichen Beeinträchtigungen. Beispielsweise ist nachgewiesen, dass ein Defizit an natürlichem Tageslicht – und auch das ist ein Naturdefizit – Kurzsichtigkeit auslöst. Das liegt daran, dass der Augapfel bis zum zehnten Lebensjahr seine Form verändert und sich allmählich an das richtige Sehen herantastet. Das geschieht durch Längenwachstum. Tageslichtmangel führt dazu, dass der Augapfel zu stark in die Länge wächst.[113] Das Auge benötigt für seine gesunde Entwicklung also unbedingt das Licht der Sonne und die Objekte der natürlichen Welt. Zu viel künstliches Licht und häufige Aufenthalte in Innenräumen stören den Entwicklungsprozess. Vor allem die ersten sechs Lebensjahre sind diesbezüglich kritisch. Kinder, die in Städten aufwachsen, sind deutlich häufiger kurzsichtig als Kinder aus ländlichen Regionen. In Tokio zum Beispiel sind fast 90 Prozent der Menschen kurzsichtig. Die Umgebung, in der wir groß werden, spielt eine wichtige Rolle für die Entwicklung unserer Sehfähigkeit. Deswegen ist es für Stadtkinder wichtig, Zugang zu natürlichen Lebensräumen und Spielflächen zu haben.

Ein anderes Beispiel für die Naturdefizitstörung unserer Kinder ist die rasante Zunahme von Allergien. Ich habe bereits dargelegt, dass allergische Erkrankungen in Städten häufiger auftreten als auf dem Land. Das hat nicht nur mit Umweltschadstoffen zu tun, sondern auch mit dem fehlenden Kontakt zu Bodenorganismen in der Kindheit, die unser Immunsystem trainieren und in Balance halten. Diese Zusammenhänge habe ich anhand des Biophilia-Bakteriums bereits erläutert.

Virtuelle Matrix statt Naturkontakt?

Eine Studie des staatlichen Forschungsinstituts ESRC (Economic and Social Research Council) in Großbritannien kam 2006 zu dem Ergebnis, dass britische Kinder im Vergleich zu 1990 in ihrer geistigen Entwicklung sowie in Bezug auf ihren Wortschatz durchschnittlich um zwei bis drei Jahre zurückgefallen waren. Die Forscher kamen zu dem Schluss, dass dieser alarmierende Rückfall dadurch bedingt ist, dass Kinder immer weniger experimentell spielen und ihre Aktivität im Freien abnimmt, während sie stattdessen immer mehr Zeit mit Computer- und Videospielen, Surfen im Internet sowie vor dem Fernseher verbringen.[114]

Ein aktuelles Symbol für die Naturdefizitstörung ist das Smartphone. Es verbindet uns 24 Stunden pro Tag mit der kommerziellen Welt des Internets und macht uns von früh bis spät zu Konsumenten. Das Smartphone ist wie eine mobile Infusionsnadel, an die wir uns freiwillig hängen. Über eine unsichtbare Leitung verabreichen uns Konzerne und Marketingabteilungen die Droge, die uns abhängig machen soll, in Form von Bits und Bytes direkt ins Gehirn. Unwillkürlich denkt man an den Film *Matrix* aus dem Jahr 1999, in dem die Menschen Sklaven einer von Computern geschaffenen Scheinwelt sind. Gegenwärtig spielen virtuelle Welten eine immer gewichtigere Rolle im Leben vieler Menschen. Schon die Kinder wachsen in ein digitales Universum hinein. In Deutschland will das Bundesbildungsministerium zusammen mit den Ländern 2018 den »DigitalPakt Schule« starten, der unter anderem »eine möglichst breitbandige Anbindung der Schule an das Internet« zum Ziel hat.[115] In Österreich soll laut einem im Jahr 2007 vorgelegten Plan des Bildungsministeriums die »digitale Grundbildung« sogar an Volksschulen zum Pflichtfach werden. Gleich nach der Volksschule soll jeder Schüler vom Staat einen Tablet-Computer geschenkt bekommen.[116] Grundsätzlich ist natürlich nichts daran auszusetzen, wenn Informationsbeschaffung durch schnellen Zugriff auf das Internet erleichtert wird. Allerdings erkaufen wir diesen Vorteil zu einem hohen Preis, denn Smartphones & Co. dienen in erster Linie dem Konsum, der Verbreitung von Werbung und der Datenspionage. Darüber hinaus können zahlreiche junge Menschen – und auch Erwachsene – mit der Möglichkeit, permanent online zu sein, offenbar nicht gut umgehen. Viel zu viele Stunden des Tages verbringen sie vor Monitoren, sodass viel zu wenig Raum und Zeit bleibt für unmittelbare Erfahrungen, ganz zu schweigen von Natureindrücken. Dabei wäre, wie erwähnt, natürliches Tageslicht alleine schon für die Entwicklung des Auges so wichtig. Die Naturdefizitstörung manifestiert sich so immer deutlicher.

Mir persönlich reicht es vollkommen aus, meinen Internetzugang auf mein Zuhause sowie meinen Büroarbeitsplatz zu beschränken und gelegentlich mit dem Laptop öffentliche Internetzugänge oder die Internetverbindung in Cafés zu nutzen. Ich möchte vorschlagen, dass wir uns lieber in eine andere Richtung orientieren: Wir sollten eine neue Verbindung des Naturwesens *Homo sapiens* mit seinen natürlichen Lebensräumen anstreben, anstatt die permanente Verbindung mit Datenleitungen und digitalen Konsumdrogen noch weiter zu intensivieren. Es ist keinesfalls »rückschrittlich«, auch die negativen Auswirkungen der Digitalisierung zu betrachten. Fortschritt kann auch bedeuten, dass wir unseren Umgang mit der digitalen Welt überdenken und so anpassen, dass er mit der menschlichen Gesundheit vereinbar ist. Ein früher und regelmäßiger Kontakt zur Natur kann dieses Vorhaben fördern, wie ich in den kommenden Abschnitten erklären werde. Smartphones und

Co. sind die vorläufigen Endpunkte einer Entwicklung, die viel früher begonnen hat. Der einflussreiche deutsche Arzt und Psychoanalytiker Alexander Mitscherlich, der von 1908 bis 1982 lebte, brachte die Naturdefizitstörung bereits in den 1960er-Jahren, Jahrzehnte bevor es überhaupt Mobiltelefone oder das Internet gab, mit folgenden Worten auf den Punkt: »Warum werden unsere städtischen Kinder nicht wie Kinder von Menschen behandelt, sondern wie Puppen und Miniaturerwachsene, von infantilisierten Erwachsenen umgeben, deren [eigene] städtische Vorerfahrungen sie dermaßen beschädigt haben, dass sie schon gar nicht mehr wissen, was der Mensch bis zum vierzehnten Lebensjahr für eine Umwelt braucht?« In Mitscherlichs Aussage wird deutlich, dass die Naturdefizitstörung nicht erst bei den Kindern beginnt, sondern bereits bei uns Eltern. Und diese Aussage liegt mehr als 50 Jahre zurück! Welche Umwelt Kinder benötigen, beschrieb Mitscherlich so: »Kinder brauchen Tiere, Elementares, Wasser, Dreck, Gebüsche, Spielraum.«[117]

Mitscherlich machte unsere, wie er sie nannte, »unwirtlichen Städte« für die Naturdefizitstörung mitverantwortlich. Doch heute keimt ausgerechnet in den Metropolen eine neue Chance für eine biophile Zukunft unserer Kinder. Es handelt sich um pädagogische Projekte in Stadtwäldern, die von Freizeitangeboten, Waldführungen und Kinderforschungszentren bis hin zu Waldkindergärten und Waldschulen mitten in der Stadt reichen. Die Natur fördert die psychische und motorische Entwicklung unserer Kinder. Auch das chronische Aufmerksamkeitsdefizitsyndrom ADHS sowie Autismus lassen sich bei Kindern durch Naturkontakt günstig beeinflussen. Die Biophilia-Revolution der Gesellschaft nimmt ihre Anfänge genau dort, wo das größte Naturdefizit herrscht: in unseren Ballungszentren. Diese Kombination aus städtischem Umfeld und Besinnung auf die Natur hat ein großes Potenzial. Denn trotz der vielen gesundheitsschädigenden Einflüsse des Stadtlebens, die in diesem Buch bereits ausführlich thematisiert wurden, bringt die Stadtkultur auch positive Aspekte mit sich. Städte sind Brennpunkte des kulturellen Lebens. Sie wirken anregend auf den Geist, sind Orte der Bildung und Begegnung. Sie bieten uns moderne Infrastruktur, Freizeitangebote und ein im Regelfall gut ausgebautes öffentliches Verkehrsnetz. Mit diesem Buch möchte ich unter anderem dazu anregen, die positiven Aspekte der Stadt mit den positiven Wirkungen der Natur zu verbinden und lebenswerte biophile Metropolen zu schaffen. Es geht mir nicht darum, Stadt und Natur gegeneinander auszuspielen. Städte müssen nicht zwangsläufig Orte der Entfremdung von der natürlichen Welt sein.

Kindheitserinnerungen: Aufwachsen als urbaner Biophiliac

Ich wurde 1980 geboren und wuchs am Rand eines Waldes mit Eichen, Buchen und Kiefern auf. Dort verbrachte ich meine gesamte Kindheit und Jugendzeit. Mein naturnahes Zuhause lag nicht etwa auf dem Land, sondern im Stadtgebiet von Graz. Dennoch war der Wald ökologisch intakt. Die unterschiedlichen Baum- und Strauchschichten waren ausgeprägt wie aus einem Biologielehrbuch, und das Totholz blieb am Boden liegen, um über viele Jahre hinweg zu vermodern und zu Humus zu werden. Der Wald bot Füchsen, Rehen, Hasen, Spechten und Waldkäuzen einen Lebensraum. Durch mein Fenster im vierten Stock konnte ich direkt in die Baumkronen blicken, die nur wenige Meter entfernt waren. Fast jeden Tag beobachtete ich Eichhörnchen beim Klettern. Sogar Eulen lebten in dem Stadtwald vor meinem Fenster. In der Nacht hörte ich oft ihre geheimnisvollen Rufe, und ich genoss es, mich in meine flauschige Bettdecke zu wickeln und mich von ihnen in den Schlaf leiten zu lassen. Erst während der Arbeit an diesem Buch wurde mir bewusst, wie sehr mich mein Aufwachsen an der Schnittstelle zwischen Stadt und Natur geprägt hat. Es hat mich zum urbanen Biophiliac gemacht. Stadtleben und Naturerfahrung sind keine Widersprüche.

Ich wohnte mit meinen Eltern in einer herkömmlichen Wohnhausanlage in einem Randbezirk von Graz. Der zentrale Jakominiplatz war mit Bus und Straßenbahn in 20 Minuten bequem erreichbar. Dabei handelt es sich um den wichtigsten Knotenpunkt des öffentlichen Stadtverkehrs, an dem alle Straßenbahnlinien zusammenkommen. Eine Besonderheit von Graz ist der Schlossberg im Zentrum, der am Ufer der Mur liegt und bewaldet ist. Seine Westflanke befindet sich in der Fußgängerzone und ist mit historischen Gebäuden bebaut sowie stark von Besuchern frequentiert. Doch an der Ostseite führen einige abgelegene Waldwege auf den innerstädtischen Berg, die man für Wanderungen nutzen kann. Von der Stadt ist dann nicht mehr viel zu bemerken, und man kann mit allen Sinnen zum Waldbaden im Herzen von Graz aufbrechen.

Für mich und die anderen Kinder in der Siedlung war aber nicht der Schlossberg in der Innenstadt, sondern der Wald vor unserer Haustür die wichtigste Spiel- und Abenteuerfläche. Er prägte uns nachhaltig. Immerhin war der Wald das Erste, was wir jeden Tag unmittelbar nach dem Verlassen des Hauses sahen. Die Natur vor dem Haus band uns viel intensiver in die natürlichen Rhythmen ein, als dies in einem Bezirk ohne Grün der Fall gewesen wäre. Alle Bewohner des Hauses hatten ihre Schlafzimmer intuitiv in den Zimmern eingerichtet, deren Fenster zum Wald hinaus gingen. In der Nacht wurde es auf der Waldseite dunkel und ruhig. In wolkenlosen Nächten konnte man den Sternenhimmel über den Baumkronen sehen. Ganz anders verhielt es sich auf der Stadtseite, von wo aus man über die Dächer und Hochhäuser blicken konnte. Dort wurde es nie richtig finster, und die Stadtlichter erhellten den Himmel bis zum Morgengrauen.

Wir Kinder erlebten den Wechsel der Jahreszeiten und die Verwandlungen der Bäume. Wir sahen, dass es nicht nur vier Jahreszeiten gibt, sondern dass die Natur sich in einem ständigen Wandel befindet, in den auch wir Menschen mit einbezogen sind. In der Biologie sind in den mittleren Breiten der Erde zehn natürliche Jahresphasen bekannt, die an den zyklisch wiederkehrenden Erscheinungen der Natur festgemacht werden. Von meinem Fenster aus konnte ich diese Phänomene 20 Jahre lang jeden Tag beobachten. Es war wie ein Schaufenster in die Natur, wo von Januar bis Dezember ein authentischer Biologieunterricht ablief. Der Lehrer war niemand anders als der Wald selbst, und der Anschauungsunterricht sickerte mühelos und völlig unbewusst in mich ein. Meine Naturfaszination ließ mich manchmal stundenlang am Fenster sitzen. Ich erinnere mich daran, wie ich einmal als 17-Jähriger im tiefen Winter wie gebannt hinausblickte und den dicken, flauschigen Schneeflocken dabei zusah, wie sie lautlos auf den verschneiten Erdboden herabglitten. An diesem Tag lag eine unbeschreibliche Stille über dem Wald. Während ich dem sanften, aber ergiebigen Schneefall zusah, hörte ich sakrale Orchestermusik des zeitgenössischen Komponisten Arvo Pärt, die den entspannten, fast schon meditativen Zustand, den der Wald in mir auslöste, noch mehr vertiefte. Das war die empfindsame Phase meiner Lebensgeschichte. Der Wald half mir durch seine inspirierenden Kräfte oft dabei, sie auszuleben. Ich hatte aber noch einen zweiten Lehrer, und das war mein Großvater, ein begeisterter Förster und Botaniker mit einer stark ausgeprägten biophilen Ader. Er nahm mich oft mit auf seine Streifzüge durch die Wälder in seinem Revier. Die ersten Dinge, die ich als kleines Kind über Bäume lernte, bekam ich von ihm vermittelt.

Wir erlebten als Kinder ganz natürlich, zu welcher Zeit des Jahres die Beeren reif werden und welche Früchte des Waldes man essen kann. Wir beobachteten spielerisch, wann die verschiedenen Tiere ihre Jungen bekommen und wie man sie an ihren Spuren oder Rufen erkennt, in welchen Monaten die meisten Pilze zu finden sind und welche davon man essen kann. Im Herbst sammelten wir Kastanien und essbare Bucheckern aus dem Wald. Wir wussten, welche Baumrinden und Blattformen zu den verschiedenen Baumarten gehörten. Der Wald lehrte uns viel über die Natur und ihre Bewohner. Wir bauten Baumhäuser, Verschläge und Verstecke. Wir errichteten Brücken, die über Bäche führten, oder stauten das fließende Wasser mit selbst gebauten Naturdämmen zu kleinen Teichen auf, in denen wir gelegentlich ein Bad nahmen. Dabei schulten wir unsere Fähigkeiten zur Teamarbeit, Planung und Problemlösung sowie unser handwerkliches Geschick. Unser Fußballplatz lag am Waldrand und der Eislaufplatz sogar mitten im Wald. Die Erwachsenen zeigten uns, wie man eine perfekte Eisfläche entstehen lässt oder Unebenheiten von Grasflächen beseitigt, wenn sie das Fußballspiel behindern. Einmal erweiterte ein handwerklich besonders geschickter Vater unter Mithilfe aller Kinder die Fläche des Eislaufplatzes. Er zeigte uns, wie man einen Hang begradigt und fachmännisch absichert. Die Motivation und Freude, an dieser Umgestaltung der Natur mitzuarbeiten, war bei uns allen enorm groß, denn schließlich war es ja unsere Eislauffläche, und die Älteren unter uns brauchten mehr Platz, um Eishockey zu spielen. Im Sommer konnte diese Fläche zum Handballspielen genutzt werden. Die Lage des Platzes in einer Senke im Wald, umrankt von wilder Vegetation, war geradezu dschungelartig. Daneben plätscherte das Wasser in einem Bach, und ich ging oft auch alleine dorthin, um Ruhe und Erholung zu finden.

Während des ersten Teils meines Biologiestudiums in Graz suchte ich mir im Wald oft Anschauungsmaterial und ließ mich von den Pflanzen und Tieren zum Lernen animieren, denn ich wollte mehr über sie erfahren. Mein Masterstudium absolvierte ich später in Wien. Beim Umzug in die österreichische Hauptstadt legte ich Wert darauf, wieder in der Nähe eines Waldes zu wohnen. Ich fühle mich bis zum heutigen Tag stark mit meinem »Kindheitswald« in Graz verbunden und besuche ihn regelmäßig, wenn ich auch schon lange nicht mehr dort wohne.

Der 1936 in Wien geborene Zoologe und Universitätsdozent Peter Weish verbrachte sein gesamtes Leben in der Stadt. Er erzählte mir von ähnlich prägenden Kindheitserinnerungen in der urbanen Natur. Weish ist ein in Österreich bekannter Pionier der Umweltschutzbewegung sowie Atomkraftgegner der ersten Stunde. Während meines Biologiestudiums zählte er zu meinen wichtigsten Lehrern, da er stets die großen Zusammenhänge der Natur in den Fokus rückt und sich – auch gegen Widerstände aus Politik und Wirtschaft – für einen verantwortungsvollen Umgang mit unserem Planeten und den Tieren einsetzt. Er ist außerdem ein Vertreter der angepassten Technik. Moderne Technologien sollen nach diesem Konzept dem Menschen dienen und nicht umgekehrt.

»Ich hatte schon immer eine Leidenschaft für die Natur. Alles Lebendige zog mich wie magisch an.« So beschrieb Weish in unserem Gespräch für meine Internetserie mit dem Titel *Arvay diskutiert – der Talk im Wald* seine biophile Seite.[118] »Ich hatte das Glück, im 18. Wiener Bezirk in einem Garten aufzuwachsen. Der Türkenschanzpark – damals in Kriegszeiten ganz verwildert – war unser Abenteuerspielplatz. In den verlandenden Teichen gab es unglaublich viele Frösche, Kröten und Unken.

Aber für mich war auch schon sehr früh die alte Donau und das Überschwemmungsgebiet ein wichtiger Bereich.« Und dort zeichneten wir unseren »Talk im Wald« auf, also im »Auenland« von Wien.

Obwohl die Auwälder der Stadt mittlerweile zu großen Teilen zerstört oder durch Baumaßnahmen und Entwässerung ökologisch stark beeinträchtigt sind, überlebten bis heute einige städtische Ökosysteme, die in der Kindheit von Peter Weish noch wesentlich mehr Fläche einnahmen. Für unser Gespräch hatten wir uns im heute streng geschützten Nationalpark Donau-Auen getroffen, der sich 40 Kilometer von Wien bis vor die Tore von Bratislava erstreckt. 22 Quadratkilometer des Nationalparks liegen innerhalb des Wiener Stadtgebiets. Der städtische Teil wird auch als »Lobau« bezeichnet. Die Auwälder sind beispielsweise mit der Buslinie 95A über die Station Großer Biberhaufen erreichbar. Der Name dieser Haltestelle verrät bereits, welchen Stadtbewohner aus dem Tierreich man im Südosten von Wien trifft. Nicht weit von der Station entfernt befindet sich die Dechantlacke. Das ist ein Naturbadesee, der aus einem Altarm der Donau entstanden ist. Die Biber teilen das Gewässer mit den menschlichen Badegästen aus der Stadt.

Peter Weish erzählte mit leuchtenden Augen weiter von seiner Kindheit, in der die Auenlandschaft noch bis in den Norden Wiens reichte und nahezu das gesamte östliche Ufer der Donau säumte: »Wenn man über den Hubertusdamm ging, war man auf einmal bei der Stürzl-Lacke und bei anderen wunderbaren Altgewässern. Das Überschwemmungsgebiet war ja auch deswegen so spannend, weil es zweimal im Jahr überflutet wurde. Es blieben dann artenreiche Tümpel und größere Gewässer übrig. Und dort saß ich als Kind immer wieder und sah an manchen Tagen, wie das Grundwasser von unten einströmte. Das Wasser war kristallklar und voll mit Wasserpflanzen. Ich beobachtete Flussbarsche, Brachsen und Rotfedern. Es war einfach wunderschön. Ich ging dann öfter im Überschwemmungsgebiet in die Richtung der Ostbahnbrücke, und dort war damals die Zivilisation plötzlich zu Ende. Man konnte durchs Schilf stapfen und sehen, was sich dort alles bewegte. Das waren Wasserinsekten, Molche, Frösche, Unken, Kröten. Für mich waren die Donauauen immer eine sehr wichtige Gegend. Es war eine stadtnahe Wildnis.«

Peter Weish wuchs also als urbaner Biophiliac auf. Seine kindlichen Naturerlebnisse in Wien prägten seine spätere Laufbahn als Zoologe und Ökologe. Auch sein unermüdlicher Einsatz gegen Naturzerstörung geht, wie er mir berichtete, auf sein naturnahes Aufwachsen zurück. Bei unserem »Talk im Wald« erzählte er mir von einer Besetzung der Donau-Auen, an der er sich 1984 gemeinsam mit anderen Wissenschaftlern beteiligte. Damals hätte die Hainburger Au in der Nähe von Wien für den Bau eines Wasserkraftwerks zerstört werden sollen, was gravierende Auswirkungen auf den Grundwasserhaushalt gehabt hätte. In der Folge wäre die Ökologie der Gewässer und Auenwälder in einem größeren Umkreis beeinträchtigt worden. »Die Waldschützer hatten ihre Zelte in der winterlichen Au aufgeschlagen«, blickte Weish zurück. »Damals war die menschliche Verbundenheit mit den Bäumen als Lebewesen spürbar, die gefährdet waren. Wir wollten den Auwald und seine Vielfalt an Lebensformen bewahren und die Zerstörung aufhalten. Bei dieser Gelegenheit zeigte sich in einer für mich unglaublich starken Weise ein Gefühl der Solidarität unter den Waldbesetzern. Alle, die diese Wochen in der winterlichen Au mitgemacht hatten, kamen verändert aus dem Wald heraus. Das Gefühl ›Wir treten für die Natur ein und es gelingt uns, sie vor Zerstörung zu schützen‹ war wunderbar und erhebend.« Der Widerstand war erfolgreich. Der Bau des Kraftwerks wurde dank der vereinten

Kräfte aller beteiligten Naturfreunde eingestellt, und die Hainburger Au ist bis heute ein florierendes Ökosystem mit hoher Artenvielfalt geblieben.

Würden mehr Stadtkinder naturnah aufwachsen, wäre das nicht nur für ihre Entwicklung förderlich, sondern es würde sich bei ihnen auch ein Bewusstsein für den Wert unserer Lebensräume entwickeln. Das wäre die Basis für eine Gesellschaft der Zukunft, die wieder Rücksicht auf die Ökologie des Planeten nimmt, der ja die natürliche Grundlage für den Fortbestand unserer Spezies ist. Wenn wir unsere vorhandenen Stadtwälder zu Erlebniszonen für unsere Kinder machen, in denen sich ihre biophilen Kräfte frei entwickeln können, legen wir damit auch den Grundstein für ein wachsendes Naturverständnis. Urbane Ökosysteme werden so zu Keimzellen für die biophilen Städte der Zukunft.

»Rain Man« im Wald

Wie es der Arzt und Psychoanalytiker Alexander Mitscherlich trefflich zum Ausdruck brachte, prägen unsere Vorerfahrungen aus unserer Kindheit auch die Art und Weise, wie wir später unsere eigenen Kinder aufwachsen lassen. Wer als urbaner Biophiliac groß wurde, wird später als Mutter oder Vater eher dafür sorgen, dass die Kinder in Kontakt zur Natur kommen, als jemand, der seine Kindheit vorwiegend auf Asphalt, zwischen Gebäuden oder in Innenräumen verbracht hat. Allerdings ist es natürlich auch denkbar, dass ein Mensch, der als Kind kaum Kontakt zur Natur hatte, später in besonderem Maße das Bedürfnis hat, mit seinen Sprösslingen die Natur aufzusuchen, gerade weil er sie selbst als Kind entbehren musste. Das dürfte aber nicht der Regelfall sein, denn sonst müssten wir ja bereits eine Gesellschaft aus lauter überzeugten und bekennenden Biophiliacs sein. Unsere Welt würde dann vermutlich anders aussehen, als sie es gegenwärtig tut.

So, wie die Entfremdung von der Natur ein schleichender Prozess war, der über Generationen hinweg stattfand, wird sich auch die Biophilia-Revolution in der Stadt über längere Zeit erstrecken. Es ist eine gesellschaftliche Entwicklung, die bei unseren Kindern beginnt. Als ich 2014 Vater wurde, stellte ich fest, dass die Art und Weise, wie ich meinen Sohn Jonas begleitete, von Anfang an stark von meiner eigenen biophilen Kindheit geprägt war – und nach wie vor ist. Wenige Wochen nach seiner Geburt begann ich, mit ihm täglich durch den Wald zu spazieren. Jonas lag dabei in einem geländegängigen Kinderwagen mit großen Lufträdern und Fahrradbremsen. Damals fiel mir auf, dass die Baumkronen meinen Sohn in ihren Bann zogen. Ich hob ihn oft aus seinem Wagen, und er blickte nach oben. Es war Sommer, und das Blätterkleid der Bäume bewegte sich im Wind. Diese Bewegungen hatten auf Jonas eine ähnliche Wirkung wie ein Mobile, das über das Bett eines Säuglings gehängt wird und sich dreht. Die einzelnen Elemente des Mobiles – oft sind es kleine Tiere aus Holz oder bunte Würfel – bewegen sich ebenfalls. Sie wippen auf und ab und schwingen hin und her wie Blätter im Wind. Die Baumkronen im Wald waren riesengroße, überdimensionale Mobiles. Sie fesselten die Aufmerksamkeit des Kleinen.

Später stellte sich heraus, dass die Entwicklung meines Sohnes von der Entwicklung der meisten anderen Kinder abwich. Er verhielt sich sehr verschlossen und kapselte sich häufig ab. Es war oft kaum möglich, zu ihm »durchzudringen« oder ihn für ein bestimmtes Spielzeug oder eine Tätigkeit zu begeistern. Er benutzte seine Spielzeugautos nicht dazu, sie über den Boden fahren zu lassen, sondern drehte sie um und untersuchte mit den Händen, wie die Mechanik der Räder genau funktionierte. Er fand winzige Buchstaben oder Seriennummern, die in sein Spielzeug eingraviert waren, und richtete seine gesamte Aufmerksamkeit auf diese Details, die sonst niemandem auffielen. Heute – Jonas ist jetzt vier Jahre alt – ist es noch immer sehr schwierig, einen längeren Augenkontakt mit ihm aufzunehmen. Im Spielzeugladen interessiert er sich überhaupt nicht für die bunten Spielsachen, sondern nur für die Zahlen auf den Preisschildern. Akribisch arbeitet er sich von einer Preisangabe zur nächsten vor und tastet Ziffer für Ziffer ab. An manchen Tagen sucht er sich mit höchster Präzision und Gewissenhaftigkeit alle Fünfen heraus, an anderen wiederum alle Vieren oder Sechsen. Es entgeht ihm kein Schriftzug auf der Straße, aber dafür scheint es oft nicht zu ihm durchzudringen, wenn ihn jemand ruft. Jonas ist Autist.

Eigentlich ist der Begriff »Autismus« nicht mehr zeitgemäß. Die Weltgesundheitsorganisation spricht von der »Autismus-Spektrum-Störung«, denn es gibt unzählige verschiedene Ausformungen von Autismus. Es ist eben ein weites Spektrum an Verhaltensweisen, sodass manche Experten die Diagnose gar nicht mehr verwenden. Stattdessen gehen sie individuell auf den einzelnen Betroffenen ein und fragen: »Was bringt dieser Mensch mit? Wo liegen seine Besonderheiten, Schwierigkeiten und Stärken? Welche Unterstützung benötigt er?« Dadurch umgeht man die Pathologisierung von Menschen, die nicht der Norm entsprechen. Ich finde diesen Ansatz sehr einleuchtend, denn wer »anders« ist, ist deswegen nicht krank. Das trifft auf sehr viele angebliche psychische »Störungen« bei Kindern und Erwachsenen zu. Jonas sucht sich sehr genau aus, womit er sich beschäftigt. Und dann widmet er sich dieser Sache extrem hingebungsvoll. Es ist nahezu unmöglich, seine Aufmerksamkeit auf andere Dinge oder Lernaufgaben zu lenken, wenn er es nicht möchte. Er spielt zum Beispiel mit seinen kleinen Händen stundenlang auf dem Klavier, der finnischen Kantele, der russischen Balalaika, der hawaiianischen Ukulele, der Mbira aus Simbabwe und auf verschiedenen Trommeln, wobei er sich bereits eine erstaunliche Fingerfertigkeit und ein gutes Rhythmusgefühl erarbeitet hat. Er entwickelt ein schier unglaubliches Interesse an allen Arten von Klangerzeugung und begeistert sich auf Anhieb für jedes neue Musikinstrument. Und er erkundet von früh bis spät die Welt der Zahlen. Aber er ist nicht bereit zu malen, zu basteln, mit Formen zu spielen, Modellautos durch die Gegend zu schieben, auf dem Spielplatz zu schaukeln oder andere Dinge zu tun, die bei Kindern zur normalen motorischen und mentalen Entwicklung gehören. Vor allem tritt er nur eingeschränkt mit anderen Menschen in Kontakt und spielt kaum mit anderen Kindern.

Das Filmdrama *Rain Man* mit Dustin Hoffman und Tom Cruise in den Hauptrollen machte den Autismus 1988 einer breiten internationalen Öffentlichkeit bekannt. Der Film basiert auf einer wahren Geschichte. Hoffman spielte die Rolle von Raymond, für den es schwierig ist, Beziehungen zu anderen Menschen einzugehen und am Sozialleben teilzunehmen, während er bei bestimmten Herausforderungen besondere Begabungen aufweist. Während Autisten früher oft in psychiatrischen Anstalten untergebracht wurden, wissen Psychologen und Mediziner heute, dass man durch gezielte Förderung viele typische »Autismus-Probleme« in den Griff bekommen kann, sofern man die Betroffenen bereits als Kleinkinder bei ihrer Entwicklung unterstützt. Mehr noch: Autismus ist sehr häufig mit besonderen Begabungen verbunden, die durch Eltern und Therapeuten gefördert werden sollten. Diese Begabungen stellen eine Zukunftschance für die Kinder dar. Es existieren heute bereits Unternehmen, die es sich zur Aufgabe gemacht haben, bestimmte hochspezialisierte Jobs mit Menschen zu besetzen, die von einer Autismus-Spektrum-Störung betroffen sind. Durch psychologische Auswahlverfahren teilen die Experten diese Menschen besonderen Arbeitsstellen zu, die außergewöhnliche Herangehensweisen und Denkmuster erfordern. Das Konzept hat sich bewährt, und viele Arbeitgeber finden auf diese Weise langjährige Mitarbeiter für Tätigkeiten, die ein »autistisches Denken« voraussetzen und von anderen Angestellten nicht übernommen werden können. Das sind zum Beispiel spezifische Aufgaben als Programmierer, im Umgang mit Zahlen, Tabellen und abstrakten Aufgaben, aber auch im Bereich der Kartographie sowie der bildenden Kunst oder der Musik.

Mein Sohn Jonas könnte – trotz seiner Begabung für Musik und Zahlen – aufgrund seiner eingeschränkten sozialen Interaktionsfähigkeit in seiner Entwicklung anhaltend behindert werden, da wir Menschen generell von unseren Artgenossen am meisten lernen. Ebenfalls hinderlich für die Entwicklung ist die für das Autismus-Spektrum typische Wahrnehmungsstörung. Autisten sind trotz ihrer scheinbaren Abkapselung von der Welt oft übermäßig sensitiv. Sie nehmen Geräusche und andere Sinnesreize so intensiv wahr, dass sie sie als unangenehm empfinden. Jonas fasst nichts an, was ihm nicht vertraut ist. Vor allem mit Dingen, die eine raue Oberfläche haben, kalt oder warm sind, sowie mit Gras, Sand, Wasser und auch mit Lebensmitteln wollte er lange nicht in Kontakt kommen. Die Hypersensitivität stellt eine zusätzliche Barriere zwischen ihm und der Welt dar, weil sie es ihm erschwert, sich auf neue Erfahrungen einzulassen. Doch genau an diesen beiden Knackpunkten – eingeschränktes Sozialverhalten sowie Wahrnehmungsstörung – kommt die biophile Veranlagung des Menschen ins Spiel. Es gibt nämlich einen Joker, den ich einsetzen kann, um meinem Sohn dabei zu helfen, seine Hindernisse zu überwinden: Jonas ist ein »Rain Man im Wald«.

Unsere »Waldtherapie« findet häufig im Wienerwald statt. Wir wohnen in der Nähe der Stadt. Und da Jonas bereits ein urbaner Biophiliac der zweiten Generation ist, überrascht es mich wenig, dass ihn neben der Natur auch das U-Bahn-Netz von Wien fasziniert. Unsere Ausflüge zum Waldbaden sind wahre Abenteuer. Wir fahren mit der U-Bahn-Linie 2 zum Knotenpunkt Schottentor. Dort erwartet uns das erste Highlight: Die Züge kommen in beide Richtungen im Takt von drei Minuten an. Durchschnittlich braust alle 90 Sekunden eine U-Bahn aus dem dunklen Tunnel. Aufgeregt läuft Jonas – gut gesichert an meiner Hand – zwischen den beiden Gleisen hin und her. Je lauter die Züge rattern, desto mehr freut er sich. Oft ernten wir von anderen Passagieren ein aufrichtiges Lächeln. Manche lassen sich von der kindlichen Begeisterung für die U-Bahn auch anstecken und fangen an, lauthals mit uns zu lachen. Jonas macht oft Luftsprünge, wenn sich ein Zug nähert. Er steht vor Enthusiasmus dann fast unter Strom. Es kommt häufig vor, dass sogar die Fahrer deswegen zu lachen beginnen und uns aus ihrer Kabine durch die getönte Scheibe zuwinken. Jonas ist wahrlich ein *urbaner* Biophiliac. Die U-Bahn, ein Symbol für die Kultur der Großstadt, begeistert ihn. Aber die Bäume – Symbole für die Natur – tun es eben auch.

Wenig später folgt in der Regel das zweite Highlight unseres Ausflugs in den Wald: Vom Schottentor lassen wir uns mit der Straßenbahnlinie 43 in Richtung Stadtrand fahren. Jonas besteht darauf, zwischendurch bei der Station Währingerstraße auszusteigen, da die durchfahrenden Straßenbahnen dort jeweils für circa eine Minute stehenbleiben. Sodann haben alle vorbeikommenden Bahnen durch ihn »ordnungsgemäß« auf versteckte Zahlen und Nummerierungen untersucht zu werden. Sie sind seitlich an der Karosserie der Waggons angebracht. Dieser Programmpunkt hat ausnahmslos und in jedem Fall eingehalten zu werden. Die Weiterfahrt wird ansonsten durch lautstarken Protest und kung-fu-ähnliche Abwehrbewegungen verhindert. Mit dem nächsten Zug der Linie 43 geht es schließlich weiter bis zur Endstation Neuwaldegg, die sich im Wiener Stadtgebiet befindet. Von dort aus ist der Wald zu Fuß in wenigen Minuten erreichbar, und uns stehen mehrere Wanderwege zur Verfügung, die in unterschiedliche Richtungen führen. Jetzt wandelt sich unsere Stimmung von urban in biophil. Jonas steht nicht mehr unter Strom, sondern wird ganz ruhig. Das therapeutische Waldbaden beginnt.

Die Rinde der Bäume hilft Jonas dabei, seine Wahrnehmungsstörung abzubauen und sein hypersensitives Nervenkostüm unempfindlicher werden zu lassen. Es gelingt mir immer besser, ihn dazu zu bringen, die Bäume mit der Hand zu berühren. Weil er eine große Faszination für die Pflanzenwelt hegt, ist er mittlerweile sehr motiviert, sich dieser Herausforderung zu stellen. Mit zugekniffenen Augen, aber lachend, streicht er mit der Handfläche über die rauen Borken der Eichen. Die eher glatten Stämme der Buchen kosten ihn weniger Überwindung. Die Kiefer hat eine tief gefurchte Borke, die an ein Mosaik erinnert. Wir folgen dem Muster der Kerben mit unseren Fingern, als würden wir uns dabei mit den Händen durch ein Labyrinth bewegen. Auf die verschiedenen Blätter spricht Jonas besonders gut an. Je nach Baumart sind manche spitz und andere abgerundet. Die einen sind hauchdünn, die anderen eher dick und fleischig. Manche sind weich, andere fester. Nadeln unterscheiden sich sehr von Blättern. Felsen im Wald sind eine willkommene Abwechslung. Sie fühlen sich wiederum ganz anders an als Baumstämme und sind meist kühl. Und das Berühren von Moosen und Flechten hat ebenfalls seine eigene Erlebnisqualität. Im Wald mit seinen vielen unterschiedlichen Formen, Oberflächen und Sinnesreizen lernte Jonas mit viel

Geduld über Monate hinweg, mit der Welt zu interagieren und neue Eindrücke zuzulassen. Seine Naturfaszination war die Basis dafür, dass er sich überhaupt darauf einlassen konnte. Dieses Training seines Nervensystems half ihm auch im Alltag, Ängste abzubauen, neue und bislang unbekannte Objekte zu berühren und seinen Erfahrungshorizont stark zu erweitern. Lange wehrte er sich vehement gegen Berührungen mit Gras, Erde oder Sand unter seinen Füßen. Im Sommer 2017 überwand er diese Hemmschwelle zum ersten Mal, als die Neugier auf einen Fluss im Wald so groß war, dass er nicht widerstehen konnte, mit mir gemeinsam – zuerst zaghaft, dann mit zunehmender Freude – ins Wasser zu gehen und knietief durch das Flussbett zu waten. Die Berührung mit dem Wasser und den Steinen, die der Fluss abgeschliffen hatte, war die Basis dafür, dass er auch im täglichen Leben barfuß zu gehen begann und sich traute, ungewohnte Bodenflächen zu berühren. Außerdem lernte Jonas im Wald, einen längeren Augenkontakt zu anderen Menschen herzustellen. Er wollte immer die Namen der Bäume und der anderen Pflanzen wissen. Wortlos, wie es Autisten oft machen, deutete er auf die Gehölze und Gewächse. Doch er bekam die Antwort immer nur dann, wenn er mir zuvor in die Augen sah und so Kontakt zu mir aufnahm. Weil seine Aufmerksamkeit im Wald geschärft ist, gelingen solche sozialen Interaktionsübungen dort besonders gut. Die Waldtherapie ist ein Rundumerfolg. Ich empfehle sie allen Eltern autistischer Kinder sehr.

Wenn man, so wie die meisten Autisten, mit vielen gleichzeitig eintreffenden Eindrücken schwer zurechtkommt, kann die Natur bestimmt auch eine Herausforderung sein. Man sollte sich ihr mit einem autistischen Kind langsam und schrittweise annähern, vor allem dann, wenn das Kind bisher noch keinen regelmäßigen Naturkontakt hatte. Es erforderte viele Wochen und enorm viel Geduld, bis Jonas überhaupt irgendeine Berührung mit Pflanzen zulassen konnte. Die ersten Versuche endeten immer damit, dass ich mit einem weinenden oder brüllenden Kind aus dem Wald flüchten musste. Aber ich gab nicht auf und verließ mich fest auf die beruhigende und stresslindernde Wirkung der Natur. Im Fall von Jonas haben sich die Mühe und die Geduld gelohnt. Heute wandert er mit mir sogar auf Berge und bekommt von Wäldern, Flüssen, Seen und Felsen gar nicht genug. Andere Eltern autistischer Kinder berichteten mir von ähnlich positiven Wirkungen von Naturerlebnissen.

Die Naturvielfalt wird auch von Ärzten und Therapeuten genutzt, um das Nervensystem von Patienten günstig zu beeinflussen. Beispielsweise existieren überall auf der Erde – auch in Österreich, Deutschland und der Schweiz – neurologische Krankenhäuser mit Therapiegärten. Der Kontakt zur Erde, den Pflanzen, Wurzeln, Knollen und Früchten sowie die gemeinsame Sorge um die Obst- und Gemüsegewächse fördern die Regeneration der Nervenzellen nach Unfällen, Schlaganfällen oder Operationen und bauen unangenehme Wahrnehmungsstörungen ab, unter denen viele neurologische Patienten leiden. Kinder und ältere Menschen sprechen überdurchschnittlich gut auf Naturtherapien an. Durch Gartentherapie lässt sich in Krankenhäusern sogar der Einsatz von Schmerzmedikamenten und Antidepressiva reduzieren. Ich habe über diese Zusammenhänge bereits in meinem Buch *Der Heilungscode der Natur – die verborgenen Kräfte von Pflanzen und Tieren entdecken* ausführlich berichtet.[119]

An der Universität von Illinois erbrachten Psychologen den Nachweis, dass sich bei Kindern mit Aufmerksamkeitsdefizitstörung die Konzentrationsfähigkeit sowie die Aufnahmebereitschaft durch Naturerfahrungen verbessern. Auch die sozialen Fertigkeiten dieser Kinder wachsen durch Naturkontakt. Diese Erkenntnisse wurden durch mehrere Studien abgesichert, bei denen Kinder in verschiedenen Umgebungen spielten und dann miteinander verglichen wurden. Städtische Spielplätze mit wenig Grün hatten keine Wirkung oder führten sogar zu einer schlechteren Aufmerksamkeit. Naturnahe Spielplätze hingegen führten zu einem positiven Therapieeffekt.[120]

Wie Kinder schon heute von Stadtwäldern profitieren

Auch Patrik Grahn, ein Professor für Umweltpsychologie an der Universität von Schweden in Alnarp, verglich in seinen Experimenten verschiedene Spielflächen von Kindern miteinander und analysierte ihre Wirkungen. Die eine Gruppe spielte regelmäßig auf einem Spielplatz mit Plattengehwegen, umgeben von Hochhäusern und geringem Pflanzenbewuchs. Der andere Spielplatz befand sich in einem Obstgarten und grenzte an eine naturnahe, verwilderte Fläche. Dort spielten die Kinder bei fast jedem Wetter im Freien. Professor Grahn wies nach, dass diese Kinder mit der Zeit eine bessere körperliche Koordination und Geschicklichkeit sowie eine deutlich bessere Konzentrationsfähigkeit aufwiesen, verglichen mit den Kindern, die den weniger naturnahen Spielplatz nutzten.[121] Diese Erkenntnisse unterstützen auch die Idee der Waldkindergärten, die sich wachsender Beliebtheit erfreuen.

»Naturerfahrung wirkt sich äußerst förderlich auf die kindliche Entwicklung aus, vor allem dann, wenn Eltern die Begegnung mit der Natur aktiv unterstützen«,[122] schrieb der Professor für soziale Ökologie Stephen Kellert von der Yale Universität, der weltweit einer der engagiertesten Biophilia-Forscher war. Kellert verstarb 2016. Er unterschied bei der Entwicklung des Kindes drei Bereiche, nämlich die körperliche, emotionale und intellektuelle Entwicklung. Alle drei werden durch Naturerlebnisse positiv beeinflusst. Das wusste schon der französischsprachige Pädagoge, Philosoph, Dichter und Naturforscher Jean-Jacques Rousseau, der von 1712 bis 1778 in Paris und Genf lebte. Er schrieb, dass die drei Erzieher des Kindes die Natur, der Mensch und die Dinge seien: »Die Natur entwickelt unsere Fähigkeiten und Kräfte, die Menschen lehren uns den Gebrauch dieser Fähigkeiten und Kräfte. Die Dinge aber erziehen uns durch die Erfahrung, die wir mit ihnen machen, und durch die Anschauung.«[123] Man muss hinzufügen, dass auch die Natur selbst wiederum voll mit »Dingen« ist, die uns die Möglichkeit neuer Erfahrungen bieten. Das konnte ich ja an Jonas deutlich beobachten. Die Natur fungiert also als Raum, in dem wir uns frei entfalten können. Sie inspiriert uns zur Erprobung und Schulung unserer körperlichen und geistigen Fertigkeiten. Ihre »Dinge«, mit denen wir lehrreiche Erfahrungen machen, sind die Bäume, Steine, Bäche, Flüsse, Seen, Pflanzen, Pilze sowie die Erde und so weiter.

Für dieses Buch verabredete ich mich im November 2017 mit dem Sachbuchautor, Musiker und autodidakten Erziehungsexperten André Stern aus Frankreich. Unser Treffen fand in Wien statt. Wir wollten eigentlich vom Hauptbahnhof wenige Stationen mit der U-Bahn-Linie 1 bis zum nahegelegenen Wienerbergersee fahren. Die U-Bahn-Station Stefan-Fadinger-Platz befindet sich direkt neben dem Landschaftsschutzgebiet im Süden der Stadt. Dort wollten wir, umringt von Hochhäusern und in unmittelbarer Nähe des 138 Meter hohen Vienna Twin Towers, entlang des 12 Hektar großen Wienerbergersees spazieren gehen. Das naturnahe Erholungsgebiet umfasst insgesamt 1,5 Quadratkilometer und wurde in den achtziger Jahren in der Folge eines Ideenwettbewerbs zur Stadtbegrünung angelegt. Mittlerweile ist es zu einem urbanen Ökosystem geworden, in dem sogar Arten leben, die auf der Roten Liste gefährdeter Arten stehen. Dazu gehören seltene Schmetterlinge und die Europäische Sumpfschildkröte. In das 14 Kilometer lange und barrierefreie Wegenetz sind Naturspielplätze eingebunden. In diesem zum Thema »Stadtkinder und Natur« passenden Ambiente wollte ich André Stern, der sich mir als Kinderbotschafter vorstellte, über seine Erfahrungen mit Naturpädagogik befragen. Doch ein plötzlich aufkommendes starkes Schneegestöber machte uns einen Strich durch die Rechnung, und wir führten unser Gespräch in einem Café.[124]

Ich fragte den Kinderbotschafter, welchen Einfluss Naturerfahrungen für die kindliche Entwicklung seiner Erfahrung nach haben. »Einen entscheidenden!«, antwortete er augenblicklich. Seine Augen funkelten. »Die Natur hat wirklich einen entscheidenden Einfluss auf die Entwicklung von Kindern. Das sieht man bei Jonas ganz besonders«, sagte er, nachdem ich ihm von der Waldtherapie mit meinem Sohn erzählt hatte. »Aber es ergeht den anderen Kindern genauso. Wir sind im Wald ›geboren‹.« André Stern findet, dass sich die Natur sehr von unserem Erziehungs- und Bildungssystem unterscheidet. »Die Natur funktioniert nicht in Fächern. Die Natur verbindet alles miteinander, und sie bietet uns immer etwas Unerwartetes. Das unterstützt unsere Spontaneität. Sie befreit uns von den Kategorien und Schubläden. Der Wald nimmt dich, wie du bist. Er erwartet nichts von dir und begrenzt dich nicht in deinen Denkmöglichkeiten.«

»Dadurch entsteht auch wieder eine tiefere Verbindung mit der Natur«, ergänzte ich.

»Besser gesagt: Sie wird nicht vernichtet, wie das bei vielen von uns als Kind passiert ist«, erwiderte Stern. »Denn wir sind ja von Geburt an mit der Natur verbunden. Wenn wir ein Molekül Chlorophyll untersuchen, also den grünen Farbstoff der Blätter, finden wir in der Mitte ein Magnesiumteilchen. Wenn wir es rausnehmen und durch ein Eisenteilchen ersetzen, haben wir Hämoglobin, den roten Blutfarbstoff. Ich sehe eine Verbindung zwischen all diesen Elementen der Natur, die scheinbar so verschiedenartig sind. Na klar gehen Kinder gerne in den Wald! Natürlich gehen wir Menschen gerne zum Waldbaden, weil wir spüren, dass im Wald etwas ist, was uns guttut. Man findet wieder einen Zustand der Ruhe, eine Art inneren See. Wenn ich sage, dass wir ein Teil der Natur sind, meine ich nicht, dass wir zurück auf die Bäume müssen. Ich finde nur, es ist einfach nicht erstaunlich, dass uns der Wald guttut und dass sich unsere Kinder dort in ihrem Element fühlen. Lernen ist in der Natur nicht etwas, das wir tun müssen. Es ist etwas, das uns passiert. Je mehr ein Kind ›herumturnt‹, desto mehr neuronale Verschaltungen bilden sich in seinem Gehirn aus. Es gibt daher für die Entwicklung eines Kindes nichts Schlimmeres, als ruhig sitzen bleiben zu müssen. Das muss uns bewusst sein. Wenn ein Kind aber nicht sitzen bleiben *kann*, weil das einfach nicht seiner Natur entspricht, dann kommt die Diagnose ›ADHS‹. Und dann bekommt es Ritalin und bleibt tatsächlich sitzen. Aber anstatt dem Kind Medikamente zu geben, sollten wir ihm lieber die Möglichkeit bieten, draußen zu sein und Erfahrungen zu machen. Auch ich kann am besten denken, wenn ich mich dabei bewege. Genauso sind die Kinder. Die Kinder wollen nach draußen, egal, wie das Wetter ist.«

Ich fragte André Stern, wodurch genau sich seiner Meinung nach die Natur als Lehrmeisterin von der Erziehung und Bildung in unserer Gesellschaft unterscheidet. Er antwortete: »Eine Frau erzählte mir einmal, wie sie mit ihrer Tochter bei der Berufsberatung war. Die Beraterin legte der Jugendlichen Karten vor, auf denen Schulfächer standen. Also zum Beispiel: ›Biologie – magst du das Fach, oder magst du es nicht?‹ Dasselbe mit Mathe, Deutsch, Physik und so weiter. Aber so kann man keine freie Entscheidung treffen, nicht wahr? Man kann nicht sagen, jemand hat sich freiwillig für ein Berufsbild entschieden. Damit bin ich nicht einverstanden, denn man kann das nicht ›freiwillig‹ nennen. Wir haben nur die Wahl zwischen verschiedenen vorgefertigten Kategorien. Wenn ich einem Vegetarier Hühner- oder Schweinefleisch anbiete, stelle ich ihn vor die Wahl, aber ich gebe ihm keine Freiheit. Diesen Vergleich habe ich übrigens von dem deutschen Philosophen Frithjof Bergmann. Ich weiß nicht, ob die Freiheit, die uns die Natur gibt, in unserer Weltordnung so sehr erwünscht ist. Du kannst Kinder im Wald viel weniger regulieren als im Klassenzimmer. Und vor allem kannst du sie dort nicht untereinander vergleichen, denn der eine gräbt am liebsten in der Erde, der andere ist ein besonders guter Kletterer, der Nächste verlegt geschickt Steine im Bach. Die Natur hindert die Kinder nicht daran, ihre Begabungen auszuleben. In unserer Gesellschaft hingegen müssen sie sich so formen lassen, dass sie einem vorgegebenen Berufsbild entsprechen. Und es wird bestimmt, was ›nützlich‹ ist und was nicht.« Der Kinderbotschafter fügte noch einen äußerst interessanten Gedanken hinzu: »Die Natur stattet uns genetisch so aus, dass wir überall auf der Welt zurechtkommen würden, denn die genetischen Programme wissen ja nicht, wo wir geboren werden. Wir können praktisch alles werden und alles lernen, wenn wir auf die Welt kommen. Aber wir ›verbluten‹, und am Ende bleibt nur noch diese kleine Bonsai-Version dessen, was wir hätten werden können. Ich glaube, wenn wir anfangen, dem Kind und seinem Potenzial neu zu begegnen, dann wird das die Welt verändern, und Natur und Stadt können wieder zusammenwachsen.«

Beim Schlagwort »Stadt« hakte ich ein: »In der Gegenwart sind Städte nicht besonders ›organisch‹. Nicht nur der Mensch wird auf wirtschaftlichen Nutzen getrimmt, sondern auch sein Lebensraum. Zum Beispiel werden Brachen kaum dazu genutzt, um auf ihnen urbane Ökosysteme entstehen zu lassen, sondern sie werden für neue Einkaufszentren verbraucht oder dem Immobilienmarkt unterworfen. Ich möchte das mit meiner Biophilia-Öffentlichkeitsarbeit gerne ändern.« André Stern nickte zustimmend und erwiderte: »Die Stadt spiegelt unser Denken wider. Sie ist ja unser Produkt. Wir wollen die Stadt offenbar so, wie sie jetzt ist. Aber wir sind ein Teil der Natur, oder anders gesagt: Wir *sind* Natur. Das Stadtleben ist wunderbar, und ich begrüße es, nur das Problem ist, dass wir für unsere Natur nirgends mehr einen Platz finden. Unsere Kinder brauchen das Organische, um sich hinter Büschen zu verstecken oder auf Bäume zu klettern. Viele Kinder wären von einem Kran in der Stadt zwar fasziniert – mein Sohn Antonin eingeschlossen –, aber auf den Kran kann er nicht klettern. In der Stadt musst du dich immer anpassen. Und du musst ständig aufpassen. Wir leben auf dem Land, haben aber eine kleine Wohnung in Paris. Wenn wir in die Stadt kommen, ist das Erste, was wir Antonin immer sagen: ›Achtung, renne nicht so schnell auf dem Gehsteig! Die Autos – pass auf! Geh nicht über die Straße! Und trample nicht mit den Füßen, wir sind in einer Wohnung und haben Nachbarn. Rede nicht so laut.‹ Man muss sich immer der Stadt anpassen. Wenn wir dann wieder zurück auf dem Land sind, geht Antonin gleich raus und läuft laut singend los. Unsere innere Natur findet in der äußeren Natur einfach viel mehr Möglichkeiten, sich auszudrücken, und darauf basieren die positiven Wirkungen auf die kindliche Entwicklung.«

Im Anhang dieses Buches erhalten Sie Anregungen, wie Sie einen Natur- oder Waldkindergarten in Ihrer Stadt finden. Bei manchen dieser Projekte handelt es sich um reine Outdoor-Gruppen, die bei jedem Wetter im Freien sind. Viele Waldkindergärten verfügen aber über ein festes, gut isoliertes Gebäude mit fließendem Wasser, Elektrizität und Heizung. Ich persönlich würde ein solches Projekt mit Gebäude bevorzugen, weil ich es nicht für nötig halte, dass Kinder sich ununterbrochen in der Natur aufhalten. Auch der Schutz und die Gemütlichkeit eines Hauses oder einer Hütte im Wald sind wertvoll. Höchstwahrscheinlich wird sich auch die Idee der Waldschulen in den nächsten Jahren verbreiten und zu einem entsprechenden Angebot in der Stadt führen. Hinzu kommt, dass es zahlreiche Schulen und Kindergärten gibt, die über einen großen und naturnah gestalteten Garten verfügen. Naturerfahrungen sind also nicht nur in ausgewiesenen Naturkindergärten oder Wildnisschulen möglich.

Die Eckpfeiler der Naturpädagogik

Stephen Kellert, der bereits erwähnte Professor für soziale Ökologie an der Yale-Universität, befasste sich in seinen Forschungen so intensiv mit der Wirkung der Natur auf die Entwicklung unserer Kinder wie kein anderer. Edward Wilson, ein international renommierter Evolutionsbiologe und emeritierter Professor an der Harvard-Universität, schrieb über Kellert: »Niemand hat mehr über die komplexe Beziehung des Menschen zur Natur in Erfahrung gebracht als Stephen Kellert.«[125] Nach seinen jahrzehntelangen Forschungen fasste Kellert acht Aspekte der Natur zusammen, durch welche die körperliche und psychische Entwicklung von Kindern positiv beeinflusst wird.[126] Ich gebe sie hier wieder und beschreibe sie in meinen eigenen Worten:

1) Entwicklung von Zuneigung und Fürsorglichkeit

Die angeborene Hingabe und Liebe der Kinder zur Natur, die wir als Biophilia bezeichnen, unterstützt ihre Fähigkeit, Zuneigung zu zeigen und zu empfangen. Kinder entwickeln durch Begegnungen mit anderen Lebensformen Fürsorglichkeit gegenüber Pflanzen und Tieren. Ich arbeitete beispielsweise während meiner Studienzeit als biologischer Assistent im Naturerlebnispark Graz-Stattegg. Das ist ein Naturschutzgebiet im Stadtgebiet, in dem sich Wälder, Wiesen und natürliche Gewässer befinden. Im Naturerlebnispark ist auch das Schulbiologiezentrum Rielteich angesiedelt – mein damaliger Arbeitsort. Das mit der Buslinie 53 über die Station Rielteich erreichbare Areal beherbergt eine Vielzahl an gefährdeten Schmetterlings- und Libellenarten. Es ist ein Biodiversitäts-Hotspot in der Stadt. Wir brachten Kindergruppen aus Schulen und Kindergärten in diesem Naturerlebnispark die Welt der Tiere und Pflanzen näher. Gemeinsam mit den Kindern pflanzten wir Bäume und brachten Wildblumenzwiebeln aus, die wir dann im nächsten Frühjahr mit den Kindern, die sie eigenhändig gepflanzt hatten, blühend wieder aufsuchten. Die Kinder betrachteten mit unserer Unterstützung das Leben im Wasser unter dem Mikroskop, und es eröffnete sich ihnen ein faszinierendes, farbenfrohes Universum mit Einzellern, die unseren Augen üblicherweise verborgen bleiben. Durch unsere Aktivitäten mit den Kindern entstand bei diesen – und natürlich auch bei uns Mitarbeitern – eine Beziehung zu den Pflanzen, zum Rielteich und zum Wald. Durch die Beteiligung an der Pflege des Ökosystems und den Kontakt zu Bäumen und Tieren entwickelten die Kinder eine spürbare Fürsorglichkeit für die Natur, berichteten aber umgekehrt auch darüber, wie sie sich im Naturpark »geborgen«, »geschützt«, »fröhlich« oder »frei« fühlten. Sie nahmen also auch eine Art Fürsorglichkeit der Natur ihnen gegenüber wahr. Das ist ein wichtiges Training für die emotionale Entwicklung der Kinder, das auf der Aktivierung der biophilen Kräfte unserer Psyche beruht.

2) Vertiefung der Naturbeziehung und des Verständnisses für komplexe Zusammenhänge
Die ästhetische Anziehungskraft der Natur und ihre Schönheit unterstützt Kinder bei der Entfaltung ihrer Kreativität und weckt ihre Neugierde. Der kindliche Entdeckungsdrang entfaltet sich, und die Vorstellungskraft sowie die Fantasie werden geschult. Die Kinder lernen, mit der Komplexität und Vielfalt der Natur umzugehen und zu verstehen, was ökologische Zusammenhänge bedeuten. Sie üben also das vernetzte Denken. Sie begreifen durch das Beispiel eines Ökosystems, was Gleichgewicht, Balance und Harmonie bedeuten. Darüber hinaus wird ihr ästhetisches Empfinden geschult.

3) Entwicklung von Geschicklichkeit und Risikoeinschätzung
Durch Naturerfahrung nehmen die Geschicklichkeit und das Wahrnehmungsvermögen zu. Die Kinder lernen, Gefahren einzuschätzen und sich im natürlichen Gelände zurechtzufinden und sicher zu bewegen. Sie lernen außerdem, mit Herausforderungen und Ängsten umzugehen sowie ihre Fähigkeiten besser einzuschätzen. Dadurch entstehen Selbstvertrauen, Selbstbewusstsein und ein Gefühl für die eigenen Grenzen. Auf der Basis dieser Erfahrungen bewegen sich die Kinder dann auch im Alltag sicherer durch die Welt – beispielsweise durch die Stadt.

4) Erwerb von Unabhängigkeit und eigenem Urteilsvermögen
Die Kinder entwickeln durch Naturerfahrungen ein Gefühl für die Beziehung der Menschheit zur Natur. Sie verstehen, was es bedeutet, natürliche Ressourcen zu nutzen und warum diese

endlich und nicht unendlich sind. Sie entwickeln ein Gefühl für die Grenze zwischen der angepassten Nutzung der Ressourcen der Erde einerseits und der Ausbeutung von Ökosystemen oder auch von Tieren andererseits. Durch ihre Erlebnisse in der Natur erfahren die Kinder unmittelbar, was auf dem Spiel steht, wenn wir die Natur zerstören. Pflanzen und Tiere sind keine abstrakten Begrifflichkeiten mehr, sondern Teil der kindlichen Erfahrungswelt. Die Kinder stehen in Beziehung zu ihnen. Ihr Geist entwickelt die Fähigkeit, sich selbst ein Urteil über die Natur und unseren Umgang mit ihr zu bilden. Die Kinder erlangen eine eigenständige und autonome Naturkompetenz.

5) Entwicklung des Gehirns und des vernetzten Denkvermögens
Der Kontakt zur Natur fördert die kognitiven Fähigkeiten, also die Gehirnentwicklung. Die Kinder bilden einen Verstand für die Welt aus. Sie lernen, komplexe Zusammenhänge zu analysieren, denn ein Ökosystem bietet jede Menge Übungsstoff und Lernbeispiele für vernetztes Denken. Naturerfahrungen lassen im Gehirn der Kinder neue neuronale Strukturen und Verbindungen entstehen. Das ist eines der wichtigsten Argumente für mehr Natur in der Stadt.

6) Erwerb von Standfestigkeit und Selbstwirksamkeit
Wenn Kinder mit der Natur interagieren und auf spielerische Weise in ihr das Denken und Handeln üben, trainieren sie ihre körperlichen Fertigkeiten genauso wie die geistigen. Sie entwickeln Problemlösungsstrategien und einen angemessenen Umgang mit Misserfolg. Sie erlernen Courage, denn Erfolgserlebnisse fördern das Selbstvertrauen und das Gefühl der Kinder, in dieser Welt aus eigener Kraft etwas bewirken zu können. Psychologen sprechen von der Erfahrung der »Selbstwirksamkeit«. Darauf aufbauend entwickeln Kinder eigenständige An-

sichten über die (natürliche) Welt, die auf eigenen Beobachtungen und Einsichten basieren. Die Natur erweitert durch ihre mannigfaltigen Interaktionsmöglichkeiten den direkten Erfahrungsschatz der Kinder. Das dabei Gelernte kann ihnen – eben weil es selbst Erfahrenes ist – nicht mehr so leicht genommen werden. Die Kinder üben in dieser Hinsicht Standfestigkeit. Die Motivation, sich in der Natur zu erproben, wächst dadurch noch mehr an, sodass es zu einer weiteren Steigerung der Lernerfolge kommt.

7) Spirituelle Entwicklung

Die Erfahrungen in der Natur schärfen den Sinn der Kinder für ihre eigene Verbindung mit der Natur. Sie nehmen sich als Teil des Netzwerks des Lebens wahr. Es entstehen ein Gefühl der Wertschätzung gegenüber der Natur und eine Faszination für Pflanzen und Tiere. Die Kinder nehmen die belebte Welt als bedeutungsvoll wahr. Da sie sich – leichter als wir Erwachsene – draußen als Teil der Natur empfinden, übertragen sie dieses Gefühl der Ehrfurcht auch auf sich selbst. Die Wertschätzung sich selbst gegenüber steigt, und sie nehmen sich und ihre Existenz ebenfalls als bedeutungsvoll wahr. Albert Einstein verband seine spirituellen Gefühle mit Naturerfahrungen, als er schrieb: »Die Religiosität des Forschers liegt im verzückten Staunen über die Harmonie der Naturgesetzlichkeit, in der sich eine so überlegene Vernunft offenbart, dass alles Sinnvolle des menschlichen Denkens und Anordnens dagegen ein gänzlich nüchterner Abglanz ist.« Einstein war Pantheist. Für ihn war das gesamte Universum eins mit Gott. Naturbegegnung war für Einstein daher Gottesbegegnung. Seinen eigenen Schilderungen zufolge war sogar sein naturwissenschaftlicher Forschungsdrang durch seine, wie er sie nannte, »kosmische Religiosität« geprägt: »Ich behaupte, dass die kosmische Religiosität die stärkste und edelste Triebfeder wissenschaftlichen Forschens ist. Ein Zeitgenosse hat mit Recht gesagt, dass die ernsthaften Forscher die einzigen tiefreligiösen Menschen sind.«[127] Dieser staunende Forscherdrang – gepaart mit Naturfaszination – kann durch kindliche Naturerfahrungen in einer einfachen Form geweckt werden.

Nirgendwo können wir uns näher an unsere Wurzeln begeben als in der Natur, die unsere Identität ist. Oder wie es André Stern gesagt hat: »Wir *sind* die Natur.« Das spirituelle Empfinden der Kinder kann durch Naturerfahrungen schon früh gefördert und gefestigt werden. Dadurch sind sie später weniger anfällig für die Einflüsse von Sekten und Ideologien, die versuchen, unerfüllte Sinnsuchende für sich zu gewinnen. Die Naturspiritualität ist eine sehr solide, standfeste und globale Form der Spiritualität, die unabhängig von religiösen Konfessionen alle Menschen kulturübergreifend verbindet.

8) Entwicklung der Fähigkeit zum Umgang mit Symbolen

Kellert schreibt der Natur eine entscheidende Rolle bei der Entwicklung von Sprache und dem Umgang mit Symbolen zu. Ökosysteme erweitern nicht nur den Erfahrungsschatz von Kindern, sondern auch ihren Fundus an Begriffen. Die Natur ist voll mit »Dingen«, die Bedeutungen und Namen tragen. Sie stehen in Verbindung zueinander. Indem die Kinder ihre Naturerfahrungen in Worte fassen und untereinander sowie mit den Erwachsenen darüber sprechen, entwickelt sich ihre Fähigkeit zur Kommunikation. Sie lernen, Zusammenhänge, die sie in der Natur beobachtet haben, auszudrücken. Dadurch formen sich laut Kellert auch die Persönlichkeit und der Charakter der Kinder.

André Stern erzählte mir, dass er in Paris aufwuchs: »Wir gingen immer in den Jardin du Luxembourg mitten in der

Stadt, aber dieser Park war mir als Kind viel zu sehr reguliert. In den Stadtparks darf man meistens nicht über die Wiesen laufen, nicht auf Bäume klettern. Ich verbrachte deswegen viel Zeit bei meinen Großeltern auf dem Land. Wenn wir den Wald in die Stadt einladen, müssen wir darauf achten, dass das wirklich ein Wald ist, ein Stück Natur, und keine englische Rasenfläche.« Genau mit diesem Vorhaben wird sich der nächste Abschnitt dieses Buches befassen. Jetzt geht es um die Zukunft.

III. Die biophile Stadt der Zukunft

Was Wolkenkratzer und Termitenhügel gemeinsam haben

Die Natur kehrt zurück

»Die Wildnis ist der Rohstoff, aus dem der Mensch seine Zivilisation geschmiedet hat.«[128]

Aldo Leopold, Biologe (1887–1948)

Auf den ersten Blick mögen Los Angeles, Mexiko City, Kairo oder Berlin nicht natürlich sein. Doch auch die größten Städte fügen sich in das globale Ökosystem der Erde ein und sind großräumig in die Landschaft gebettet. Sie werden von dem umgebenden Naturraum beeinflusst und sind – so wie Berge, Seen oder Wälder – den klimatischen Bedingungen unterworfen. Umgekehrt wirken sich die urbanen Ballungsräume auch auf ihre Umgebung und die Atmosphäre des Planeten aus. Sie sind also nicht nur passiv dem Geoökosystem unterworfen, sondern beeinflussen auch aktiv den Naturhaushalt der Erde. Sie sind eben ein Teil davon. Beispielsweise wärmen Städte durch ihre Asphalt- und Betonflächen, die sich durch die Sonne stark aufheizen, die Luft auf. Der Feinstaub in der Stadt sorgt zusätzlich dafür, dass die Wärme zurückgehalten wird. Und je größer eine Stadt ist, desto weiter reicht dieser sogenannte »Wärmeinseleffekt« ins Umland und erwärmt auch die Luftmassen rund um die Stadt. Auf diese Weise können Städte sogar zur Entstehung von Winden und Stürmen beitragen, weil die Atmosphäre immer bemüht ist, Temperaturschwankungen auszugleichen, indem die wärmere zur kälteren Luft strömt und sich mit dieser vermischt. Urbane Gärtner nutzen den Wärmeinseleffekt der Stadt aus, um für ihre Kulturpflanzen günstige Standortbedingungen zu schaffen.

Solche Effekte existieren auch in der Natur, ganz ohne Einfluss des Menschen. Beispielsweise wärmen sich große Seen und das Meer im Sommer auf und geben über den ganzen Winter die im Wasser gespeicherte Wärmeenergie an die Umgebung ab. Deswegen ist es beispielsweise rund um den Genfer See im Winter geringfügig wärmer, als es in dieser geographischen Lage eigentlich wäre, wenn es den See nicht gäbe. Auch das ist eine Art Wärmeinseleffekt. Deutlich stärker als beim Genfer See ist der wärmende Effekt des Michigan-Sees, der den beiden US-Metropolen Chicago und Milwaukee, die sich direkt an den Seeufern befinden, mildere Winter beschert als anderen Städten mit vergleichbarer geographischer Lage. Der Michigan-See ist fast eineinhalbmal so groß wie die gesamte Schweiz. Das Mittelmeer fungiert als noch stärkerer Wärmespeicher, wovon dann auch Küstenstädte wie Barcelona, Athen oder Marseille zur kalten Jahreszeit profitieren. Dasselbe gilt für Miami an der Atlantikküste oder für San Francisco am nördlichen Pazifik und so weiter. Wir können Städte ganz wertfrei als Teile der Erdoberfläche betrachten, die in einer ökologischen Wechselwirkung mit anderen Landschaftselementen wie Gewässern und Gebirgen stehen.

Die Stadt neu denken: das urbane Ökosystem

Ist es nicht vermessen, die Stadt als Ökosystem zu betrachten? Schließlich gibt es ja einen offensichtlichen Unterschied zwischen dem Amazonas-Regenwald und dem Berliner Alexanderplatz. Doch Ökosysteme unterscheiden sich in ihrer Komplexität voneinander. Der Amazonas-Regenwald ist ein wesentlich komplexeres Ökosystem als Berlin und verfügt über eine exorbitant höhere Artenvielfalt. Aber auch Berlin ist dynamisch in die Ökosphäre der Erde eingebunden und verfügt über einen ökologischen Haushalt. In Großstädten finden wir viele ökologische Nischen, die von Pflanzen besiedelt werden. Die Artenvielfalt in der Stadt ist oft höher als in so mancher landwirtschaftlich übernutzten Region auf dem Land, die von Monokulturen und dem Einsatz von Pestiziden dominiert wird. Die Lebewesen der Stadt stehen in einer Wechselwirkung zueinander. Und damit meine ich neben uns Menschen auch die Pflanzen, Tiere und Mikroorganismen.

Richard Pott, Professor für Geobotanik an der Universität Hannover, betont in Bezug auf die Stadtökologie: »Beziehungsgefüge von Organismen mit physikalischen und chemischen Standortfaktoren bezeichnet man unabhängig von ihrer Ausdehnung und Komplexität als Ökosysteme.«[129] Dass Städte aus biologischer Sicht weniger komplex als Regenwälder sind, bedeutet also nicht, dass sie keine Ökosysteme darstellen. Natürlich sollten wir unsere Städte zu viel komplexeren Systemen mit größerer Naturvielfalt werden lassen, als sie es heute sind. Darum geht es ja in diesem Buch. Wir sollten uns aber darüber bewusst sein, dass jede Stadt schon jetzt ein Ökosystem ist – eben ein Stadtökosystem. Das gilt für Hum in Kroatien, die kleinste Stadt der Welt mit 30 Bewohnern, genauso wie für

Tokio, die größte Metropole der Erde mit fast 38 Millionen Einwohnern.

Auch Pflanzen, Tiere und Mikroorganismen unterscheiden nicht zwischen Stadt und Natur. Für sie gibt es keine Stadtgrenzen. Sie wandern in unsere Metropolen ein, wie sie sich auch in jedem anderen Ökosystem niederlassen, und sie besiedeln jede Betonspalte, in der sich auch nur die geringste Menge organischen Materials gesammelt hat, das ihnen als Lebensgrundlage dienen kann. Der Wind weht Samen, Sporen, Larven und Keime in die Stadt. Diese können auch von Flüssen hereintransportiert werden. Sie lassen sich aus der Atmosphäre, wo sie mit den Luftströmen über die Erde reisen, auf die menschlichen Ballungszentren nieder oder kommen mit dem Regen. Die Natur durchdringt und durchwächst einfach den gesamten Planeten und somit auch unsere Städte. Die Lebenskeime der Natur, aus denen potenziell neue Ökosysteme entstehen können, sind überall anzutreffen und nirgendwo wegzudenken. In Ballungszentren leben sogar stattliche Kulturfolger wie beispielsweise Rotfüchse. Unter »Kulturfolger« versteht man alle Tiere und Pflanzen, die neue Lebensräume in unseren Städten und Siedlungen erobern. Über die Bewohner des Grazer Stadtwaldes, an dessen Rand ich meine Kindheit verbrachte, habe ich bereits berichtet. Dort leben noch heute Rehe, Kaninchen, Eichhörnchen, Eulen und Waldkäuze. Es ist nicht möglich, die Stadt aus dem ökologischen Gefüge der Erde herausgelöst zu betrachten. Wir stellen uns Großstädte oft als Gegenstücke zur Natur vor. Aber das ist bei genauer Betrachtung nicht richtig. Alles ist mit der Natur verflochten. Selbst das größte Einkaufszentrum ist nur auf den ersten Blick das Gegenteil der Natur. Wir können Wolkenkratzer und Hochhäuser wie Termitenhügel betrachten, die nicht von Termiten, sondern von Menschen errichtet wurden. Auch der Mensch ist ein Naturwesen. Beides – Termitenhügel und Hochhäuser – sind Bauwerke einer natürlichen Lebensform. Wenn wir es genau nehmen, gibt es keinen prinzipiellen Unterschied zwischen den Bauwerken eines menschlichen Volks und eines Insektenvolks. Zumindest lässt sich dieser Unterschied formal nicht eindeutig festmachen, sondern höchstens gefühlt wahrnehmen. Die Vorstellung, dass Gebäude des Menschen unnatürlich seien, nur weil sie von Menschenhand errichtet wurden, resultiert aus einem Naturverständnis, in dem der Mensch nicht als Teil der Natur, sondern irrtümlich außerhalb der Natur verortet wird. Die biophile Stadt der Zukunft baut aber auf einem umfassenden Naturverständnis auf, das zu einer Auflösung der Trennung zwischen Mensch und Natur führt – und auch zu einer Auflösung des gefühlten Gegensatzes zwischen Stadt und Natur.

Jede innerstädtische Brache, die wir sich selbst überließen, würde innerhalb weniger Jahre eine atemberaubende Metamorphose durchmachen. Neben Gräsern, Blumen und Kräutern würden rasch junge Gehölze aufkommen. Sie würden zu Sträuchern heranwachsen und sich zu Bäumen entwickeln. Es würde sich immer mehr Humus herausbilden, und langsam entstünde im Boden ein Ökosystem aus Mikroorganismen – darunter das Biophilia-Bakterium, das unserem Immunsystem und unserer Psyche guttut. Diesen Prozess der Wiederbesiedelung durch die Natur nennt man »Sukzession«. Darin steckt das Wort »sukzessiv«, also »schrittweise«. Schritt für Schritt würde sich die urbane Brache in einen lichten Baumbestand verwandeln und Jahre später in einen Wald mit mehreren Baum- und Strauchschichten. Mykorrhizapilze würden anfangen, die Bäume miteinander zu vernetzen. In geographischen Lagen, in denen kein Wald wächst, würden sich urbane Savannen oder Steppen bilden, je nachdem, welche Vegetationsform in der betreffenden Weltregion dominiert. Die Stadt ist ja an das übergeordnete Ökosystem angeschlossen. Heimische Vögel würden sich ansiedeln und ihre Brutplätze einrichten. Insekten würden das neue Refugium bevölkern. Dieser Prozess könnte auch mitten im Zentrum von San Diego, Hamburg, Amsterdam oder Istanbul ablaufen – wenn man ihn ließe. Die Natur würde das Stück Stadt überwuchern und durchdringen, auch wenn es davor scheinbar von allen Naturflächen abgeschnitten war. Der neu entstandene Naturraum würde als Keimzelle dienen, von der aus die Pflanzen und Tiere sich ausbreiten würden, um die Stadt zu erobern. Somit würde sich auch ein neuer Ausgangspunkt für die gesunden Terpene, Anionen und Biophilia-Bakterien bilden, die ich als heilsames Trio des Waldes bezeichne.

Umliegende Betonflächen würden durch die starken Wurzeln der flachwurzelnden Bäume aufgebrochen werden. Tiefwurzelnde Bäume würden das Erdreich nach unten hin lockern und bearbeiten. In einem Ökosystem herrscht Arbeitsteilung. Regen, Frost und Stürme würden ihren Beitrag leisten und die Baumaterialien der Stadt verwittern lassen sowie anschließend wegspülen und wegwehen. Flechten würden sich in den Asphalt und in die Pflastersteine fressen und zur Bodenbildung beitragen. Die unermüdlichen Regenerationskräfte der Natur würden die Stadt mit der Zeit in eine grüne, blühende und wuchernde Oase umwandeln, die eine Hochburg der Artenvielfalt wäre. Die Kräfte der Natur könnten jede Mauer, jede Bahntrasse, jeden Parkplatz, jedes Fabrikgelände und im Lauf der Zeit sogar jeden Wolkenkratzer auf diese gewaltlose und organische Weise abbauen und in Erde verwandeln. Es ist ein schleichender Prozess der Umwandlung in etwas Neues, aber keine Zerstörung. So viel Naturpotenzial verbirgt sich unter unseren Bürgersteigen, Straßen und Hochhäusern. Die Natur wartet nur darauf, unter den Asphaltflächen hervorzubrechen. Ich werde diesen Prozess etwas später noch im Detail erklären und auch Beispiele für sogenannte »Pionierpflanzen« und Stadtbäume nennen, die an diesem Prozess beteiligt sind.

Der einzige Grund, weshalb unsere Städte sich nicht in Wildnis verwandeln, ist, dass wir es verhindern. Betonflächen werden laufend repariert und erneuert. Die Versiegelung der Stadt schreitet voran. Sträucher und Bäume werden von den Stadtverwaltungen ausgerissen, sobald sie sich zeigen. Der Lustgarten in Berlin, der Jardin du Luxembourg in Paris, der Schönbrunner Schlosspark in Wien oder der Lincoln Park in Washington, D.C., werden rund um die Uhr unter Kontrolle gehalten, indem die Rasenflächen ständig gemäht und mit Unkrautvertilgungsmitteln behandelt werden. Die Bändigung der Natur ist aufwändig und kostenintensiv. Es ist wie ein permanenter Wettlauf gegen die Lebenskräfte der Natur, die niemals versiegen werden. Brachen, die nach dem Abbruch von Häusern entstehen, werden inzwischen meist im Handumdrehen von Immobilienkonzernen aufgekauft und neu versiegelt. Anstatt eines Waldes entstehen dann dort Anlegerwohnungen oder Bauobjekte von Spekulanten. Wir ringen die Stadt, so wie wir sie heute kennen, ununterbrochen der Natur und den biophilen Kräften unseres Planeten ab. Und das *müssen* wir auch, wenn wir die städtische Infrastruktur erhalten möchten. Allerdings könnten wir es in Zukunft ein bisschen anders machen, denn die archaische Regenerationskraft der Natur mitten in unseren Ballungszentren bringt ein großes Potenzial mit sich. Anstatt die Natur mühsam zu unterdrücken, könnten wir sie ins Stadtbild integrieren und die illusionäre Unterscheidung zwischen Stadt und Natur aufheben. Die biophile Stadt der Zukunft erwächst ohne großen Aufwand aus einem Umdenken unserer Gesellschaft und insbesondere der Städteplaner und Stadtverwalter.

Die Termitenstadt

Das Ökosystem der Stadt baut sich aus drei Ebenen auf:
1) der Ebene der unbelebten Natur,
2) der Ebene der belebten Natur,
3) und der technisch-kulturellen Ebene (diese erscheint uns als »unnatürlich«).

Die Ebene der *unbelebten Natur* umfasst die geologischen Gegebenheiten, auf denen das Stadtökosystem entsteht. Damit meine ich die materiellen Landschaftselemente wie Gestein, Böden, Hügel, Berge, Sandstrände, Schotterflächen, Senken, Flüsse, Täler, Seen und so weiter. Die Oberflächenstruktur der Erde ist die Grundlage jedes Ökosystems, also nicht nur der Stadt.

Die zweite Ebene des Stadtökosystems, die *belebte Natur*, sind alle Lebewesen, die in der Stadt leben. Das sind die Pflanzen, Tiere, Mikroorganismen und wir Menschen. Sie alle stehen in Beziehung zueinander. Auch diese Ebene ist in jedem Ökosystem zu finden. Alle Lebewesen aller Ökosysteme zusammengenommen werden als »Biosphäre« bezeichnet. Die Bewohner der Stadt sind Teil der Biosphäre der Erde.

Erst die dritte Ebene eines Stadtökosystems unterscheidet unsere Ballungszentren von manchen anderen Ökosystemen. Es ist die *technisch-kulturelle* Ebene. Sie umfasst sämtliche Bauwerke, die Infrastruktur, Fabriken, Kneipen, Bibliotheken, Schulen, Baustellen, U-Bahnen – einfach alles, was der menschlichen Technik entspringt oder zu unserer Kultur gehört. Aber da wir fast jedes Ökosystem der Erde bereits besiedelt und beeinflusst haben, eignet sich auch diese Ebene nicht mehr, um Stadtökosysteme von anderen Ökosystemen klar zu unterscheiden. Wir finden die technisch-kulturelle Ebene heute in fast jedem Wald, am Meer, an Seen, in den Bergen – einfach überall. Sogenannte »primäre Ökosysteme«, die von der menschlichen Technik und Kultur unbeeinflusst sind, wurden überall auf der Erde massiv zurückgedrängt. Die letzten Bestände des Amazonas-Regenwaldes sind Beispiele für primäre Ökosysteme. Außerdem findet man solche ursprünglichen Naturräume heute noch in der Tiefsee. Die meisten unserer Ökosysteme sind sogenannte »sekundäre Ökosysteme«. Das sind Kulturlandschaften wie zum Beispiel Almen, Weiden, Ackerland, Brachen, forstwirtschaftlich genutzte Wälder – und eben die Stadtökosysteme. Die einzige Besonderheit der Stadt ist die Tatsache, dass dort extrem viele Menschen auf engem Raum zusammenleben und dass der städtische Erdboden besonders stark versiegelt und dicht bebaut ist. Der Mensch wird in Städten zum wichtigsten Standortfaktor. Genau deswegen sind wir auch der entscheidende Faktor für die Zukunft der Stadt. Ob wir in 20 Jahren in biophilen Städten leben oder in vergifteten, liegt an uns und unserem Umgang mit dem Stadtökosystem.

Aber auch das Vorhandensein von Technik und moderner Architektur macht die Stadt nicht »unnatürlich«. Viele Tiere – wie zum Beispiel Raben, Krähen und Affen – verwenden Werkzeuge und somit einfache Technologien. Ab welchem Punkt ist der Einsatz von Werkzeug unnatürlich? Bei uns Menschen hat sich die Fähigkeit, Technik anzuwenden, im Laufe der Evolution herausgebildet. Auch das Gehirn, das uns dazu befähigt, entspringt der Natur. Die Entwicklung von Technik war somit ein natürlicher Prozess – genau wie bei den Affen und Frühmenschen. Unsere zunächst primitiven Werkzeuge wurden immer anspruchsvoller, und heute werden die Städte vor allem mit Baggern, Planierraupen und Kränen gebaut, und wir benutzen Schnellbahnen und U-Bahnen. Auch Termiten betreiben eine Form von Architektur, die ihre Bauten zu stabilen Behausungen macht. Ihre Türme ragen hoch in die Luft und sind statisch so ausgeklügelt, dass sie auch bei Stürmen nicht zusammenbrechen. Die höchsten Termitenbauten der Erde sind sieben Meter hoch und befinden sich in Afrika. Manche Termiten-Bauwerke weisen an der Basis einen Durchmesser von 30 Metern auf. Das sind eigentlich schon Städte. Ja, Termiten bauen Städte, genau wie wir! Und sie legen komplizierte unterirdische Tunnel- und Höhlensysteme an, so wie wir das beim Bau eines U-Bahn-Schachtes oder einer Passage machen. Sie errichten Lüftungsschächte, Heizungen und Klimaanlagen. Insektenforscher nennen den Termitenbau einen »Superorganismus«, der durch die Kooperation und das Zusammenspiel seiner Bewohner Eigenschaften besitzt, die weit über die Fähigkeit des Einzelnen hinausgehen. Er basiert auf Technologie, ist aber Teil der Natur. Termiten bauen sogar ihre eigene Nahrung an, indem sie Pilze kultivieren. In ihren Behausungen gibt es außerdem Vorratskammern, und sie legen Wasserreserven an. Für die ständigen Baumaßnahmen wird Mörtel aus eigener Herstellung in geeigneten Räumen eingelagert. Termiten bauen auch gut befestigte Wegenetzwerke im Bereich von einigen Hundert Metern rund um ihr Zuhause. Diese Straßen werden von »Soldaten« bewacht und dienen der raschen und ungehinderten Fortbewegung beim Transport von Baumaterial und gesammelten Lebensmitteln. Mithilfe von Pheromonen, also Botenstoffen, die der Verständigung dienen, sprühen die Termiten Markierungen auf ihr Straßennetzwerk, die den Verkehr regeln. Die »Richtungsfahrbahnen« sind oft getrennt, und es gibt Vorrangregeln. Die Grenze zwischen »natürlich« und »unnatürlich«, die wir im Alltag mit großer Leichtigkeit ziehen, lässt sich ebenso einfach dekonstruieren. Es ist nicht möglich, diese Grenze hieb- und stichfest zu begründen, es sei denn, man nimmt den Menschen aus dem Naturreich heraus und sagt, dass die Menschenstadt im Gegensatz zur Termitenstadt einfach deswegen unnatürlich sei, weil sie von Menschen gebaut wurde. Genau diese Richtung möchte ich aber nicht einschlagen. Ich stelle die Trennung zwischen Mensch und Natur ja in Frage und möchte das Bewusstsein dafür schärfen, dass unsere Städte Ökosysteme sind und das Potenzial haben, zu noch komplexeren, gesünderen Lebensräumen zu werden. Der Widerspruch zwischen Stadt und Natur ist eine Illusion, genauso wie wir in einer Termitenstadt keine Grenze zur Natur finden können. Moderne Architekten schauen sich von Termiten sogar neue Technologien ab. Die Termitenstadt gilt in vielen Belangen als Prototyp der Architektur der Zukunft. Sogar die Erbauer von Wolkenkratzern studieren bereits die Technologien ihrer Kollegen aus dem Insektenreich. Klimatechniker arbeiten daran, das Wissen der Termiten beim Bau von Belüftungen und Klimaanlagen zu übernehmen. Wir werden unsere Metropolen in Zukunft also teilweise mit Termitentechnologie errichten.

Doch beginnen wir in der Gegenwart und in der nahen Zukunft, bevor wir uns der großen Vision einer biophilen Stadt zuwenden. Fangen wir mit der Renaturierung und Revitalisierung von Stadtökosystemen an, die bereits da sind und die wir in der Vergangenheit vernachlässigt, zerstört oder tief unter die Stadt verbannt haben.

Das große Gesundheitspotenzial der Stadtbäume

In Toronto, Kanadas größter Metropole, wurde 2015 eine aufwändige Untersuchung über die Wirkung von Bäumen auf die Stadtbewohner abgeschlossen. Die im internationalen Wissenschaftsjournal *Nature* veröffentlichten Ergebnisse sind bahnbrechend. Der Studienleiter Marc Berman, Professor für Umwelt- und Neuropsychologie an der Universität von Chicago, konnte gemeinsam mit seinem Team zeigen, wie überraschend stark die gesundheitsfördernde Wirkung von Bäumen auf Stadtmenschen ist. Für die Studie wurden alle Bäume von Toronto erfasst, die an Straßen, entlang von Alleen, an Gehwegen oder auf Verkehrsinseln wuchsen. Parks und Grünflächen wurden dabei nicht berücksichtigt. Die Forscher hatten es wirklich nur auf gewöhnliche Stadtbäume und kleinere grüne Bereiche abgesehen, die sich ins urbane Stadtbild einfügten. Der Aufwand, um alle Bäume in einer Stadt wie Toronto mit 2,6 Millionen Einwohnern lückenlos zu erfassen, ist erheblich. Daher setzten Berman und seine Mitarbeiter Satellitenbilder ein. Danach kombinierten sie ihre Baumdaten mit den Gesundheitsdaten der Stadtbewohner, die sie von den Krankenkassen zur Verfügung gestellt bekommen hatten. Das Ergebnis: Je mehr Bäume in einem Viertel wuchsen, desto weniger chronische Krankheiten wie beispielsweise Herz-Kreislauf-Erkrankungen, Bluthochdruck oder Diabetes traten dort auf. Mit der Zunahme der Anzahl der Bäume sank außerdem der Einsatz von Medikamenten.

Berman und seine Kollegen stellten auch statistische Vergleiche an. Das Ergebnis war sehr aussagekräftig: Bereits zehn zusätzliche Bäume rund um den Wohnblock eines durchschnittlichen Bewohners von Toronto würden zu einer biologischen Verjüngungskur um sieben Jahre führen.[130] Faisal Moola, Professor für Waldökologie an der Universität von Toronto, zeigte sich im Interview mit der Stadtzeitung *The Star* sehr erfreut darüber, dass sich die gesundheitliche Bedeutung von Stadtbäumen damit zum wiederholten Mal als beträchtlich erwiesen hatte. Er forderte mehr Bäume in Kanadas Großstädten. Glenn De Baeremaeker, Stadtrat in Toronto, betrachtete die urbane Baum-Studie ebenfalls als richtungsweisend. Er sieht das Pflanzen von Bäumen als »eine fast schon magische Lösung, und das für Peanuts«.[131] Es spricht nichts dagegen, die Studienergebnisse aus Toronto auf Berlin, Wien, Rom, New York City, Houston, Buenos Aires, Sydney und jede andere Großstadt zu übertragen. Marc Berman erbrachte mit seiner Arbeit einen weiteren wichtigen Beweis dafür, dass mehr Bäume in der Stadt zu einer signifikanten Verbesserung des Gesundheitszustandes der Stadtbewohner führen würden.

Diese Ergebnisse werden von zahlreichen anderen Studien gestützt. Beispielsweise fanden Wissenschaftler an der Universität von West Florida heraus, dass städtische Grünflächen das Risiko eines Schlaganfalls bei den Anwohnern signifikant verringern. Eine groß angelegte Studie in Shanghai ergab, dass Stadtbäume zu einer höheren Lebenserwartung der Bewohner führen. Zu demselben Schluss kam eine Untersuchung der Universität von Glasgow.[132]

Die Wirkung der Stadtbäume lässt sich auf mehreren Ebenen erklären. Zunächst ist es naheliegend, dass Pflanzen durch die Photosynthese die Stadt mit Sauerstoff anreichern und somit einen wertvollen Beitrag für saubere Luft leisten. Gleichzeitig nehmen sie Kohlendioxid auf, das in höheren Konzentrationen schädlich wird. Bäume entziehen der Stadt den gefährlichen Feinstaub, der für Lungenerkrankungen, Asthma, Allergien und Entzündungen im Bereich von Hals, Nase und Ohren verantwortlich ist. Je dichter eine Stadt mit Bäumen bepflanzt ist, desto ausgeprägter ist die vor Feinstaub schützende Wirkung. Birken filtern mit ihren zahlreichen, dicht wachsenden kleinen Blättern und den herabhängenden, rauen Kätzchen, in denen sich die Samen befinden, besonders viel Staub. Auch Eschen, Ulmen, Magnolien und die immergrüne Stechpalme gelten als wahre Feinstaubschlucker. Diese Reinigungsfunktion der Stadtbäume ist für unsere Gesundheit sehr wichtig.

Die höchste Feinstaubbelastung wird in Städten gemessen.[133] Mittlerweile hat sich herausgestellt, dass Feinstaub für das menschliche Gehirn schädlich ist und dort Entzündungen auslöst, die zu neurologischen Erkrankungen führen.[134] Wie ich bereits dargelegt habe, wissen wir aus der modernen Psychoneuroimmunologie, dass durch Entzündungsvorgänge im Gehirn auch Depressionen und psychische Störungen ausgelöst werden können. Hinzu kommen Erkrankungen der Atemwege und des Herz-Kreislauf-Systems, die auf Feinstaub zurückgehen. Eine Studie, die in der international bekannten Medizinzeitschrift *The Lancet* veröffentlicht wurde, kam zu einem alarmierenden Ergebnis. Bereits Feinstaubkonzentrationen, die deutlich unter den aktuellen durch die Weltgesundheitsorganisation (WHO) festgelegten Grenzwerten liegen, können Lungenkrebs sowie bösartige Tumore an den Drüsen des menschlichen Körpers hervorrufen. Die Schwellenwerte der WHO gelten auch innerhalb der EU. Sie sind offenbar zu hoch angesetzt. Eine von der Europäischen Union in Auftrag gegebene und im Jahr 2005 veröffentlichte Studie kam zu dem Schluss, dass in der EU jedes Jahr 65 000 Menschen vorzeitig an den Folgen von Feinstaubbelastung versterben.[135] Das deutsche Umweltbundesamt gab 2014 bekannt, dass alleine in Deutschland jährlich 47 000 Personen an den Folgen von Krankheiten, die auf Luftverschmutzung zurückgehen, zu früh sterben.[136] Bei dieser erschreckenden Zahl sind neben den durch Feinstaub bedingten Todesfällen auch solche berücksichtigt, die auf Stickoxide zurückgehen.

In Städten ist die Belastung der Luft durch Stickoxide generell sehr hoch – insbesondere in Vierteln mit hohem Verkehrsaufkommen.[137] Vor allem Dieselfahrzeuge geben sie ab. Stickoxide reizen die Atemwege, schädigen die Bronchien und begünstigen die Entstehung von Asthma. Außerdem können sie Schwindel,

Kopfschmerzen und Atemnot auslösen. Abgesehen davon haben Stickoxide eine klimaschädliche Wirkung, die um ein Vielfaches stärker ist als die von Kohlendioxid. Stickoxide gehören zu den schlimmsten Klimaschadstoffen, auch wenn sich die öffentliche Diskussion fast nur um Kohlendioxid dreht. 2017 publizierte das international bekannte Wissenschaftsjournal *Science* die Ergebnisse einer Studie, die belegt, dass Bäume Stickoxide aufnehmen und aus der Luft filtern.[138] Flächendeckende Stadtbegrünungen und mehr Stadtwälder würden also auch eine effiziente Maßnahme darstellen, um Stickoxide sowie Feinstaub von Dieselmotoren aus der Stadtluft zu filtern. Die biophilen Lösungen sind besser als Fahrverbote, da sie einen Mehrfachnutzen bringen.

Die enorme Gesundheitswirkung von Stadtbäumen, die Marc Berman in Toronto bewiesen hat, lässt sich aber bei weitem nicht nur durch die luftreinigende Wirkung der Bäume erklären. Wie ich schon erläutert habe, wirkt bereits der bloße Anblick von Bäumen vor dem Fenster beruhigend und reduziert den Gehalt an Stresshormonen im Blut. Der Blick ins Grüne aktiviert den Parasympathikus, unseren Nerv der Ruhe und Regeneration. Dieser unterstützt, wie bereits dargelegt, die Selbstheilungskräfte unseres Körpers bis zu den Organen und Zellen. Die neurobiologische Wirkung von Bäumen und anderen Elementen der Natur ist der Schlüssel zum Verständnis des Biophilia-Effekts in der Stadt.

Hinzu kommt auch, dass Bäume Terpene abgeben. Zwar spielen diese bei einzelnen Stadtbäumen keine so große Rolle wie in einem geschlossenen Stadtwald, aber in der Gesamtschau sollten wir auch im Hinblick auf Alleebäume und Straßengehölze diese bioaktiven Substanzen nicht vergessen, die unser Immunsystem und unsere Anti-Krebs-Geschütze nachweislich stärken. Deswegen plädiere ich dafür, bei Pflanzungen in der Stadt auch die »Königin der Waldmedizin« nicht zu vergessen, nämlich die Rotkiefer. Wir sollten uns an der Natur ein Beispiel nehmen und die Vielfalt hochhalten, denn sie erhöht die Komplexität eines Stadtökosystems. Daher sollten Stadtplaner möglichst viele verschiedene Baumarten wählen. Wie ich schon geschrieben habe, geben alle Gehölze – auch die Laubbäume – Terpene ab. *Jedes* Terpen enthält als chemisches Gerüst Isopren. Und da für Isopren ebenfalls eine immunsystemstärkende Wirkung nachgewiesen ist, kann man bei der Auswahl der Stadtbäume nicht viel falsch machen.

Es gibt noch einen vierten Wirkungsmechanismus der Stadtbäume. Sportwissenschaftler und Psychologen konnten bereits in vielen Studien nachweisen, dass Stadtbegrünungen uns dazu motivieren, mehr Sport zu treiben und uns mehr im Freien zu bewegen. Je mehr Bäume in unserer Wohngegend wachsen, desto eher raffen wir uns zum Joggen, Radfahren und Spazierengehen auf oder begeben uns zum Krafttraining in einen Park. In China wird auf städtischen Grünflächen außerdem Senlinyu praktiziert. Wissenschaftler an der Universität von Glasgow stellten fest, dass Stadtbewohner, die in der Nähe von Grünflächen mit Bäumen leben, dreimal so viel Sport und gesunde Bewegung betreiben wie Stadtbewohner aus eher grauen Vierteln.[139]

Bäume in die Stadt einladen

Einzelne Gehölze lassen sich praktisch überall pflanzen. Wir können sie in ein Industriegelände setzen – auch dann, wenn dieses noch in Betrieb ist. Platz gibt es dort bestimmt genug, und sei es nur am Rand der Flächen. Wir können Bäume auf Dächern pflanzen, wie das zum Beispiel auf dem bekannten Hundertwasserhaus in Wien, auf der Wiegmannklinik in Berlin sowie auf der Fachschule Viventa für Berufs- und Erwachsenenbildung in Zürich erfolgreich gemacht wurde. Die Stadtverwaltung von Chicago fördert seit Jahren die Pflanzung von Bäumen auf den Dächern der Metropole mit drei Millionen Einwohnern. 50 000 Quadratmeter Dachfläche sind in Chicago bereits begrünt. Unter den Dachbäumen finden sich zahlreiche stattliche Exemplare mit ausladenden Kronen. Chicago soll ein komplexeres Ökosystem werden. Die Bäume in luftiger Höhe schützen die Gebäude durch ihr Kronendach vor direkter Sonneneinstrahlung. Dadurch wird es im Sommer in den Häusern nicht zu warm, und der Energieverbrauch für Klimaanlagen geht zurück. Die Betonflächen heizen sich weniger stark auf, und der urbane Wärmeinseleffekt nimmt ab. Das Erdreich auf den Dächern dient im Winter außerdem als effizientes Isoliermaterial. Die Bäume fangen bei starken Regenfällen einen Teil des Wassers auf. Unter ihren schattenspendenden Kronen wurden auf manchen Dächern Wege und Sitzgelegenheiten eingerichtet, sodass die Stadtbewohner dort Erholung finden. Einige dieser Baumgruppen erwecken den Eindruck eines »Mini-Stadtwaldes« in luftiger Höhe. Zu internationaler Berühmtheit haben es die drei majestätischen Lederhülsenbäume auf dem Hauptquartier des Finanzberatungsunternehmens *Morningstar* gebracht. Diese rund um Chicago von Natur aus wachsenden Bäume, die auf Englisch als »Honey Locust Trees« bezeichnet werden, mussten bei ihrer Pflanzung in einer spektakulären Aktion mithilfe eines Krans nach oben befördert werden. In keiner anderen Stadt in den USA wird mehr Aufwand betrieben, um Bäume auf die Dächer zu bringen, als in Chicago.[140] In Deutschland kürte die Fachvereinigung Bauwerksbegrünung (FBB) im Jahr 2012 einen privaten Dachgarten in Karlsruhe zum Gründach des Jahrzehnts. Die Auszeichnung ging an Ulrich F., der seine Dachterrasse in eine biophile Oase verwandelt hat, wo zahlreiche Sträucher und Bäume in großen Pflanzkübeln gedeihen.[141]

Wir sollten jede geeignete ökologische Nische in der Stadt nutzen, um Bäume zu pflanzen. Am Straßenrand finden oft Alleebäume ihren Platz. Selbst auf Asphaltflächen ohne Erde können wir Gehölze einladen, indem wir große Pflanzkästen errichten, in die wir dann kleinwüchsige Bäume und Sträucher setzen. Manchmal brechen Stadtgärtner auch ein Stück Asphalt am Straßenrand auf und schaffen so einen Streifen für Alleereihen oder für einzelne Bäume und Büsche. Friedhöfe und Gedenkstätten eignen sich vorzüglich, um sie mit ästhetisch ansprechenden Bäumen zu bepflanzen. Dasselbe gilt für unsere Parks. Je mehr sich ein Stadtpark einem Stadtwald annähert, desto höher wird die Komplexität des Stadtökosystems. Wir sollten ruhig den Mut zu mehr Wildheit in der Stadt haben, um den urbanen Biophilia-Effekt zu verstärken.

Eine besonders interessante Möglichkeit, Bäume mit städtischer Infrastruktur zu verbinden, habe ich mir an der Westküste von Wales in Großbritannien angeschaut. Dort errichten Bauern auf traditionelle Weise Mauern aus Steinen und Erde, auf denen Sträucher und Bäume wachsen. Es handelt sich also um Gehölz-Hecken auf einer gut befestigten Basis. Solche »organischen« Mauern könnten wir in der Stadt als Begrenzung, Sichtschutz sowie als Barriere gegenüber Straßenlärm und -abgasen nutzen. Auf diese Weise bekommen Mauern eine mehrfache Funktion. Sie sind dann keine kahlen Abgrenzungen mehr, sondern Lebensräume für Gehölze, die unsere Luft reinigen und mit Terpenen anreichern. Sie bieten Insekten, Vögeln und kleinen Säugetieren ein Refugium. Diese Tiere können sich entlang der grünen Mauern bewegen. Wir könnten ein regelrechtes Netzwerk aus solchen heckenähnlichen Mauern entstehen lassen. Das wäre bereits ein wirksamer Beitrag, um die Artenvielfalt und Komplexität des Stadtökosystems zu erhöhen. Bei solchen naturnahen Hecken, die sich durch eine vom

Menschen stark beeinflusste Landschaft ziehen, sprechen Biologen von »Ökobrücken«, weil sie die Lebensräume von Pflanzen und Tieren miteinander verbinden und ihnen zur Fortbewegung dienen. Diese Ökobrücken stellen die Vorstufe zu meinem Vorschlag von Biophilia-Korridoren dar, bei denen es sich um wesentlich breitere Ökobrücken handelt, die auch vom Menschen zur Fortbewegung in der Stadt genutzt werden können. Ich werde diese Idee weiter unten näher beschreiben.

Ein weiteres Konzept, um freie Nischen für Stadtbäume zu nutzen, ist die Pflanzung von Gehölzen auf Parkplätzen. Ein Mann aus Wien sagte mir einmal: »Hören Sie auf mit Ihren Bäumen, wir brauchen jeden Quadratmeter in der Stadt für neue Parkplätze.« Durch das sogenannte »Green Parking« lässt sich dieser scheinbare Konflikt zwischen biophiler Stadtplanung und den Interessen der Autofahrer problemlos lösen. Zwischen den Parkplatzreihen werden beim Green Parking Baumreihen gepflanzt. Die Bäume spenden Schatten, sodass sich die parkenden Autos und der Asphalt im Sommer nicht so stark aufheizen. Auch das mindert den Wärmeinseleffekt der Stadt. Der natürliche Boden, auf dem die Bäume wachsen, nimmt Wasser auf, sodass bei Regenfällen keine tiefen Pfützen oder Überschwemmungen auf dem Parkplatz entstehen. »Green Parking« eignet sich auch für große Parkplätze bei Einkaufszentren oder auf deren Dächern. Wegen ihrer Größe könnten diese Hybridflächen aus Parkplatz und Grünraum einen wertvollen Beitrag zur Erhöhung der Komplexität des Stadtökosystems leisten. Auch die US-amerikanische Umweltschutzagentur EPA empfiehlt die Kombination aus Parkplätzen und Baumpflanzungen zur Aufwertung des Lebensraumes in der Stadt.[142]

Die Stadtverwaltung von Nürnberg bietet ihren Bürgern die Möglichkeit, Baumpate zu werden. Dazu wurden überall im Stadtgebiet am Straßenrand Pflanzflächen angelegt. Je nach Standort bieten die Flächen Platz für einen oder mehrere Bäume. Jeder Baumpate erhält eine Pflanzfläche in seiner Nähe zugeteilt und bekommt von der Stadtverwaltung einen Gutschein für Jungpflanzen im Wert von 50 Euro. Es bleibt ihm selbst überlassen, wie er die Rabatten unter den Bäumen gestaltet und welche Pflanzen er dort setzt. Nur die Bäume werden von der Stadtverwaltung gepflanzt. Die Baumpaten dürfen die Baumscheiben einzäunen, wobei die Höhe des Zauns aus ästhetischen Gründen maximal 50 Zentimeter betragen soll. Die Verantwortung für die Kontrolle und gegebenenfalls für den Rückschnitt der Bäume liegt bei der Stadtverwaltung. Die Baumpaten sorgen dafür, dass der Baum immer genug Wasser bekommt. Auf der offiziellen Homepage der Stadt Nürnberg wird der Nutzen des Projektes für die Paten folgendermaßen beschrieben: »Sie verschönern die direkte Umgebung vor Ihrer Haustüre und steigern somit die Lebensqualität in Ihrem Viertel.« Davon profitieren auch andere Stadtbewohner.[143] Unter dem Stichwort »Baumpatenschaft« lassen sich im Internet zahlreiche Möglichkeiten zur Förderung der Stadtbegrünung finden – auch in anderen Städten.

Der gemeinnützige Verein »Green City« in München betreibt gemeinsam mit der Stadtverwaltung ein innovatives Projekt zur temporären Begrünung von Straßen, an denen sonst nichts Grünes wächst. Hunderte »Wanderbäume« aus 15 heimischen Arten werden in großen, mobilen Pflanztöpfen durch München bewegt und für einige Zeit auf grauen Straßen und Betonflächen aufgestellt. In regelmäßigen Abständen wechseln sie ihre Standorte. Im Rahmen dieses Projekts ist München aber nicht nur reich an »Baumnomaden« geworden, sondern es wurden seit 1992 bereits 150 Bäume dauerhaft gepflanzt.[144]

Der »Urbanophilia-Effekt«

Ich habe bereits erwähnt, wie die Pflanzen und Tiere von selbst Einzug in die Stadt halten, wenn man ihnen Flächen überlässt. Jede Stadt verfügt über Brachen, ehemalige Industriegelände, aufgelassene Bahnhofsareale, Schutthalden und so weiter. Diese Zonen sind Hotspots der Stadtökologie. Botaniker finden auf ihnen oft sogar seltene Arten. Das liegt daran, dass auf Brachen meist karge Böden vorherrschen. In vielen Fällen sind es steinige Flächen mit wenig Humus. Dieser muss nämlich erst entstehen – sofern man ihn lässt. Die aufkommenden Pionierpflanzen müssen also um ihre Lebensgrundlagen kämpfen. Sie stehen in starker Konkurrenz zueinander. Solche Standorte entwickeln immer eine hohe Artenvielfalt, weil es keiner Spezies gelingt, die Überhand über die anderen zu gewinnen. Städtische Brachen bringen ideale Voraussetzungen für die Entstehung artenreicher Ökosysteme mit. Wir sollten ihnen auf dem Weg zur biophilen Stadt unbedingt Beachtung schenken.

In der Stadt siedeln sich oft Pflanzen an, die als Heilkräuter gelten. Den urtümlichen Ackerschachtelhalm, der als lebendes Fossil auch auf urbanen Flächen zu finden ist, habe ich zu Beginn dieses Buches bereits erwähnt. In der Stadt siedelt sich häufig das Schmalblättrige Weidenröschen an, ein Nachtkerzengewächs mit violetten oder purpurroten kelchförmigen Blüten. Die Pollen sind bei Stadtbienen eine beliebte Nahrung; das Gewächs ist also eine »Bienenweide«. In der Volksheilkunde wurde das Schmalblättrige Weidenröschen gegen Erkrankungen des Magens, des Darms und der Prostata eingesetzt. Eine pharmazeutische Studie aus dem Jahr 2013 kam zu dem Ergebnis, dass die Pflanze Wirkstoffe enthält, die unser Immunsystem regulieren und insbesondere bei Prostatakrebs das Absterben von

Tumorzellen begünstigen.[145] Die Heilpflanze ist auf der gesamten Nordhalbkugel von Natur aus beheimatet und zeigt sich häufig in europäischen sowie nordamerikanischen Städten, denn sie kommt mit der Großstadt sehr gut zurecht. Sie kann sowohl auf Flächen mit Steinen und Schutt als auch auf Lehm wachsen. Es handelt sich um eine »urbanophile« Pflanze, das heißt um eine Pflanze, die das urbane Leben liebt und vom Ökosystem der Stadt angezogen wird. Ich bezeichne dieses Phänomen in Anlehnung an den Biophilia-Effekt als »Urbanophilia-Effekt«.

Die majestätische Kleinblütige Königskerze mit ihren langen gelben Blütenständen wächst auf städtischen Brachflächen in Mittel- und Südeuropa sowie Westasien. Auch sie ist ausgesprochen urbanophil und begrünt aus eigener Kraft steinige Straßenränder und Bahntrassen. Schon Hildegard von Bingen setzte Extrakte aus Königskerzen gegen Entzündungen und Depressionen ein. In der modernen Pflanzenheilkunde wird die Königskerze zur Behandlung von Erkältungen und Husten verwendet.[146] Eine urbanophile Pflanze, die typischerweise in Großstädten im gesamten Westen der USA und Kanadas vorkommt, ist das gelbblühende Lemonweed, das zwar keinen offiziellen deutschen Namen hat, aber mit »Zitronenkraut« übersetzt werden kann. Die zweite englische Bezeichnung der Pflanze, Western Stoneseed (»West-Steinsaat«), verrät schon, dass das Gewächs auf steinigen Flächen gut gedeiht und daher ideale Voraussetzungen für das Wachstum als Pionierpflanze in der Stadt mitbringt. Das Lemonweed ist aus ethnobotanischer Sicht äußerst interessant. Nordamerikanische Ureinwohner wie zum Beispiel die Navajo und Shoshone setzten es schon lange vor der Kolonialisierung Amerikas zur Linderung von Entzündungen und Durchfällen ein. Heute wissen wir aus chemischen Analysen, dass die Pflanze die entzündungshemmende und verdauungsregulierende Chlorogensäure enthält.[147] In der indigenen Volksmedizin Nordamerikas wurde Lemonweed aber auch zur Geburtenkontrolle genutzt. Und siehe da: Eine Studie mit Mäusen an der Universität von Minnesota wies bereits 1945 nach, dass die Pflanze Wirkstoffe enthält, welche die Chance einer Befruchtung der Eizelle um 50 Prozent verringern.[148]

Sternförmige gelbe Blüten zeichnen das 30 bis 60 Zentimeter hohe Schmalblättrige Greiskraut aus. Diese Pflanze ist ein echter Urbanophiliac. Sie eroberte unzählige Großstädte in Europa, Nord-, Süd- und Zentralamerika sowie Australien.[149] Dort tritt sie massenweise am Rand von Straßen und Eisenbahngleisen auf, wuchert auf Güterbahnhöfen und Schuttflächen und verziert durch ihre gelbe Farbenpracht so manches Industriegebiet in der Stadt. Eine Studie aus dem Jahr 2006 legt nahe, dass das Schmalblättrige Greiskraut Wirkstoffe beinhaltet, die gegen Diabetes helfen.[150] Das urbanophile Pioniergewächs wanderte im frühen 19. Jahrhundert aus Südafrika in die genannten Teile der Erde ein und verbreitete sich dort als sogenannter »Neophyt«, also als pflanzlicher Neuankömmling. Es kam mit dem Ladegut von Schiffen und Güterzügen in seine neuen Heimatländer. Gerade Städte bieten mit ihren vielen Bahnhöfen, Häfen, botanischen Gärten, Vogelfutterstellen und heute auch Flugplätzen Anknüpfungspunkte für Neophyten aus aller Welt, die sich dann auf urbanen Flächen niederlassen. Die reisenden Pflanzen machen unsere Städte teilweise zu internationalen Ökosystemen. Als »invasive Arten« haben sie sich unter Biologen nicht nur beliebt gemacht. Das Schmalblättrige Greiskraut ist harmlos und stellt keine ökologische Gefahr für unsere Pflanzenwelt dar. Das kann man aber beispielsweise über den Japanischen Staudenknöterich nicht sagen, der im 19. Jahrhundert als Futtermittel für die Tiermast nach Europa, in die USA und nach Australien eingeführt wurde. Er wird bis zu vier Meter hoch, hat Blätter, die größer als eine menschliche Hand sind, und bildet rasant Ausläufer. Seit der Einfuhr in seine neuen Lebensräume verbreitet er sich in der Wildnis und verdrängt heimische Pflanzen, die ihm unterlegen sind. Auch in der Stadt ist er anzutreffen, spielt dort aber auf den meisten Standorten keine nennenswerte Rolle, da er nasse und nährstoffreiche Böden bevorzugt. Am häufigsten wuchert er entlang von Bächen oder auf grundwassernahen Böden, die zeitweise überflutet werden.

Es gibt also Neophyten, die harmlos sind, und andere, die durchaus ein Problem für die heimische Pflanzenwelt darstellen können. Extrem urbanophil – und völlig harmlos – ist der Weiße Fuchsschwanz. Er stammt ursprünglich aus dem Zentrum der USA, verbreitete sich in ganz Nordamerika sowie später als Neophyt nahezu auf dem gesamten Globus. Daher ist er in vielen Großstädten der Erde anzutreffen – auch in Europa. Der Weiße Fuchsschwanz ist mit dem Garten-Amaranth verwandt, einer alten Kulturpflanze aus den südamerikanischen Anden, deren Körner dort schon seit mindestens 10 000 Jahren als Eiweißquelle genutzt werden.

Weiterere sehr wichtige Pioniere der Bodenbildung in der Stadt sind die Flechten. Ich habe sie bereits kurz erwähnt. Flechten sind keine Pflanzen im eigentlichen Sinn, sondern Symbiosen aus Pilzen und Algen. Der Pilz bildet einen Flechtenkörper mit zahlreichen Furchen und mikroskopisch kleinen Hohlräumen. Die Algenzellen bewohnen dieses Gerüst und lassen sich von dem Pilz schützen und mit Feuchtigkeit versorgen, während sie im Gegenzug die Energie, die sie durch Photosynthese erzeugen, mit ihm teilen. Das geniale Duo aus Pilz und Alge gehört zu den ältesten Lebensgemeinschaften der Erde und hat den gesamten Globus erobert. In Städten finden wir die Flechten oft auf Pflastersteinen, Mauern, Fassaden, an Straßenrändern oder auf Asphaltwegen. Sie warten überall darauf, ihre ökologische Aufgabe bei der Verwandlung von Betonwüsten in artenreiche Lebensräume wahrzunehmen, wie sie das auch in jedem anderen Ökosystem machen würden. Wie erwähnt können sie Felsen, Steine, Schutt sowie Beton- und Asphaltreste für die Bodenbildung vorbereiten. Sie rauen die Oberfläche des Gesteins auf, sodass sich daran Erdpartikel und organische Substanzen festsetzen können, die den Pionierpflanzen zum Anwurzeln dienen. Die Wurzeln treiben den Prozess der Bodenbildung dann weiter voran. Später siedeln sich auch Sträucher an.

Wenn sich die Natur eine Stadtfläche zurückholt, folgen auf die Pionierpflanzen, von denen ich gerade einige aufgezählt habe, die sogenannten »Pionierbäume«. Die Hängebirke, auch als »Sandbirke« bezeichnet, produziert Unmengen an Samen, die sie in Stadtökosystemen in Europa, Nordamerika und Asien verteilt. Sie ist durch ihr tellerförmiges, flaches Wurzelsystem in der Lage, auch auf felsigem und steinigem Untergrund Fuß zu fassen – in der Stadt gleichermaßen wie in der Wildnis. Das Flachwurzelsystem der Hängebirke »kriecht« unter den Bodenbelag und bricht ihn oberflächlich auf. Das ist der nächste Schritt in der sanften Umwandlung einer Stadtfläche durch die Kräfte der Natur. Auf dieselbe Weise gehen auch andere urbanophile Pionierbäume mit flachen Wurzelsystemen vor. Dazu zählen in Europa beispielsweise die Salweide, der Spitzahorn, der Bergahorn, der Holunder und die Europäische Espe, die auch »Zitterpappel« genannt wird. In den Großstädten Nordamerikas finden wir als Pionierbäume zum Beispiel die Amerikanische Espe, die Erle, die Red Cedar, die Pappel und die Robinie. Letztere, die Robinie, wächst als Pionierbaum auch in mitteleuropäischen Städten und beteiligt sich hier an der schleichenden Verwandlung von Stadt zu Wald. In Berlin und Wien zum Beispiel dominieren Robinien oft riesige Brachflächen, verwilderte Parks oder große Abschnitte in Stadtwäldern.

Robinien sind als Neophyten aus Nordamerika nach Europa gekommen und zeichnen sich durch leuchtend weiße Schmetterlingsblüten mit einem süßen Honigduft aus. Sie werden oft irrtümlich für Akazien gehalten, weshalb Botaniker ihnen den Namen »Scheinakazien« gegeben haben. Die Samen der Robinie sind im Vergleich zu anderen Bäumen extrem langlebig und widerstandsfähig. Sie überdauern viele Jahre, bis eine Nische im Stadtökosystem für sie frei wird, in der sie dann keimen können. Robinienholz ist sehr hart, aber dennoch biegsam. Nordamerikanische Ureinwohner bauten sich daher oft Pfeil und Bogen daraus. Die Blüten des Baumes werden in der Pflanzenheilkunde gegen trockene und rissige Haut eingesetzt. Anders als manchmal behauptet wird, stellt die Robinie keine ökologische Gefahr für die Pflanzenwelt in Europa dar, auch nicht in der Stadt. Die urbane Artenvielfalt ist trotz ihrer Anwesenheit sehr hoch.

Mehr Öko statt System

Die ersten zusammenhängenden Formationen aus Bäumen und Sträuchern, die bei der Neubesiedelung einer Fläche durch die Pflanzenwelt auftreten, werden als »Pionierwälder« bezeichnet. In den Pionierwäldern Berlins wurden 39 verschiedene Baumarten festgestellt, von denen etwa die Hälfte einheimisch und der Rest zugewandert ist. Sie sind über das gesamte Stadtgebiet verstreut. Wenn man die Sträucher hinzuzählt, kommt man in Berlin auf 79 verschiedene Gehölzarten, welche die verwildernden Flächen der Stadt dominieren.[151] Hinzu kommen verholzende Kletterpflanzen wie Efeu sowie Brombeerpflanzen und unzählige Kräuter, Gräser und Blumen. Diese Zahlen belegen, dass Stadt und Biodiversität nicht im Widerspruch zueinander stehen.

Den nächsten großen Schritt in der natürlichen Wiederbesiedelung von Stadtflächen vollziehen die Tiefwurzler. Sie »verankern« das Ökosystem Wald durch ihre starke Wurzelenergie in der Tiefe. Dadurch stabilisieren sie auch den Boden und schützen ihn vor Abtragung. Solche Tiefwurzler sind in Europa zum Beispiel die Stieleiche, die Hainbuche, die Edelkastanie, die Europäische Lärche, der Eingriffelige Weißdorn und der Kreuzdorn. In Nordamerika sind es die Weißeiche, die Hickorynuss, der Blackgum oder Tupelobaum, der Sassafrasbaum, der Sweetgum oder Amerikanische Amberbaum, die Weiße Walnuss, die Ost- und die Westamerikanische Lärche sowie ebenfalls die Kastanie. Weltweit vorkommende Tiefwurzler sind Pinien und Rotkiefern – die »Königinnen der Waldmedizin«. Buchen wurzeln ebenfalls tief, gehören aber zu den sogenannten »Herzwurzlern«. Ihr herzförmiges Wurzelsystem ist eine Mischung aus flachen und tiefen Wurzeln. Solche Bäume sind in natürlichen Wäldern zu finden. Sie gehören zu den Waldökosystemen in Europa beziehungsweise Nordamerika.

Wenn wir Brachen und verwildernde Flächen in unseren Großstädten dabei unterstützen möchten, sich zu ökologisch intakten Stadtwäldern zu entwickeln, sollten wir aktiv dafür sorgen, dass sich auch tiefwurzelnde Bäume hinzugesellen. Zum einen können wir deren Wachstum passiv unterstützen, indem wir Konkurrenzbäume entfernen. Durch Pflanzungen können wir die Artenzusammensetzung unserer zukünftigen Stadtwälder zum anderen aber auch aktiv mitgestalten. Dabei sollten wir uns an der Vegetationszone orientieren, in der sich die jeweilige Stadt befindet. Es muss nicht immer Mischwald sein. Beispielsweise sollte ein naturnaher Stadtwald in Oulu, der mit 200 000 Einwohnern größten Stadt in Nordfinnland, von borealen Nadelbäumen dominiert werden, denn im finnischen Norden herrscht von Natur aus die Taiga vor. Und Reykjavik braucht Wälder mit Birken und Ebereschen! Island war früher nicht so kahl wie heute, sondern reich bewaldet. Wegen der Abholzungen durch die Wikinger für den Kriegsschiffbau sowie aufgrund der nachfolgenden Beweidung sind Bäume weitgehend aus Island verschwunden. Neue Stadtwälder in Reykjavik könnten endlich zur Rückkehr der Waldökosysteme auf die Insel führen. Zukünftige Stadtökosysteme in Nairobi, der Hauptstadt Kenias, würden den drei Millionen Einwohnern savannenähnliche Grünflächen zur Erholung bescheren. So könnten in manchen Stadtökosystemen Abbilder des umgebenden Naturraumes entstehen. Von der individuellen Note, die eine Stadt durch die regionale Natur bekommt, geht für mich ein großer Reiz des urbanen Biophilia-Effekts aus.

In jedem Fall sind Tiefwurzler wichtig, um die Komplexität und Stabilität eines Stadtökosystems zu erhöhen. Ihre starken Wurzeln brechen den Untergrund bis tief nach unten auf, lockern das Ausgangsmaterial und beschleunigen die Verwitterung. Sie belüften die tiefen Bodenschichten. Bodenorganismen können dann weit nach unten vordringen. So entsteht auch im ehemals asphaltierten Boden ein intaktes Ökosystem mit Mykorrhiza und Biophilia-Bakterien.

Aber dazu brauchen wir in unseren Metropolen mehr Öko als System. Damit meine ich, dass wir möglichst viele leerstehende Stadtflächen einer natürlichen Metamorphose übergeben sollten. Derzeit werden Brachen in der Stadt nicht genutzt, um den Lebensraum des *»Homo sapiens urbanus«* gesünder und lebenswerter zu gestalten. Stattdessen reißen sich Immobilienfirmen oder ein Investmentunternehmen jeden potenziellen Stadtwald unter den Nagel. Und wenn nicht das, wird ein neues Einkaufszentrum oder ein sonstiges Gewerbeobjekt darauf errichtet. Dabei berufen sich Stadtverwaltungen meist darauf, dass man Infrastruktur und Wohnungen für die Menschen brauche. Doch tatsächlich geht die Stadtplanung oft an den Interessen der zukünftigen Bewohner vorbei und gehorcht stattdessen primär wirtschaftlichen Überlegungen.

Am 22. September 2011 strahlte der Österreichische Rundfunk in seiner TV-Sendereihe *Am Schauplatz* unter dem Titel »Ärger im Paradies« eine Reportage über die Alte Donau in Wien aus, die früher als »Riviera der Armen« bezeichnet wurde. Dabei handelt es sich um einen innerstädtischen Altarm der Donau in zentraler Lage und mit mehrfacher Anbindung an das Wiener U-Bahn-Netzwerk. Das Gewässer liegt in unmittelbarer Nähe der Station Alte Donau an der U-Bahn-Linie 1. Bereits 1870 wurde die Alte Donau aus Gründen des Hochwasserschutzes vom Fluss getrennt und wird seither vorwiegend durch Grundwasser gespeist. Der 1,6 Quadratkilometer große See ist eine Naturoase mitten in Wien, die von Schilf, Bäumen und grünen Wiesen gesäumt wird. Sie ist von Wolkenkratzern umgeben, die sich in einiger Distanz im Hintergrund befinden. Dadurch entsteht ein urban-biophiles Ambiente, das den Besuchern ein Gefühl für die biophile Stadt der Zukunft vermittelt. Die Reportage »Ärger im Paradies« stellte die Konflikte, die sich gegenwärtig in diesem Areal abspielen, ausführlich dar. Immer mehr Grünflächen werden von Bau- und Investmentunternehmen aufgekauft und vor der Öffentlichkeit abgeriegelt. Es wurden bereits zahlreiche kommerzielle Großbauten errichtet, welche die biophile Stadtoase an der Donau immer mehr zum Asphalt- und Betondschungel machen. Bürokomplexe und Anlegerwohnungen werden gebaut und zu Preisen vermietet, die sich nur äußerst privilegierte Menschen leisten können. Der Zugang zu den Flächen am Gewässer wird ebenfalls immer schwieriger. Die Wiener verlieren ihre öffentliche »Riviera«. Die Reportage wurde am 12. Juni 2014 im Kanal *ARD-alpha* auch in Deutschland ausgestrahlt. Die ARD schrieb auf ihrer Homepage über die Sendung: »Jetzt haben die Immobilienentwickler das Gebiet entdeckt. Sie bauen schicke Apartmenthäuser und hoffen auf fette Gewinne.«[152] Damit trafen die ARD-Redakteure den Nagel auf den Kopf. Die gegenwärtigen Bauvorhaben in der Stadt dienen vielfach nicht dem Zweck, die Stadt für alle bewohnbar und lebenswert zu machen. Immobilien- und Investmentunternehmen geht es um Gewinnmaximierung. So kämpfen auch immer mehr Pächter in Kleingartensiedlungen gegen die Zerstörung ihrer liebgewonnenen Zufluchtsorte im Grünen, die oft neuen Bauvorhaben weichen müssen. Das ist nicht nur in Wien so.

Nicht selten müssen Kleingartenanlagen auch dem Bau neuer Autobahnen und Autobahnzubringer weichen. Ganz ähnlich verhält es sich mit aufgelassenen Betriebsgeländen, verwildernden Gärten, verlassenen Bahnhöfen, Abbruchflächen und allen anderen Brachen in der Stadt. Sie werden meist nicht genutzt, um die ökologische Vielfalt des Stadtökosystems zu steigern, was den Menschen zugutekäme, sondern – genau wie die Alte Donau in Wien – Quadratmeter für Quadratmeter an Großinvestoren und Spekulanten übergeben. Manchmal bleiben sie einige Jahre ungenutzt, aber sie werden in der Regel nicht in ein biophiles Stadtkonzept einbezogen. Wir brauchen jedoch weniger von dem profitorientierten »System« und stattdessen mehr »*Öko*-System« in der Stadt. Gerade langfristig betrachtet wäre die Investition in die Stadtökologie ein geschickter volkswirtschaftlicher Schachzug. Am Beispiel des heilsamen Trios des Waldes und der Zusammenhänge zwischen Naturerfahrung und psychischer Gesundheit habe ich bereits ausführlich erklärt, dass ein biophiles Stadtleben ein großes Gesundheitspotenzial mit sich bringt. Erstens sollte die Gesundheit der Stadtbewohner per se wirtschaftlichen Überlegungen übergeordnet sein. Zweitens würden biophile Städte zu einer Senkung der Ausgaben im Kranken- und Gesundheitswesen führen, wie etwa aus der erwähnten Studie von Marc Berman in Toronto deutlich hervorging. Drittens wird es auch keine gesunde Wirtschaft mehr geben, wenn es keine gesunden Menschen gibt und Zivilisationskrankheiten weiter zunehmen.

»Wenn wir uns zu weit von unserer angeborenen Abhängigkeit von der natürlichen Welt entfernen, dann tun wir das zu unserem Schaden«, erklärt der Biophilia-Forscher Stephen Kellert.[153] Und Richard Forman, Professor für Ökologie an der Harvard-Universität, gibt zu bedenken: »Ökologische Bedingungen und Veränderungen spielen eine zentrale Rolle für die Gesundheit der Stadtbewohner.«[154] Deswegen schlage ich vor, dass wir im ersten Schritt der Natur einfach mehr Platz einräumen, um sich in der Stadt zu entfalten.

Das heilsame Trio des Waldes in die Stadt holen

Je mehr urbane Ökosysteme wir entstehen lassen und je komplexer das gesamte Stadtökosystem wird, desto mehr vom heilsamen Trio des Waldes kann sich zum Vorteil der Stadtbewohner ausbreiten. Jede Stadt sollte in ihrem Zentrum einen Wald entstehen lassen – so nah am Stadtkern, wie es unter den jeweiligen baulichen Gegebenheiten möglich ist. Dazu könnten bestehende Grünflächen und kleine Parks zumindest teilweise in Waldökosysteme verwandelt werden, die besondere Gesundheitsqualitäten mit sich bringen. Davon haben die Menschen mehr Nutzen als von getrimmten Rasenflächen und geometrischen Rabatten, die aufwändig und kostspielig erhalten werden müssen. Auch der ästhetische Wert von Wäldern und Waldinseln ist hoch und steht hinter dem von getrimmten Hecken in nichts zurück. Durch gezielte Baumpflanzungen können wir beim Prozess der »Verwilderung« ein wenig Regie führen. Der Wald im Stadtzentrum sollte neben Laubbäumen unbedingt Kiefern oder andere Nadelbäume enthalten, die besonders wichtige Terpene für unser Immunsystem in die Stadt bringen. Es sollte, zumindest in Mitteleuropa und im Großteil von Nordamerika, ein gesunder Mischwald sein, so wie es uns die Natur vormacht. Wenn wir uns dabei wie vorgeschlagen an der natürlichen Vegetation orientieren, von der die Stadt umgeben wird, spiegelt sich die regionale Natur dann mitten in der Stadt wider und hebt die scheinbare Trennung zwischen Stadt und Natur auf. Das Waldstück im Zentrum könnte auch genutzt werden, um den Menschen in Form von Waldlehrpfaden die regionale Natur und ihre Baumarten näherzubringen. Stadtkinder würden wieder lernen, heimische Bäume an ihren Blättern, Knospen und Rinden zu erkennen. Dieses Wissen, das für die meisten Menschen früher einmal zur Allgemeinbildung gehörte, ist heutzutage bei Kindern und Erwachsenen kaum mehr gegeben. Auch das sollten wir ändern, um eine biophile Gesellschaft der Zukunft zu fördern.

Dem Humusboden, der im Zuge der »Verwilderung« über Jahre in der Innenstadt entstehen würde, entstammen gesunde Bodenorganismen, mit denen die Stadtbewohner in Kontakt kämen. Der Wald wäre in das rege kulturelle Stadtleben eingebunden und durch öffentliche Verkehrsmittel für alle erreichbar. So wie heute ein Domplatz oder eine gepflasterte Fußgängerzone zum Bild der Innenstädte gehört, könnte es in der Zukunft ganz normal sein, dass jede Stadt in ihrem Zentrum einen Stadtwald besitzt. Das sollte zu einem selbstverständlichen Teil unserer Stadtkultur werden. Als Paradebeispiele für Wälder im Stadtkern sind die Waldgebiete des Central Park in New York City anzusehen. Diese haben sich abseits der Wiesen und Parkanlagen zu intakten Waldökosystemen entwickelt. Auch Leipzig wird bis ins Zentrum von Auwäldern der Weißen Elster, Pleiße und Luppe durchzogen, in denen von Natur aus Ahorn, Eiche und Esche dominieren.

Neue Waldinseln könnten dann überall im Stadtgebiet verteilt werden, um das Stadtökosystem komplexer werden zu lassen und möglichst viele Refugien für die Natur zu schaffen, in denen sich das heilsame Trio des Waldes mit seinen Terpenen, Biophilia-Bakterien und Anionen entwickeln kann. Das wäre ein sinnvolles Gegengewicht zu den Belastungen, die wir durch Autoabgase, Feinstaub und Industrie in die Stadt gebracht haben. Brachflächen, Schotterflächen oder Grasflächen für solche Biophilia-Inseln gäbe es in den meisten Städten genügend. Darüber hinaus sollten wir damit beginnen, auch Beton- und Asphaltflächen aufzubrechen, um darauf Naturräume entstehen zu lassen. Wenn eine neue Straße, ein neues Einkaufszentrum, ein Wohnblock errichtet werden soll, sind Stadtverwaltungen meist nicht zimperlich beim Fällen von Bäumen und der Bebauung von Grünflächen. Warum sollte eine Gesellschaft, die sich der Bedeutung des städtischen Biophilia-Effektes für die Menschen bewusst geworden ist, nicht auch umgekehrt vorgehen und Betonwüsten opfern, um sie zu grünen Oasen werden zu lassen?

Die kanadische Dokumentarfilmerin Alanis Obomsawin, eine Nachfahrin des indigenen Volkes der Abenaki aus dem Nordosten der USA, prägte einen weltbekannten Satz, der irrtümlich oft als »Weissagung der Cree-Indianer« bezeichnet wird. Er lautet: »Erst wenn der letzte Baum gerodet, der letzte Fluss vergiftet, der letzte Fisch gefangen ist, werdet ihr merken, dass man Geld nicht essen kann.« Dieser Satz sollte als Leitspruch für die biophile Stadt der Zukunft betrachtet werden. Wenn das erste unserer unzähligen – und in vielen Fällen überflüssigen – Einkaufszentren abgerissen wird, um einen

Stadtwald entstehen zu lassen, dann möchte ich dabei sein! Nebenbei wäre es eine Chance für die Wiederkehr der vielerorts verdrängten kleinen und mittleren Einzelhandelsunternehmen. Ein Stadtwald wäre, ähnlich wie eine Fußgängerzone, öffentlicher Grund und würde die Angebotsvielfalt des Stadtlebens erweitern. Entlang von Wegen oder auf Lichtungen könnten durchaus Gastronomiebetriebe, Händler, Schulen, Kindergärten und kulturelle Veranstaltungsorte Fuß fassen. Wenn die erste Straße aufgebrochen wird, um einen Ökokorridor für Mensch und Tier zu errichten, feiere ich ein großes Fest. Es ist möglich und volkswirtschaftlich, ökologisch sowie gesundheitspolitisch sinnvoll, die Prioritäten der Stadtplanung völlig neu zu sortieren. Wir brauchen nicht an jeder Ecke fünf Supermärkte, die im Wettbewerb miteinander stehen und sich dort nur niedergelassen haben, weil sie der Konkurrenz den Standort nicht gönnen. Unsere Städte haben genügend Potenzial für eine biophile Zukunft und für mehr Ökosysteme. Wir müssen nur damit aufhören, dieses Potenzial für die Interessen großer Unternehmen zu vergeuden, anstatt es für die Gesundheit des Menschen und des Planeten zu nutzen.

Auch die Randbereiche entlang von städtischen und stadtnahen Autobahnen sollten wir als potenzielle Baum- und Waldflächen nicht vernachlässigen. Autobahnwälder schützen Anrainer vor Lärm, Staub sowie Abgasen und legen sich wie eine grüne Lunge um die Stadt. Die Sicherheit auf der Autobahn wäre dadurch nicht gefährdet. Schon heute befinden sich neben Autobahnen oft ausgedehnte Waldgebiete, in denen Wildtiere beheimatet sind. Außerdem leben auch auf Feldern und Wiesen Tiere. Der Bau einer Autobahn erfordert ohnehin – ob mit oder ohne Autobahnwald – besondere Sicherheitsvorkehrungen zum Schutz der Autofahrer und der Wildtiere. Dazu gehören neben Zäunen auch Gräben, in denen die Tiere zu Unterführungen geleitet werden, um auf die andere Seite der Autobahn zu gelangen. Demselben Zweck dienen Grünbrücken. Autobahnwälder würden keine Verschlechterung der Sicherheitslage bedeuten. Von 2010 bis 2014 wurden alleine zwischen Burgau und Augsburg 80 000 heimische Bäume gepflanzt, um Lücken in den Wäldern an der Autobahn zu schließen. Das waren 1000 zusätzliche Bäume pro 100 Meter.[155] Wäre der 200 Kilometer lange Autobahnring rund um Berlin durchgehend auf beiden Seiten im Durchschnitt mit nur 40 Metern Wald bepflanzt, würde sich alleine daraus eine stadtnahe Waldfläche von 16 Quadratkilometern ergeben. Das gängige Konzept der Autobahnwälder ließe sich auch auf Autobahnen und Schnellstraßen im Stadtgebiet übertragen.

Wenn es um den Neubau von Wohnhäusern geht, sollten wir ebenfalls die biophile Raumplanung im Auge behalten. Wohnungsbau und Ökosysteme schließen einander nicht aus. Neue Wohnanlagen für den *Homo sapiens urbanus* können in Natur- und Stadtflächen integriert werden. Der neue Stadtteil Seestadt Aspern in Wien wurde rund um eine 50 000 Quadratmeter große Wasserfläche errichtet und umfasst derzeit 90 000 Quadratmeter Grünflächen mit Bäumen. In der Seestadt befinden sich Gemeinschaftsgärten mit einer Fläche von insgesamt mehr als 7000 Quadratmetern, in denen jeder, der Lust dazu verspürt, sein eigenes Obst und Gemüse anbauen und ernten kann. »Diese Gärten waren nicht geplant, sondern entstanden durch das Engagement der Bewohner«, sagte mir der Landschaftsarchitekt David Stanzel, ein Vorstandsmitglied des Vereins »Gartenpolylog«, der die Schaffung von Gemeinschaftsgärten in Wien unterstützt und die Projekte begleitet. Die Hochhäuser der Seestadt Aspern verfügen außerdem über Dachgärten und teilweise begrünte Fassaden. Es handelt sich um eines der umfassendsten Stadtentwicklungsprojekte Europas, das internationales Aufsehen erregt hat und als richtungsweisendes Vorbild für nachhaltige Stadtentwicklung gilt. Bis 2028 sollen 20 000 Menschen in der Seestadt wohnen und arbeiten. Ein Ausbau der Grünflächen, der Gemeinschaftsgärten und der Dachgärten ist geplant. Der neu errichtete Stadtteil im Osten Wiens hat eine eigene U-Bahn-Station. Die Strecke der U-Bahn-Linie 2 wurde eigens für dieses Projekt erweitert und verbindet die Seestadt direkt mit dem Stadtzentrum. Solche Projekte sind jedoch nur der Beginn der biophilen Metamorphose unserer Städte. Die Seestadt zeigt, dass sich Grünflächen und Gewässer zum Wohle der Bewohner erfolgreich in neue Siedlungsgebiete integrieren lassen. Ein ähnliches Projekt wie die Seestadt in Wien befindet sich im Süden von Stockholm. Dort entstand in einem ehemaligen Industriegebiet die Hammarby-Seestadt, ein ökologisch gestaltetes Wohnviertel, das sich noch im Aus- und Umbau befindet. Es zeichnet sich durch eine hohe Dichte an Grünflächen mit Bäumen sowie naturnahen, schilfbewachsenen Gewässern aus. Zahlreiche Dachgärten sind in Planung. Die Hammarby-Seestadt ist mit der Station Sickla Udde an die Straßenbahnlinie 22 sowie an mehrere Buslinien des Stockholmer Verkehrsnetzwerkes angeschlossen.

In Karlsruhe, der mit 300 000 Einwohnern zweitgrößten Stadt Baden-Württembergs, befindet sich nordöstlich des Stadtzentrums die Karlsruher Waldstadt mit 12 400 Bewohnern. Sie ist mit der Buslinie 30 erreichbar, die mehrere Stationen in der Waldstadt anfährt. Das naturnahe Siedlungsgebiet wurde 1957 im Hardtwald, dem mit einer Fläche von 47 Quadratkilometern größten Stadtwald in Karlsruhe, erbaut. Das Gebiet steht teilweise unter Naturschutz und besteht aus Mischwald mit Laub- und Nadelbäumen. Die terpenreiche Kiefer dominiert die Waldbestände. Das Wegenetzwerk ist auf den Hauptrouten barrierefrei gestaltet. Auch im brandenburgischen Potsdam wurden im Süden des Stadtgebietes zwischen 1950 und 1980 zwei Waldsiedlungen errichtet, die als »Waldstadt I« und »Waldstadt II« bezeichnet werden. Sie liegen am Rand des Stadtwaldes Potsdam Süd in der Nähe des Templiner Sees. Und der bewaldete Bezirk Stadtwald in Essen dient ebenfalls als zentral gelegenes Wohnviertel. Solche »Wohnwälder« entsprechen den biophilen Bedürfnissen unserer Spezies.

Auf die Stadtwälder in Stuttgart entfallen insgesamt 25 Quadratkilometer Fläche, verteilt über das gesamte Stadtgebiet. Zu den größten zusammenhängenden Waldgebieten der Stadt zählt der eineinhalb Quadratkilometer große Greutterwald, der seit 1984 unter Naturschutz steht. Er ist über die Haltestelle Korntal an der Schnellbahnlinie 6 erreichbar. Die stellvertretende Forstamtsleiterin Judith Reinsperger lobte gegenüber den *Stuttgarter Nachrichten* den ökologischen Wert der städtischen Mischwälder mit Laub- und Nadelbäumen: »Das ist eine gute Mischung. Wir sind für Klimaveränderungen gut aufgestellt.«[156] Die Stadtverwaltung möchte den Totholzanteil der Wälder in Stuttgart deutlich erhöhen und den Wald mehr der Natur überlassen als bisher, weil das die Humusbildung, die Artenvielfalt und die ökologische Komplexität der Stadt erhöht. Es wurden 28 Waldrefugien eingerichtet, die sich über Stuttgart verteilen und in denen das Totholz zu 100 Prozent liegenbleibt und sich selbst überlassen wird. In Deutschland hat das Bundesamt für Naturschutz vorgeschlagen, fünf Prozent der Waldflächen in der Bundesrepublik zu Urwald zu revitalisieren und aus ökologischen Gründen der Natur zu überlassen.[157] Doch weil auf diesen fünf Prozent keine Forstwirtschaft mehr betrieben werden dürfte, wehrt sich die Holzindustrie gegen den Vorschlag. Bisher wurde der Plan nicht umgesetzt. Mein Vorschlag ist, dass wir unsere Städte als künftige Refugien für Urwälder in Betracht ziehen. Ich empfinde es als eine großartige Vorstellung, dass irgendwann jede Stadt einen eigenen Urwald-Lehrpfad haben könnte, der seinen Besuchern unmittelbar vor Augen führt, wie die ursprünglichen Wälder der jeweiligen Region früher ausgesehen haben. Urwälder sind mit etwas Geduld rekonstruierbar. Jeder Wald entwickelt sich, wenn man ihn lässt, wieder zum sogenannten »Klimaxstadium«. Das ist eine Art Endpunkt der natürlichen Vegetationsentwicklung, bei dem sich ein so ausgeglichenes ökologisches Gleichgewicht einstellt, dass sich der Wald nicht mehr verändert. Dieser Zustand entspricht dem der Urwälder.

Die Befreiung unserer urbanen Flüsse

Um die Stadtluft mit gesundheitsschützenden Anionen anzureichern, brauchen wir die Reibung des Wassers auf einem natürlichen, unregelmäßigen Flussbett oder in Wasserfällen. Durch die Regulierung unserer Flüsse und das Anlegen von Kanälen haben wir die Entstehung von Wasserfallelektrizität und damit die Anionen weitgehend aus unseren Städten entfernt. Doch diese Eingriffe lassen sich rückgängig machen. Die biophile Stadt der Zukunft braucht außer Wäldern unbedingt auch wieder mehr intakte Flussökosysteme.

Bis zum Jahr 2000 war die Isar im gesamten Stadtgebiet von München reguliert. Zwischen 2000 und 2011 wurde ein acht Kilometer langer Abschnitt in einem zentralen Bereich der Stadt zwischen der Großhesseloher Brücke und der Boschbrücke beim Deutschen Museum renaturiert. Unter Ökologen gilt dieser Umbau als Vorzeigeprojekt für die Revitalisierung von Flussökosystemen in Großstädten. Bis dahin war die Isar ökologisch tot. Sie floss in einem betonierten Kanal durch die Stadt. Heute sind die Ufer entlang des revitalisierten Abschnittes zu natürlichen Flussufern zurückgebaut. Die Isar durchfließt jetzt wieder ein unregelmäßiges Flussbett mit Schotterbänken. Es sind kleinere Nebenarme entstanden, und im Wasser befinden sich – wie früher einmal – große Steine, die das vorbeifließende Wasser aufwirbeln und mit Sauerstoff anreichern. Die Isar hat Schotter angeschwemmt und abgelagert, und zwar nicht nur am Rand, sondern auch in der Flussmitte. Dadurch sind auf natürliche Weise kleine »Dämme« entstanden, die das Wasser überwinden muss. Auch dabei entstehen Reibungen und Anionen.

In der Isar befinden sich heute wieder kleine Inseln, und durch die intakte Dynamik des Wasserflusses wurde der Hochwasserschutz auf ganz natürliche Weise verbessert. Lange Zeit bedeutete eine für Fische unüberwindbare Stauwehranlage Jahr für Jahr das sichere Ende der Laichwanderungen und für viele Fische den Tod. Diese erhebliche Gefährdung der Artenvielfalt wurde mittlerweile behoben, indem eine Fischtreppe angelegt wurde, auf der die Tiere das Stauwehr überwinden können. Die Fischtreppe ist ein schmaler Wasserarm, der um die Mauer herumführt und terrassenförmig ausgestaltet ist, sodass die Fische von einer Ebene auf die nächste gelangen. Dank dieses sogenannten »Tümpelpasses« ist der Weg zu den Laichgründen nicht mehr blockiert.

Der ästhetische Wert und der Erholungswert des Flusses sind gestiegen. Die Ufer sind jetzt – anders als zur Zeit der Kanalisierung – begehbar, und das Flussökosystem kann als innerstädtische Biophilia-Zone hautnah erlebt werden. Die Münchner gehen jetzt in der Isar sogar wieder baden und atmen dabei die Anionen aus nächster Nähe ein. Natürlich gibt der Fluss die gesundheitsfördernden geladenen Teilchen auch an die Umgebungsluft ab. Die natürliche Vegetation mit Bäumen rund um die Isar halten die Anionen für einige Zeit in der Luft. Es gibt keinen Beton mehr, an dessen Oberfläche sie zerstört werden.

Die Wasserqualität hat sich erheblich verbessert, da die natürlichen Reinigungsmechanismen wieder greifen und ein ökologisches Gleichgewicht entstanden ist. Die neu gepflanzten Stadtbäume filtern Feinstaub und Schadstoffe aus der Luft.

In Santa Fe, der Hauptstadt des US-Bundesstaates New Mexico, erzielte man ähnliche Erfolge. Die Stadt hat 70 000 Einwohner und befindet sich in 2000 Metern Seehöhe. Sie ist von Berggipfeln umgeben, die bis zu 3000 Meter über den Meeresspiegel ragen. Das sind beste Voraussetzungen für ein biophiles Stadtökosystem. Doch bis vor einigen Jahren war es um die biophile Zukunft der Stadt nicht sehr rosig bestellt. Durch das Stadtgebiet fließt der Santa Fe River, der es 2007 zu fragwürdiger Berühmtheit brachte. Der Fluss wurde damals zum gefährdetsten Fließgewässer der gesamten Vereinigten Staaten von Amerika gewählt.[158] 40 Prozent des Wasserbedarfs in Santa Fe werden durch den Santa Fe River abgedeckt. Seit 1940 finden erhebliche Wasserentnahmen statt, sodass der Grundwasserspiegel gesunken ist. Außerdem wurde die Ökologie des Flusses durch Straßenbaumaßnahmen und Flussregulierungen stark gestört. Die Wasserqualität sank stetig. Seit 2007 arbeitet die Stadtverwaltung an der Revitalisierung des ökologischen »Patienten«. Mittlerweile wurde der Fluss im Stadtgebiet auf einer Strecke von 2,5 Kilometern wieder naturnah gestaltet. Wie bei der Isar wurden die Kanalisierungen, in die der Fluss gezwungen worden war, durch natürliche Uferlinien und ein natürlich gestaltetes Flussbett ersetzt. Regionale Baumarten und andere Pflanzen stabilisieren das Ufer. Dadurch entstanden auch neue Stadtwälder.

Der revitalisierte Flussabschnitt brachte den Biophilia-Effekt nach Santa Fe. Entlang des Flusses wurden Gehwege und Radwege angelegt, die von den Stadtbewohnern und Touristen zur Erholung genutzt werden. Die öffentliche Gesundheit profitiert von der Gesundheit des Flusses auch deswegen, weil das Wasser im neuen Flussbett durch mehr Reibungselektrizität wieder Anionen erzeugt. Der Hochwasserschutz hat sich durch die Ökologisierung des Santa Fe River verbessert. Das urbane Ökosystem wurde aufgewertet und ist ein Stück komplexer geworden.

In fast jeder Großstadt schlummert tief unter den Straßen, unbemerkt von den Stadtbewohnern, ein enormes Potenzial für mehr Biophilia in der Stadt. Es handelt sich um ehemalige Bäche und Flüsse, die den Städtebauern im Weg waren und daher weichen mussten. Viele urbane Flüsse wurden in der Vergangenheit nicht nur begradigt, sondern auch in den Untergrund verlegt. Sie wurden in Kanäle und Rohrsysteme gezwungen, und ihr Verlauf wurde vollständig verändert. In diesen Fällen gibt es gar kein Flussbett mehr. Die Flüsse erscheinen wie ausradiert – zumindest abschnittsweise. Für die biophile Stadt der Zukunft sollten wir solche Flussläufe wiederherstellen und das Wasser an die Oberfläche zurückholen. Auch wenn der Verlauf eines verschwundenen Flusses oft nicht mehr rekonstruiert werden kann, weil die früheren Flussgebiete längst verbaut und versiegelt sind, ist es meist möglich, ein neues Flussbett anzulegen. Beispielsweise wurden in einem Pionierprojekt in der neuseeländischen Großstadt Auckland mit etwa 1,5 Millionen Einwohnern im Jahr 2014 die in den Untergrund verbannten Bäche Fairburn und Parahiku abschnittsweise befreit, indem Teile ihres Verlaufs wieder an die Oberfläche geholt und somit in die Lebenswelt der Stadtbewohner integriert wurden.[159] Dabei entstanden neue urbane Ökosysteme wie zum Beispiel das La Rosa Gardens Reserve, das von den beiden befreiten Gewässern auf einer Strecke von jeweils 200 Metern durchflossen wird. Das Flussbett ist naturnah mit vielen Steinen und Uferpflanzen gestaltet und verfügt über Miniaturwasserfälle. Das ist nicht nur ästhetisch wertvoll, sondern es erhöht sich dadurch als positiver Nebeneffekt auch die gesundheitsfördernde Reibungselektrizität. Die Ufer sind für die Bewohner von Auckland öffentlich zugänglich. Scheinbar aus dem Nichts ist mitten in der Stadt eine biophile Wohlfühloase mit Wasser und Bäumen entstanden. Das ist eine grandiose Idee von größtem stadtökologischem Wert. Der Umbau des Fairburn und Parahiku gewann den neuseeländischen Arthur-Mead-Umweltpreis, der an herausragende, nachhaltige Projekte von besonderer gemeinnütziger Relevanz verliehen wird.

Im britischen Sheffield stampften Stadtökologen zur Überraschung der 560 000 Stadtbewohner eine grüne Flussoase im wahrsten Sinne des Wortes »aus dem Boden«. Mitten in Sheffield fließt jetzt der Porter-Bach in einem naturnahen und liebevoll begrünten Bachbett durch die Stadt und erzeugt Anionen sowie biophile Gefühle. In diesem Zusammenhang entstand auch ein neuer Park rund um den Bach, wo zuvor nur grauer Beton war.

Ein besonders beeindruckendes Beispiel der Wiedergeburt eines totgeglaubten Flusses ist aus der südkoreanischen Hauptstadt Seoul zu berichten. Die zehn Millionen Einwohner haben seit 2005 im Herzen ihrer Stadt den elf Kilometer langen Cheonggyecheon zur Verfügung, wo vorher nur Asphalt und Beton waren. Sie genießen die Vegetation am Ufer, die neues Grün zwischen die Wolkenkratzer gebracht hat, und dürfen stellenweise auch in dem Fluss baden. Das Ufer wurde naturnah mit Steinen, Sträuchern, Bäumen, Gräsern und Wasserpflanzen gestaltet, und an einigen Stellen können die Fußgänger den Fluss auf steinernen Brücken überqueren. Im Internet führt eine Suche nach Fotos unter dem Stichwort »Cheonggyecheon« zu zahlreichen Treffern, die einen Eindruck davon vermitteln, wie sehr sich das Stadtbild durch die Befreiung und Renaturierung des Flusses an vielen Stellen in eine biophile Richtung verändert hat. Dieses Beispiel zeigt, dass man selbst in dicht bebauten Stadtgebieten eine Lösung finden kann, um einen neuen Flusslauf über viele Kilometer Länge anzulegen, wo zuvor nur unterirdische Rohre waren.

Auch in Deutschland setzt sich der neue Trend zur Renaturierung der Stadtökosysteme durch Flussbefreiungen durch. Die Stadtverwaltung von Leipzig verlegte 2007 den Elstermühlgraben, der 60 Jahre lang in einem Rohr unter der Stadt gefangen war, im Bereich der Thomasiusstraße auf einer Strecke von einigen Hundert Metern zurück an die Oberfläche. Das neue, etwa acht Meter breite Flussbett wurde naturnah mit Steinen gestaltet und begrünt. Umweltwissenschaftler betonen, dass solche Maßnahmen für Leipzig und andere Großstädte aus Gründen des Hochwasserschutzes sehr wichtig sind. »Ohne die vorausschauende Politik des Freistaates wäre Leipzig bei der letzten großen Gefahrenlage 2013 komplett überspült worden«, zeigt sich der Hochwasserexperte Professor Martin Socher vom sächsischen Umweltministerium überzeugt.[160] Die neuen Flüsse können – im Gegensatz zu versiegelten Flächen – im Fall von starken Regenfällen beträchtliche Mengen Wasser aufnehmen und abtransportieren. Auch die Böden und die Pflanzen an den Ufern nehmen Wasser auf. 2016 wurde ein weiterer Abschnitt des Elstermühlgrabens an die Oberfläche verlegt und revitalisiert. Dasselbe will die Stadtverwaltung jetzt mit einem Abschnitt des Pleißemühlgrabens hinter der Leipziger Hauptfeuerwache und dem Gebäude der Industrie- und Handelskammer machen. Auch dieser Bach fließt durch Rohre im Untergrund. Die Freilegung begrüßen alle; allerdings wird über die Lage des neuen Flussbetts gestritten. Der Leipziger Verein »Neue Ufer e.V.«, der sich Stadtökologie auf die Fahnen geschrieben hat, kritisierte die Stadtverwaltung dafür, dass sie den Verlauf des Pleißemühlgrabens im Zuge seiner Freilegung an eine andere Stelle verlegen möchte, anstatt seinen ursprünglichen Verlauf wiederherzustellen. Im November 2017 lud das Amt für Stadtgrün und Gewässer die 550 000 Leipziger Bürger dazu ein, sich an der Diskussion über den zukünftigen Verlauf des Baches zu beteiligen. Im Frühjahr 2018, kurz nach dem Erscheinen dieses Buches, soll eine Entscheidung getroffen werden.[161]

Im politischen Herzen der EU liebäugelt man ebenfalls mit der Befreiung eines eingesperrten Gewässers. Brüssel wird zwar von einem Fluss durchzogen, der den Namen »Senne« trägt. Aber der Fluss ist im Stadtgebiet fast überall unsichtbar, weil schon im 19. Jahrhundert damit begonnen wurde, ihn unter die Erde zu verlegen und zu überbauen. Die Brüsseler Stadtverwaltung hegt nun Pläne, den Fluss stellenweise zu befreien, sodass die 1,2 Millionen Stadtbewohner ihre Senne zurückbekommen. »Für viele Brüsseler geht ein Traum in Erfüllung«, meldete im Jahr 2017 die belgische Tageszeitung *Grenzecho*.[162] Und einmal mehr spürte man, dass Flüsse eben nicht nur gesunde Anionen abgeben, sondern auch biophile Gefühle auslösen.

Bisher haben wir die Flüsse in den Untergrund verbannt, um Platz für Autos und LKWs zu schaffen. In Zukunft werden wir es umgekehrt machen und die Straßen in unterirdische Tunnel verlegen, um Platz für die Flüsse zu schaffen, die schon lange da waren, bevor wir begonnen haben, die Stadtflächen zu versiegeln. Wir werden die Ufer naturnah gestalten und zu biophilen Oasen machen. Neue Wasserfälle werden entstehen, indem wir aus Felsen und Steinen natürliche Barrieren in den Fluss bauen, die das Wasser überwinden muss. So erhöht sich die Wasserfallelektrizität der Flüsse. Das ist eine nachhaltige, ökologische Weise, die Stadtluft mit Anionen anzureichern.

Biophilia-Korridore

In meiner Vision der biophilen Stadt der Zukunft werden unsere Metropolen von grünen, lebendigen Adern durchzogen. Sie verbinden alle Viertel mit allen anderen. Diese Idee ist in der Geschichte der Stadtplanung nichts grundsätzlich Neues. Wie bereits erwähnt, geht der Bau der Wiener Höhenstraße, die sich am Stadtrand durch den Wienerwald schlängelt, auf eine Idee des niederösterreichischen Architekten Eugen Fassbender zurück und stammt aus dem Jahr 1892. Fassbender schlug im Rahmen eines Ideenwettbewerbs zur raumplanerischen Gestaltung von Wien vor, zusätzlich zum Grüngürtel um das Stadtgebiet noch einen zweiten Grüngürtel ringförmig um die Stadtmitte zu legen und mit Bäumen zu bepflanzen. Dieser grüne Ring hätte vom Zentrum aus in alle Himmelsrichtungen fünf Kilometer entfernt sein sollen. Er hätte 750 Meter breit sein sollen. Dadurch wäre ein grüner Erholungsraum entstanden, der von allen Stadtbewohnern leicht zu erreichen gewesen wäre. Der Plan wurde nicht verwirklicht, da man dazu bereits bestehende Bauwerke abreißen und Straßen hätte verlegen müssen. Stattdessen wurde nur die Idee mit dem Grüngürtel am Stadtrand realisiert, zu dem im Westen der Wienerwald gehört. Die biophile Idee Fassbenders, ringförmige Grünflächen in der Stadtmitte anzulegen, verschwand von der Bildfläche. In unserem Jahrhundert gewinnen solche Konzepte für grüne Städte wieder an Bedeutung, denn wir stehen vor gravierenden Umweltproblemen, und Schadstoffe sowie Feinstaub machen unserer Gesundheit zu schaffen. Die alten Ideen von den grünen Städten müssen wieder auf den Tisch, auch wenn sie – wie in Wien – aus dem 19. Jahrhundert stammen.

Ich habe auf den vorhergehenden Seiten ausführlich beschrieben, wie wir wieder mehr naturnahe Inseln in unsere Ballungsräume bringen – eben Stadtwälder, Urwälder, Ökobrücken und neue Flussökosysteme. Zuerst werden diese Grünflächen über das Stadtgebiet verstreut sein, aber wir sollten sie im zweiten Schritt miteinander verbinden und vernetzen. Eugen Fassbenders Idee ringförmiger Naturflächen ist zwar für die Planung neuer Städte und Stadtteile sehr attraktiv; in bereits bestehenden Metropolen wird es aber schwierig sein, sie im Nachhinein umzusetzen, weil man dazu zu viel von der vorhandenen Infrastruktur abreißen müsste. Lassen wir das Stadtökosystem lieber langsam und organisch wachsen und sich verwandeln. Auch in der Natur entwickeln sich Ökosysteme nicht von heute auf morgen, sondern gemächlich und schrittweise. Dieses organische Wachstum macht sie zu beständigen Systemen mit stabilen Gleichgewichten.

Wenn wir genug Biophilia-Inseln auf Brachen und anderen zur Verfügung stehenden Flächen geschaffen haben, können wir diese als Knotenpunkte für die Natur in der Stadt nutzen. Wir werden dann Wege finden, um sie miteinander zu verbinden. Das ist ein realistischer Plan für die Zukunft. Wir bauen ja auch ständig neue Straßen oder verändern manchmal die Lage einer Straße. Wir bauen neue Gebäude, Einkaufszentren, Industrieparks, Geschäftszentren, Gehwege, Fahrradwege, Verkehrsinseln, städtische Autobahnzubringer und so weiter. Es werden neue Unterführungen und Brücken errichtet, Tunnel, U-Bahn-Schächte und Schnellbahntrassen. Stadtplaner finden fast immer einen Weg, um ihre Bauvorhaben umzusetzen. Oft wird dafür auch bestehende Infrastruktur abgerissen. Wenn wir der Idee einer biophilen Stadt eine wichtige Bedeutung für unsere Zukunft zumessen – und das sollten wir unbedingt tun –, finden wir bestimmt auch Möglichkeiten, grüne Verbindungen zwischen den einzelnen Stadtökosystemen zu schaffen.

Das sind dann die Biophilia-Korridore. Sie sind Ökobrücken für den *Homo sapiens urbanus*.

Biophilia-Korridore werden neben Straßen oder zwischen Häuserfassaden gebaut. Sie entstehen durch den biophilen Umbau von bereits vorhandenen Gehwegen und werden in Form von Brücken über dem Verkehr angelegt. Wann immer es möglich ist, werden wir sie entlang von Flüssen führen, um dort die positiven Wirkungen des Wassers und der Bäume miteinander zu vereinen. Biophilia-Korridore werden als Grünstreifen zwischen zwei Richtungsfahrbahnen verlaufen, so wie das heute bereits bei vielen Straßenbahngleisen, Fußwegen und Fahrradrouten der Fall ist. Sie werden neben Eisenbahntrassen oder über Brachflächen verlegt. Auch aufgelassene Bahngleise können zu Biophilia-Korridoren umgestaltet werden. In vielen Städten wurden solche Bahnbrachen bereits in Rad- und Gehwege, Freizeitzonen und Grünräume umgewandelt. In New York wurde beispielsweise eine aufgelassene Güterzugtrasse des Hochbahnnetzes zum begrünten »High Line Park« umgestaltet, der sich in luftiger Höhe fast zweieinhalb Kilometer durch den Westen von Manhattan erstreckt.[163] Der High Line Park dient explizit der menschlichen Fortbewegung zu Fuß und kann als frühe Form eines Biophilia-Korridors angesehen werden, in dem neben Gras, Blumen und Sträuchern auch Bäume wachsen. Die Gehwege bestehen zum Teil aus Asphalt und Steinplatten. Stellenweise schreiten die jährlich fünf Millionen Passanten auf Holzgehwegen durch die Stadt. Die Biophilia-Korridore der Zukunft sollten aber noch naturnaher gestaltet werden, um sich zu langgestreckten Ökosystemen zu entwickeln.

In Rotterdam wird eine nicht mehr genutzte Bahntrasse ebenfalls demnächst zu einem grünen Korridor umgestaltet, und die Verwalter des Berliner Bezirks Charlottenburg-Wilmersdorf verfolgen den Plan, Bahngleise, die zwischen dem

Ortsteil Halensee und dem Lietzensee-Quartier aufgegeben werden sollen, in einen langgestreckten Grünraum zu verwandeln, für den der Name »Westkreuzpark« vorgesehen ist. Ob sich die Bezirksverwaltung gegen die Pläne von Großinvestoren, die das Gebiet verbauen möchten, endgültig durchsetzen wird, ist noch nicht restlos geklärt.[164]

Natürlich werden die Biophilia-Korridore der Zukunft auch durch herkömmliche Parks führen, denn sie sollen ja ohnedies die grünen Oasen der Stadt miteinander verbinden. Sie werden, wo es notwendig ist, durch Unterführungen miteinander vernetzt werden. Der Bau von solchen Biophilia-Korridoren für den Menschen ist nicht schwieriger als der Bau eines Gehweges, einer neuen Straße oder eines Straßenbahngleises. Es ist sogar möglich, alle diese Arten von städtischer Infrastruktur abschnittsweise mit den neuen grünen Korridoren zu kombinieren. Schon heute sind die Gleise von Straßenbahnen oft an der Seite begrünt oder verlaufen neben Gehwegen mit Sträuchern und Bäumen. Straßenbahnstrecken können ohne Bedenken gemeinsam mit Biophilia-Korridoren angelegt werden, da Straßenbahnen keine Schadstoffbelastung innerhalb der Korridore erzeugen. In Europa wurden in den letzten Jahren immer mehr Straßenbahngleise begrünt. Der Asphalt wurde durch Wiesen ersetzt, über welche die Gleise verlaufen. Die Verkehrsplaner von Barcelona haben dieses als »Green Tram« bezeichnete Konzept im großen Stil umgesetzt. Die grünen Gleise der Linie T5 wurden stellenweise zwischen Baumstreifen und dichten Hecken verlegt, sodass naturnahe Straßenbahn-Korridore ohne Asphalt und Beton entstanden. Darin ist eine Vorstufe der Biophilia-Korridore zu sehen. Es fehlen noch die Kombination mit Gehwegen, Radwegen und Waldstücken sowie der flächendeckende Ausbau zu einem organischen Netzwerk, um von echten Biophilia-Korridoren sprechen zu können.

Im Sommer 2017 hielt ich mich in Wien auf der Donauinsel auf, die sich zwischen zwei Flussarmen mitten in der Stadt befindet und stark begrünt ist. Auf der 21 Kilometer langen und bis zu 250 Meter breiten Insel wachsen auch kleine Stadtwälder. Ich ging damals gerade entlang einer Hecke am Wasser, als hoch oben eine Schnellbahn über mich hinweg raste. Es war bereits Abend. Die Schnellbahn war beleuchtet und ihre Scheinwerfer warfen einen hellen Lichtkegel in die Dämmerung. Die Schnellbahntrasse verlief quer über die Donau und die Donauinsel. Die Züge ratterten über die Baumwipfel. Neben mir wiegte sich das hohe Schilf sanft im Wind, und die Grillen sangen ein Lied. Die Lichter der Stadt am gegenüberliegenden Ufer spiegelten sich im Wasser, genauso wie der Mond, der bereits zu sehen war. Diese futuristische Kombination aus moderner städtischer Infrastruktur und wunderschöner Natur vermittelte mir ein Gefühl vom Stadtleben der Zukunft. Beide Ebenen existierten übereinander: oben die Schnellbahn, unten der Biophilia-Korridor. So ähnlich könnte es an noch viel mehr Orten in der Stadt werden, wenn wir uns für Biophilia entscheiden. Es gibt keinen Widerspruch zwischen dem modernen Stadtleben und der Natur. Beides kann nebeneinander und übereinander existieren. So wie heute in Wien Verkehrsbrücken, Bahnbrücken und Gehwege aus nacktem Asphalt über die Donau führen, so werden wir in der Zukunft über idyllische begrünte Biophilia-Brücken über den Fluss gehen können, die einen Teil des Korridornetzwerks darstellen werden. So wird es auch in anderen Metropolen sein.

Das Ergebnis der biophilen Metamorphose unserer Großstädte wird ein reich verzweigtes grünes Netzwerk sein, das nicht nur alle neuen sowie alten Stadtwälder und Naturoasen miteinander verbindet, sondern auf dem man auch zu Fuß in jedes Viertel der Stadt gelangen kann, ohne die natürliche

Umgebung verlassen zu müssen. Das hat in Amsterdam mit den Fahrradwegen geklappt, warum nicht auch in Zukunft mit den Biophilia-Korridoren? Natürlich werden wir überall dort, wo genug Platz zur Verfügung steht, unsere Biophilia-Korridore auch mit Fahrradwegen ausstatten, sodass sich Radfahrer auf diesen lebensfreundlichen Ökobrücken fortbewegen können und sich nicht in den Straßenverkehr begeben müssen.

Die Biophilia-Korridore werden von Bäumen und Heckenpflanzen begrenzt sein, um den Straßenlärm zu dämpfen und das Eindringen von Abgasen und Feinstaub abzuschwächen. Dass Bäume und Sträucher effizient dazu in der Lage sind, die Schadstoffe von uns abzuhalten und aus der Luft zu filtern, habe ich bereits ausgeführt. Entlang von besonders lauten oder belasteten Straßen und in der Nähe von stark befahrenen Verkehrsknotenpunkten werden die Korridore durch nach innen gebogene Lärmschutzbarrieren abgeschottet sein, die nicht nur den Lärm, sondern auch Abgase draußen halten und ein gesundes Innenklima im Grünbereich ermöglichen. Der obere Teil dieser Schutzwände wird lichtdurchlässig sein, um das pflanzliche Leben in den Biophilia-Korridoren nicht zu beeinträchtigen. Dazu werden wir ein milchiges oder anderweitig strukturiertes Material verwenden, das von Vögeln eindeutig als Barriere erkannt wird, sodass sie im Flug nicht damit kollidieren. Solche Barrieren gegen Lärm und Schadstoffe werden schon heute entlang von Gehwegen und Fahrradwegen errichtet. Sie befinden sich außerdem seitlich an Autobahnen, wo sie Anrainer vor Lärm, Staub und Abgasen schützen.

Die Biophilia-Korridore werden für uns Menschen einen möglichst unbelasteten und naturnahen Raum zur Fortbewegung mitten in der Stadt darstellen. Sie werden mit Sicherheit auch von Vögeln bevölkert werden, denn diese lassen sich sogar auf kleinen begrünten Verkehrsinseln und einzelnen Büschen mitten in der Stadt nieder. Die Biophilia-Korridore werden Zentren des urbanen Vogellebens mit zahlreichen Nistplätzen darstellen, die sich die Vögel dort selbst bauen werden. Die Korridore werden Insekten anziehen und den Bienen Nahrung in Form von Nektar bieten. Die Artenvielfalt in der Stadt wird davon stark profitieren.

Die Gehwege innerhalb des Korridorsystems können unterschiedlich gestaltet werden. Auf den Hauptrouten, wo breite Baumstreifen angelegt werden, entstehen weiche Waldwege, die besonders gut für unsere Füße und Kniegelenke sind, weil Erschütterungen beim Gehen abgefangen werden. Aus Rücksicht auf Menschen mit körperlichen Einschränkungen sowie auf Eltern mit Kinderwagen müssen wir aber darauf achten, dass als Mindestausstattung überall ein gut befestigter, barrierefreier Weg vorhanden ist. Als Bodenbelag eignen sich Mischungen aus Lehm, Sand, Kies und Zement, die ausreichend aushärten, jedoch nie so hart wie Asphalt werden. In den Niederlanden wurden nachhaltige Recycling-Straßenbeläge aus Plastikmüll entwickelt, die sich nicht nur als Straßenbelag, sondern auch für die Gehwege der Biophilia-Korridore eignen.[165] Auf diese Weise könnten wir unseren Überschuss an Plastik sinnvoll verwerten. Sumpfige Bereiche werden mit Holzgehwegen überbrückt und durch ein Geländer gesichert sein, wie das schon heute im Hamburger Raakmoor der Fall ist. In der Stadt der Zukunft sollte unbedingt Platz für Moore sein, sofern in der jeweiligen Region Feuchtbiotope vorkommen. Die Biophilia-Korridore sind – wie die Stadtwälder – Bereiche, in denen sich die angestammte Natur zeigen soll. Man kann sie sich als Zonen vorstellen, die von der Versiegelung befreit werden und wo die Regenerationskräfte der Wildnis, die unter der Stadt schlummern, hervorbrechen dürfen. Ein Netzwerk aus Mykorrhiza-Pilzfäden wird sich entwickeln und sich allmählich im neu entstandenen Humusboden in der Stadt ausbreiten. Es wird in diesem Fall nicht nur ein »Wood Wide Web«, sondern auch ein »City Wide Web« sein, das sich an den Randzonen der Biophilia-Korridore über die Stadtgrenzen ins Umland erstreckt und das Bodenleben der Stadt mit dem Bodenleben des Landes verknotet.

An vielen Stellen werden Flüsse, die zuvor in unterirdische Rohre gezwängt waren, wieder an der Oberfläche sichtbar sein und die Biophilia-Korridore durchfließen. Während sie die Luft mit Anionen anreichern, entstehen in den Humusflächen Biophilia-Bakterien, und die Bäume geben Terpene ab. Das heilsame Trio des Waldes ist dann endgültig und flächendeckend in unsere Städte integriert.

Dieses organische, biophile Netzwerk soll dann mit menschlichem Leben gefüllt werden. Es bietet Raum für Gemeinschaftsgärten und Laufstrecken. An manchen Wegen werden Fitnessgeräte installiert sein, und wir werden Naturlehrpfade anlegen. An den Knotenpunkten, die genügend Platz bieten, wird es Sportplätze geben. Senlinyu, das chinesische Waldbaden, wird überall in der Stadt möglich sein, ohne erst mit der Schnellbahn in ein Waldgebiet fahren zu müssen. Wir werden entlang der Biophilia-Korridore Kindergärten, Schulen, Universitäts-Institute, Museen, Theater und Orte für kulturelles Leben errichten. Selbst Therapiezentren und Krankenhäuser lassen sich in die neuen Naturräume integrieren. Wir urbane Biophiliacs werden die Korridore beleben – und außer uns auch die Pflanzen und Tiere.

Die Biophilia-Korridore werden das Herzstück der biophilen Stadt der Zukunft bilden, und sie werden unsere Metropolen eng mit der Biosphäre verweben und zu hochkomplexen Ökosystemen machen. Denn indem sie die ganze Stadt durchziehen, so wie unsere Blutgefäße alle Zellen und Organe erreichen, stellen sie auch eine durchgehende Verbindung zu den Naturräumen außerhalb der Stadt her. Auf diese Weise wird selbst die letzte Trennung zwischen Stadt und Natur aufgehoben. Die Stadt der

Zukunft ist dann ein gut integrierter Teil des Netzwerks der Natur auf unserem Planeten. Erst die Biophilia-Korridore machen die Stadt, nach dem Vorbild des Waldes, zu einem riesengroßen atmenden und kommunizierenden Organismus. In anderen Worten: Sie machen die Stadt zu einem Superorganismus, der auf Technologie basiert, aber ein Teil der Natur ist.

Öko-Psychosomatik in der Stadt

Unser Organismus endet nicht an der Hautoberfläche. Schon der in Estland geborene Biologe und Philosoph Jakob Johann von Uexküll, der von 1864 bis 1944 lebte, vertrat die Auffassung, dass Lebewesen keine Außengrenzen haben. Er wusste, dass wir in einem – in seinen Worten – »Funktionskreis« mit unserer Umwelt stehen. Die moderne Biophilia-Forschung lehrt uns, dass er Recht hatte und wir uns in einem ständigen Austausch mit Natursubstanzen befinden, die sogar Teil der Funktionsweise unseres Immunsystems, unseres Nervensystems und unserer Psyche sind. Wenn uns das heilsame Trio des Waldes und andere natürliche Substanzen fehlen, steigt das Risiko, krank zu werden. Aus dieser Einsicht ergibt sich ein völlig neues, zeitgemäßes Verständnis von Krankheit und Gesundheit, das unsere Aufmerksamkeit auf unsere Lebensräume lenkt. Die Idee, dass der Mensch nicht an der Hautoberfläche endet, bezeichnen wir am besten als *Öko-Psychosomatik.*

In der Psychosomatik wird der Mensch als untrennbare Einheit aus Psyche und Körper gesehen (Psyche und Soma). Eine *öko*-psychosomatische Sichtweise geht noch einen Schritt weiter und hebt auch die Trennung zwischen uns und der Natur auf, weil wir – in von Uexkülls Worten – in einem Funktionskreis mit der Umwelt stehen. Die Waldmedizin, die eine messbare Verbesserung unserer Organfunktionen und Blutwerte bewirkt, ist ein Beispiel für Öko-Psychosomatik. Ein anderes Beispiel ist die heilsame Wirkung der Natur auf unsere Psyche, etwa bei Angststörungen und Depressionen. Ich erinnere an die Geschichte von George, der in Londons Epping Forest nach einem traumatischen Erlebnis sein seelisches Gleichgewicht wiederfand. Öko-Psychosomatik bedeutet aber auch, dass wir uns nicht nur als Teil der Natur begreifen, sondern auch umgekehrt die Natur als einen Teil von uns verstehen. Alles, was wir unseren Ökosystemen antun, fällt auf uns zurück. Daher leitet die Öko-Psychosomatik nicht nur eine neue Ära der Medizin und Psychotherapie ein, sondern auch eine des besseren Umgangs mit unserem Planeten. Bedauerlicherweise haben ethische Argumente allein für dieses Umdenken bisher offenbar nicht ausgereicht. Wenn wir aber verstehen, dass jeder Schaden an der Natur auch einen Schaden an uns selbst bedeutet, steigen die Chancen auf einen biophilen Wandel der Gesellschaft.

Bisher konnte sich die Öko-Psychosomatik in der Wissenschaft noch nicht etablieren, und es gibt auch noch keine allgemein akzeptierte Definition des Begriffes, die sich in Lehrbüchern findet. In meinem Buch *Der Heilungscode der Natur* habe ich eine zeitgemäße und interdisziplinäre Begriffsdefinition entwickelt und auf den Weg gebracht. Diese finden Sie bei Interesse im Anhang des vorliegenden Buches.

Die Öko-Psychosomatik trägt der Tatsache Rechnung, dass wir Menschen eng mit unseren Lebensräumen verbunden sind und dass es keine scharfe Trennung zwischen uns und der Natur gibt. Die Biophilia-Korridore werden ein praktisches Resultat dieser Erkenntnis sein. Die öffentliche Gesundheit wird davon sehr profitieren, aber ich wünsche mir noch mehr. Die Erkenntnisse der Biophilia-Forschung sollten auch auf Orte übertragen werden, an denen Medizin »stattfindet«, in erster Linie auf Krankenhäuser. Wenn alleine der Ausblick aus einem Krankenhausfenster auf einen Baum unsere Selbstheilungskräfte aktiviert, während der Blick auf eine Hausmauer das nicht schafft, sollte es keine Kliniken ohne Grünflächen und Therapiewälder mehr geben. Krankenhäuser sollten in das Netzwerk der Biophilia-Korridore eingebunden werden und exklusiven Zugang dazu haben. Alle Patienten sollten in Zukunft die Möglichkeit haben, von ihren Fenstern aus auf Bäume und Wälder zu sehen. Alleen und Gärten zwischen den Klinikgebäuden können rund um die Krankenhäuser ein biophiles Klima der Gesundung und des Lebens schaffen – Großstadtlärm und krankmachende Abgase müssen draußen bleiben.

Ich wünsche mir für die Gestaltung unserer Krankenhäuser ein *sofortiges* biophiles Umdenken ohne Abstriche. An Orten, wo es um Heilung, Gesundheit und oft genug auch ums Überleben geht, müssen wirtschaftliche Interessen *auf der Stelle* untergeordnet werden. Seit den 1980er-Jahren steigt der Einfluss marktwirtschaftlich orientierter »Gesundheitsökonomen« auf die Krankenhauspolitik stetig. Inzwischen gibt es kaum noch öffentlich finanzierte Kliniken, die nicht zeitweise oder ständig um ihre wirtschaftliche Existenz fürchten müssen. Unter diesem enormen Druck werden momentan vielerorts sogar noch die Restbestände von früheren Grünflächen durch Krankenhausverwaltungen verkauft, sodass selbst die letzten Alleen und Bäume vor Klinikfenstern den Baggern der Großinvestoren weichen müssen. Mit den Erkenntnissen der Biophilia-Forschung ist nicht mehr zu leugnen, dass die »Durchökonomisierung« des Krankenhauswesens ein massives Fehlverhalten der gesundheitspolitischen Entscheidungsträger darstellt.

Ich betrachte die Öko-Psychosomatik als die Medizin der Zukunft, und es ist mein erklärtes Ziel, dafür zu sorgen, dass zumindest jedes Universitätsklinikum künftig eine Abteilung für öko-psychosomatische Medizin betreibt, wo die Mensch-Natur-Therapie als Behandlungsmethode praktiziert, erforscht und an die Studierenden weitergegeben wird. Öko-psychosomatische Abteilungen sollten an Krankenhäusern spätestens in 20 Jahren so selbstverständlich sein wie die Abteilungen für interne Medizin, Urologie, Zahnheilkunde, Gynäkologie, Augenheilkunde, Psychosomatik und jede andere etablierte medizinische Fachrichtung. Die Fachärzte für Öko-Psychosomatik, die es dann geben soll, werden nicht in erster Linie auf die Behandlung bestimmter Krankheiten oder Körperregionen spezialisiert sein wie beispielsweise ein Urologe oder eine Dermatologin. Schon heute gibt es Fachärzte, die sich nicht durch Spezialisierung auf eine Körperregion, sondern durch eine grundlegende Herangehensweise an den Menschen auszeichnen. Es sind die Fachärzte für Psychosomatische Medizin und Psychotherapie, deren Fachgebiet die Psychosomatik ist. Sie interessieren sich vor allem für die Rolle des sozialen Umfelds und der psychischen Verfassung ihrer Patienten im Rahmen der Krankheitsentwicklung und der Therapieplanung. Die zukünftigen Fachärzte für Öko-Psychosomatik werden einen zusätzlichen Aspekt berücksichtigen und den Menschen als über seine Hautoberfläche erweitert und mit der natürlichen Welt vielfältig verwoben betrachten. Sie werden durch die Integration der Patienten in einen intakten Funktionskreis mit der Natur sowie durch den gezielten therapeutischen Aufenthalt in Ökosystemen wie dem Wald, der dann an öko-psychosomatischen Kliniken vorhanden sein wird, unterstützende heiltherapeutische Behandlungen durchführen, die in verschiedenen medizinischen Fachbereichen angewendet werden können.

Wenn der *Homo sapiens urbanus* zu einem wirklich weisen Stadtmenschen werden soll, müssen wir unseren Kurs ändern und das kurzfristige wirtschaftliche Profitdenken durch eine zukunftsorientierte biophile Denkweise ersetzen, die auf einem umfassenden öko-psychosomatischen Verständnis des Menschen und seiner urbanen Lebensräume beruht. Durch dieses Umdenken können wir die Evolution unserer Spezies positiv beeinflussen. Jüngste Erkenntnisse aus der Epigenetik – dem biologischen Fachgebiet, das untersucht, welche Umweltfaktoren und sozialen Faktoren die Aktivität unserer Gene beeinflussen – belegen, dass die Entwicklung der menschlichen Art nicht dem bloßen Zufall unterworfen ist, sondern auch davon abhängt, *was* wir tun, *wie* wir leben und auch, *wo* wir leben. Unser Lebensstil und vor allem unser Verhältnis zu unseren Lebensräumen sind ausschlaggebend dafür, wie sich unsere Gene verhalten und welche Aspekte unseres Menschseins wir weitervererben. Das zunehmende Wissen rund um die epigenetischen Zusammenhänge offenbart uns immer mehr, dass wir unsere Evolution teilweise mit in der Hand haben. Wir können zu einer modernen Gesellschaft werden, die nicht im Widerspruch zur Natur steht, sondern sich als Teil der Ökosphäre der Erde versteht und sich dementsprechend weise – eben wie ein *Homo sapiens* – verhält. Und wir brauchen unsere Städte dazu nicht aufzugeben.

Das Problem mit dem Ausblick aus dem Krankenhausfenster ließe sich übrigens rasch lösen, denn es ist nicht – im wahrsten Sinne des Wortes – in Beton gegossen, dass Klinikbauten (und auch alle anderen Gebäude) kahl und grau sein müssen. Eine einfache Möglichkeit, unsere Städte etwas biophiler werden zu lassen, ist die Begrünung von Fassaden, Balkonen und Fensterbänken. Ein Blick auf eine mit Pflanzen bewachsene Hauswand mag zwar nicht an das Ideal des Baumblicks heranreichen, ist aber noch immer besser als die Aussicht auf nackte Beton- und Ziegelmauern. Im nächsten Abschnitt geht es um die Frage, was wir von der Natur über die zukünftige Architektur unserer Bauwerke lernen können.

Biophile Architektur: Bauen für das »Reptiliengehirn«

»Wunderschön, wohlwollend und seelisch heilsam wartet die Natur darauf, dass wir sie nach Hause bringen.«[166]

Edward O. Wilson, Professor für Evolutionsbiologie, Harvard-Universität

Tief in unserem Schädel sitzt ein evolutionär sehr alter Teil unseres Gehirns, der sich sogar noch in den Gehirnen von Tieren findet, die mit uns so wenig gemeinsam haben wie die Amphibien und Reptilien. Dieses Stammhirn wird daher auch »Reptiliengehirn« genannt. Es arbeitet völlig autonom und ohne unser bewusstes Zutun. Das Reptiliengehirn steuert unsere Körperfunktionen und wacht in der Nacht über uns. Es leitet die verschiedenen Schlafphasen sowie unsere Träume ein. Während des Tages überwacht es ständig unsere Umgebung und entscheidet blitzschnell, ob wir uns in Sicherheit oder in einer Gefahrensituation befinden. Gemeinsam mit dem limbischen System reguliert es den Gehalt an Stresshormonen in unserem Blut.

»Die Abhängigkeit der Menschen vom Kontakt zur Natur spiegelt die Tatsache wider, dass unsere Evolution in einer weitgehend natürlichen Welt stattgefunden hat«, schrieb Stephen Kellert.[167] Unser Reptiliengehirn ist seit 400 000 Jahren – zählt man die Vor- und Frühmenschen hinzu, sogar seit Jahrmillionen – auf die Natur geeicht. Es kann mit den Eindrücken der

Savannen, Wälder und generell der Naturräume gut umgehen. Hingegen fällt es ihm schwer, in der Hektik, im Lärm und im Ambiente der Großstadt die richtigen Entscheidungen für uns zu treffen. Wir leben, in evolutionären Maßstäben, erst seit wenigen »Augenblicken« in Städten. Unsere archaischen Warnsysteme wittern in der Hektik der Großstadt zu häufig eine Gefahr und schütten sicherheitshalber Stresshormone aus, die uns auf Flucht oder Kampf einstellen sollen. Die dauerhaft erhöhte Stressbelastung macht uns krank, weil wichtige Aspekte unserer Gesundheit wie die Verdauung, das Immunsystem und unsere psychische Verfassung beeinträchtigt werden. Auch der Leistungsdruck, dem wir ausgesetzt sind, begünstigt Dauerstress.

Die biophile Stadt der Zukunft wird so gestaltet sein, dass ihr Aussehen und ihre gesamte Atmosphäre unserer natürlichen Wahrnehmung und unserem angeborenen Sinn für Ästhetik entgegenkommen. Das heißt, wir werden auf harte Flächen und scharfe Kanten sowie auf endlose Betonflächen verzichten. Unsere Architekten werden bemüht sein, Gebäude vom Einfamilienhaus bis zum Wolkenkratzer organisch wirken zu lassen. Sie werden den Bauwerken Leben einhauchen, indem sie diese selbst zu Ökosystemen machen, auf denen Pflanzen einen Lebensraum und Bienen Nektar finden. Die organische Zukunftsarchitektur passt zu den Biophilia-Korridoren, die unsere Städte durchziehen werden. Sie wird dafür sorgen, dass die Metropolen von uns Bewohnern rundherum als harmonische und intakte Ökosysteme wahrgenommen werden, die nicht von klobigen, störenden und anorganisch wirkenden Gebäudekomplexen durchbrochen sind. Das ist die Basis für ein positives Lebensgefühl in der Stadt. Doch die biophile Architektur geht, wie wir noch sehen werden, weit über Gebäudeformen hinaus. Und der Mensch ist mehr als nur sein Reptiliengehirn. Es wäre nicht zufriedenstellend, eine so komplexe Lebensform wie den Menschen nur unter dem Blickwinkel neurobiologischer Basisfunktionen zu betrachten. Der *Homo sapiens urbanus* wird in der biophilen Stadt der Zukunft mit dem Ökosystem, in dem er lebt, in einem öko-psychosomatischen Funktionskreis stehen, der sich positiv auf seine psychische Verfassung, seelische Ausgeglichenheit und körperliche Gesundheit auswirken wird.

Wo die Wolkenkratzer der Zukunft wachsen

Architekten und Techniker haben sich schon immer von der Natur inspirieren lassen. Die unteren Bögen des Eiffelturms sind der oberen Biegung des menschlichen Oberschenkelknochens nachempfunden. Sowohl der Oberschenkel als auch das Fundament des Eiffelturms müssen starken, nach außen gerichteten Kräften standhalten, um nicht einzubrechen. Der in den USA geborene Architekt Richard Buckminster Fuller (1895–1983) war bekannt für seine Kuppeln und Dome, die der Erdkugel nachempfunden sind. Die Struktur dieser Bauwerke schaute er den geometrisch perfekten und sehr stabilen Skeletten der mikroskopisch kleinen, einzelligen Strahlentierchen ab. Eines der bekanntesten Bauwerke Fullers ist das 54 Meter hohe *Spaceship Earth* im Walt Disney World Resort in Florida.

Eine 1200 Jahre alte Eiche in der Nähe von New Orleans, Louisiana, lehrt Architekten und Statiker aus der ganzen Welt, wie sie ihre zukünftigen Bauwerke möglichst resistent gegenüber Wirbelstürmen machen können. Der Baum, dem man den Namen »Seven Sisters Oak« gab, widerstand 2005 dem Hurrikan »Katrina«, der als eine der verheerendsten Naturkatastrophen in der Geschichte der USA gilt. Danach studierten Wissenschaftler die komplexe Architektur und Beschaffenheit des

Stammes und der mächtigen, reich verzweigten Baumkrone, um daraus Muster für die Architektur der Zukunft abzuleiten.

Termiten sind wahre Meister des Wolkenkratzerbaus. Ich habe bereits erwähnt, dass ihre Bauwerke bis zu sieben Meter hoch sind. Das sind die Weltrekorde von Termitenvölkern aus Afrika. Kein Wolkenkratzer der Erde, der je von Menschenhand errichtet wurde, schafft es auf eine im Vergleich zur Größe der Erbauer so gigantische Höhe. Termitenstädte sind keineswegs bloß Erdhaufen, wie es bei oberflächlicher Betrachtung wirken mag. Die Bauten der Insekten verfügen über stabile, tragende Außenwände, die von Poren durchzogen sind. Diese Poren ermöglichen den Luftaustausch zwischen drinnen und draußen und sind mit einem komplexen Labyrinth im Inneren des Turmes verbunden, das wiederum zu Lüftungsschächten und Kaminen führt. Genau auf dieses ausgeklügelte System aus Hohlräumen haben es die menschlichen Architekten abgesehen. Während des Tages heizen sich die äußeren kleineren Hohlräume der Termitenstädte durch die Sonneneinstrahlung auf, während die inneren, gut isolierten Schächte kühl bleiben. Die warme Luft in den äußeren Bereichen steigt in der Folge auf, die kühle Luft im Inneren sinkt ab. Dadurch entsteht ein Kreislauf aus zirkulierender Luft, der für eine permanente Belüftung sorgt. Die darauf aufbauende Kühlung funktioniert sogar an sehr heißen Tagen in der afrikanischen Savanne effizient. Feuchtigkeit und Schadstoffe werden abtransportiert und die Luft ständig erneuert. Dieses Lüftungssystem setzt sich auf völlig natürliche Art und Weise in Gang und ist daher nachhaltig und umweltverträglich. Unsere Wolkenkratzer, Wohnhäuser und Bürokomplexe werden in Zukunft solche Insektentechnologien beinhalten.

Unsere Nachahmung des Insektenreichs hat bereits ansatzweise begonnen. In Harare, der Hauptstadt Simbabwes, wurde das Eastgate-Einkaufszentrum mit Lüftungstechnologien aus Termitenstädten ausgestattet. Allerdings handelt es sich dabei nur um erste architektonische Gehversuche. Die komplexen Strukturen aus Termitenbauten werden noch erforscht. Es ist davon auszugehen, dass wir – so wie die Termiten – unsere Türme und Wolkenkratzer in Zukunft nicht mehr eckig, sondern eher organisch in geschwungenen und runden Formen bauen werden. Das kommt auch unserem Reptiliengehirn entgegen. Wir sind auf organische Formen geprägt, die wir aus der Natur kennen. Die Ästhetik der Bäume, Hügel, Berge, Blumen, Gräser und Blätter wirkt beruhigend auf uns. Die monotonen harten, kantigen und eckigen Formen der modernen Architektur lösen eher Stress aus. Das haben umweltpsychologische Studien vielfach belegt. Beispielsweise wies der Psychologieprofessor Colin Ellard an der Universität von Waterloo in Kanada mittels moderner medizinischer Messgeräte nach, dass der Stresslevel von Testpersonen beim Vorbeigehen an der gläsernen Fassade eines Geschäftsgebäudes in Manhattan stieg, während beim Durchqueren naturnaher Grünflächen ein Entspannungseffekt eintrat. Fassaden und Straßen mit komplexen und vielfältigen Strukturen sowie abwechslungsreiche architektonische Formen ließen das Stressniveau der Versuchspersonen im Vergleich zu den monotonen Fassaden ebenfalls absinken, kamen aber an die Wirkung der Naturflächen nicht heran. Die Studie zeigte, dass naturnah gestaltete Gebäude und organische Bauformen nicht nur Stress reduzieren, sondern auch die Stimmung heben.[168] Wir sind eben Naturwesen und fühlen uns in einer sterilen und eintönigen Umgebung nicht wohl. Wir brauchen das Organische, Geschwungene und Vielfältige. Unser Reptiliengehirn verlangt danach. Die biophile Architektur der Zukunft wird völlig andere Formen und Bauten hervorbringen als die derzeit noch vorherrschende »moderne« Architektur.

Einen ersten Ausdruck findet diese Zukunft in Gebäuden wie beispielsweise der Schweizerischen Rückversicherungsgesellschaft, kurz als »Swiss Re« bezeichnet. Das Versicherungsunternehmen hat für seine Zweigstelle in London einen 180 Meter hohen Wolkenkratzer mit 41 Etagen und 23 hydraulischen Aufzügen errichten lassen. Das Stahlgerüst des Gebäudes besteht aus ineinander verdrehten Helixsträngen, ähnlich wie bei der DNA. Es gibt keine Ecken oder Kanten und daher auch keine ebenen Flächen. Das Gebäude hat eine bauchige Form, ohne plump zu wirken. Es wird nach oben hin schmaler und schließt mit einer abgerundeten Kuppel ab. Sein Umriss erinnert an eine dicke, spitz zulaufende kubanische Zigarre. Der größte Umfang des Wolkenkratzers befindet sich nicht im Bereich der Grundfläche, sondern ungefähr auf der mittleren Höhe. Die Fassade ist von rautenförmigen Glaselementen übersät. Das Ventilationssystem des Turmes schauten sich die Erbauer bei röhrenförmigen Schwämmen ab, die am Grund des Ozeans leben. Der Kern des Gebäudes durchzieht das gesamte Gebilde von unten nach oben und versorgt es, wie bei den Tiefseeschwämmen, von innen heraus mit Wasser und Energie. Die Büroflächen sind ringförmig um dieses Herzstück angelegt und umfassen insgesamt fast 65 000 Quadratmeter Nutzfläche. Auch die Treppen verlaufen nicht gerade, sondern schlängeln sich spiralförmig nach oben.

Umgeben von anderen Wolkenkratzern, sticht das ungewöhnliche Gebilde sofort aus der Skyline des Londoner Finanzbezirks heraus. Ganz im Gegensatz zu den vielen eckigen und monotonen Türmen wirkt es harmonischer und organischer. So ähnlich können wir uns die Wolkenkratzer der Zukunft vorstellen, die zwischen den Biophilia-Korridoren emporragen werden. Wenn wir uns dazu noch ausmalen, wie diese futuristischen Fassaden von Pflanzen bewachsen werden, die sich an ihnen hinaufranken, bekommen wir ein Gefühl für unsere biophile Zukunft in New York, Berlin, San Diego, Wien, Sydney, Zürich, Los Angeles, Frankfurt am Main, Toronto, Paris, Rio de Janeiro oder in jeder anderen Stadt der Erde. Der soeben beschriebene Wolkenkratzer wird in London übrigens »the gherkin« genannt, das bedeutet »die Essiggurke«. Tatsächlich erinnert das Gebäude ein wenig an eine riesengroße Gewürzgurke. Dieser Eindruck würde sich mit einer grünen Pflanzenfassade noch verstärken. Der Wolkenkratzer würde dann wie ein aus dem Boden gewachsener Berg in der Landschaft stehen und sich perfekt in das grüne Stadtbild der Zukunft einfügen.

Runde und ungewöhnliche Formen nach Vorbildern aus dem Tier- und Pflanzenreich sind jedoch noch lange nicht genug, um von einer biophilen Architektur zu sprechen. Viel mehr als nachgeahmte Lebensformen braucht die Stadt der Zukunft *echtes* Leben, um ein komplexes Ökosystem zu werden. Die eigentliche Herausforderung dabei ist nicht die Form der Wolkenkratzer, sondern die Frage, wie wir die Gebäude der Stadt zum Leben erwecken, anstatt die Natur nur abstrakt nachzubilden.

Nehmen und Geben – Stadtplanung im Einklang mit der Natur

Im Jahr 2006 lernte ich Joe Polaischer kennen, den neuseeländischen Permakultur-Lehrer. Das Wort »Permakultur« ist eine Verkürzung von »permanente Agrikultur«. Das ist eine Form der Landwirtschaft und des Bauwesens im Einklang mit der Natur, bei der man stabile Ökosysteme und Lebensräume schafft, die sich aus eigener Kraft erhalten, anstatt Monokulturen und nackte Betonflächen. Aus der Sicht der Permakultur wird der

Mensch als integrativer Bestandteil der Agrarökosysteme, Dörfer und Städte betrachtet. Er selbst belebt seine Ökosysteme, in denen jeder Quadratmeter sinnvoll und nachhaltig genutzt wird. Gärten, Ackerflächen, Energieflächen und Wohnräume verschmelzen miteinander.

Ursprünglich stammte Joe Polaischer, so wie ich, aus der Steiermark, verbrachte aber den Großteil seines Lebens als Farmer in Neuseeland. Er bewirtschaftete gemeinsam mit seiner Ehefrau Trish Allen die Rainbow Valley Farm in Matakana nach höchsten ökologischen Standards. Er hielt weltweit Vorträge über Permakultur, und neben dem Biolandbau schlug sein Herz für nachhaltiges Bauen und Wohnen. Wir unterhielten uns bei einem Glas Bier über die Häuser und Städte der Zukunft, und Joe sagte zu mir: »Das Wichtigste ist, dass wir der Erde alles, was wir ihr am Erdboden wegnehmen, auf den Dächern wieder zurückgeben.« Er war der Überzeugung, dass wir der Natur sogar mehr zurückgeben sollten, als wir ihr nehmen: »Bei jedem Wohnhaus oder Wirtschaftsgebäude, das ich baue, lasse ich das Dach weit über die Grundmauern ragen, sodass der Dachgarten noch größer wird als die verbaute Grundfläche.« Auch bei der Anlage von Gemüsebeeten sorgte Joe immer für eine Vermehrung der Bodenfläche, indem er reihenweise Hügelbeete errichtete. Bei einem Hügel ist die Oberfläche wesentlich größer als die Grundfläche, auf der er steht. Joe verstand es, die natürlichen Ressourcen in seinem Lebensraum nicht nur zu nutzen, sondern dabei zu vermehren. Genauso werden wir es auch in der Stadt der Zukunft machen. Joe baute in seinem Leben im Auftrag biophiler Menschen unzählige Häuser in Städten und auf dem Land. Jedes einzelne dieser Häuser verfügt über einen artenreichen überhängenden Dachgarten, der nicht nur als Quelle von Biodiversität, Nahrung und Freude dient, sondern zugleich für eine perfekte Isolierung des Daches und ein angenehmes Raumklima sorgt. Joe starb 2008 nach kurzer, schwerer Krankheit im Alter von 60 Jahren. Zeit seines Lebens inspirierte er durch seine Bücher, Vorträge und Seminare Menschen auf der ganzen Erde zu einem biophilen Leben mit eigenem Garten, umgeben von Bäumen, Tieren und fruchtbaren Hügelbeeten. Einmal zeigte er mir ein Einfamilienhaus mitten in Wien, bei dessen Planung er mitgewirkt hatte. Es stand auf einem nur 500 Quadratmeter großen Grundstück. Dennoch hatte ich das Gefühl, in einer artenreichen Oase voller Naturvielfalt zu sein. Der Garten ging nahtlos in die Dachfläche über und setzte sich dort fort. Es war sogar gelungen, einen naturnahen, mit Schilf bewachsenen Teich anzulegen und trotzdem noch genug Fläche für den Anbau von Obst und Gemüse sowie für Bienenstöcke zu haben. Ich war von dieser urbanen Stadtoase, die mich völlig vergessen ließ, dass ich mich in einer Millionenstadt befand, nachhaltig beeindruckt. Die Artenvielfalt war auf diesen 500 Quadratmetern mit Sicherheit viel höher als auf jeder intensiv genutzten Ackerfläche auf dem Land.

Heute leben wir in einer Zeit, in der die Ideen aus der Permakultur allmählich ins Bewusstsein der Politiker und Städteplaner vordringen. Unsere Umweltprobleme sind so groß und die Belastung der Stadtbewohner durch Schadstoffe so stark geworden, dass wir zu einem Umdenken regelrecht gezwungen werden. Die ersten Gehversuche des biophilen Städtebaus werden – wenig überraschend – vor allem in Metropolen gemacht, in denen die Gesundheitsbelastungen für die Menschen bereits so schwerwiegend sind, dass man an manchen Tagen nur mit Schutzmaske auf die Straße gehen kann. Einer dieser belasteten Ballungsräume ist die 3,5 Millionen Einwohner umfassende Großstadt Liuzhou im autonomen Gebiet Guangxi in China. Dort möchte die Stadtverwaltung mit dem Bau einer Waldstadt mit 40 000 Bäumen beginnen, um die hohe Smogbelastung in den Griff zu bekommen und der Erwärmung der Stadt entgegenzuwirken. Als »Smog« werden alle durch Emissionen verursachten Luftverschmutzungen bezeichnet. Im Süden von Liuzhou sollen ab dem Jahr 2020 Hochhäuser mit Wohnungen, Wolkenkratzer mit Büroflächen, Schulen sowie ein Krankenhaus entstehen. Alle Gebäude sollen vollständig begrünt werden. Die Pflanzen und Bäume der Waldstadt werden laut Berechnungen jährlich 57 Tonnen Feinstaub und 10 000 Tonnen Kohlendioxid aus der Stadtluft absorbieren.[169] Jeder Quadratmeter, der verbaut wird, soll auf den Dächern und Terrassen durch Gärten und Baumpflanzungen an die Natur zurückgegeben werden, genau so, wie es Joe Polaischer sein ganzes Leben lang in kleinerem Maßstab gemacht hat. Das Besondere an dem Vorhaben in Liuzhou ist, dass nicht nur die Dächer, sondern auch die Fassaden von Pflanzen bewachsen sein werden. 100 verschiede Arten sind zur Begrünung der Fassaden vorgesehen. Dadurch entstehen Ökosysteme auf modernen Gebäuden. Die Bauwerke »erwachen« zum Leben. Eine völlig neue Ära der urbanen Architektur beginnt.

China legte bereits weitere biophile Zukunftspläne vor. In Ninjing, einer Stadt mit 5,4 Millionen Einwohnern im Südwesten der Volksrepublik, sollen kleinere Waldstädte mit Hochhäusern und Wolkenkratzern entstehen. Auch diese Gebäude werden durch Dachgärten, Baumterrassen und begrünte Fassaden organisch gestaltet sein. Die geplanten Projekte werden von vornherein energieautark angelegt. Auch Energieautarkie ist ein wichtiger Aspekt unserer biophilen Zukunft. Sie bedeutet, dass Strom, Warmwasser und Wärmeenergie direkt vor Ort durch Solarzellen, Windräder und Thermalenergie gewonnen werden. Waldstädte, die an fließenden Gewässern liegen, können zusätzlich durch angepasste lokale Wasserkraft versorgt werden. Je mehr unterschiedliche Energiequellen wir in die

Stadtplanung der Zukunft integrieren, desto besser werden wir die städtische Energieversorgung auf nachhaltige Weise und bei jeder Wetterlage bewerkstelligen können. Bei Regen und Sturm drehen sich die Windräder und Wasserräder in vollem Tempo, bei trockenem, sonnigem Wetter sind die Solarzellen besonders aktiv. Überschüsse werden in Speicheranlagen überführt, die in der ganzen Stadt verteilt sind, um etwaige Engpässe auszugleichen. Hinzu kommt die Thermalenergie aus der Tiefe der Erde, die in Zukunft verstärkt genutzt werden wird. Die biophile Stadt der Zukunft wird also dezentral mit Energie versorgt werden und nicht durch große Kraftwerke, für deren Bau wir ohnehin bereits zu viele unserer Ökosysteme zerstört haben. Diesen Schaden gilt es durch Renaturierungsmaßnahmen wiedergutzumachen.

Den Häusern neues Leben einhauchen

Stellen Sie sich vor, wir könnten die zusätzlichen Stadtbäume bei jedem Neubau von vornherein integrieren – und zwar direkt in die Strukturen des Gebäudes. Sie halten das für utopisch? Ist es aber nicht. In der 140 000 Einwohner umfassenden Stadt Lausanne in der Schweiz soll ein »vertikaler Wald« mit einer Höhe von 117 Metern entstehen. Das geplante Hochhaus wird auf Plateaus und Terrassen ein Lebensraum für 80 Bäume und Tausende Stauden und Sträucher werden – und auch für den *Homo sapiens urbanus* in 700 Wohnungen im Inneren des Gebäudes. Und das wird nicht das erste Gebäude sein, das die gesundheitsfördernden Bäume als integrierten Bestandteil enthält. Die Vorbilder dieses Projekts stehen bereits seit 2014 in Mailand, der mit 1,3 Millionen Einwohnern zweitgrößten Stadt Italiens. Es handelt sich um zwei begrünte Hochhäuser des Architekten Stefano Boeri. Die beiden Gebäude beinhalten Wohnungen und sind 110 beziehungsweise 80 Meter hoch. Auf den Terrassen und Dachflächen gedeihen insgesamt 900 Bäume und Sträucher, die inzwischen zu stattlichen Exemplaren herangewachsen sind und ihre Kronen teilweise über mehrere Stockwerke erstrecken. Das wurde dadurch ermöglicht, dass die begrünten Terrassen und Plateaus versetzt zueinander angeordnet wurden, sodass nach oben genug Raum für die Bäume vorhanden ist, um sich auszubreiten. Auch die vertikalen Wände dieser außergewöhnlichen Zwillingstürme sind teilweise begrünt und berankt. Bei diesem Vorzeigeprojekt sind allerdings noch viele nackte Betonflächen zwischen den Pflanzen zu sehen. Es handelt sich vorerst nur um Vorboten der Zukunft. Denn die biophile Stadt wird zahlreiche Gebäude und Hochhauskomplexe beinhalten, die wirklich vollständig mit Vegetation bedeckt sein werden und – abgesehen von den Fenstern – hinter einem dichten Pflanzenkleid verschwinden. Das ist durch Kletterpflanzen sowie sogenannte »vertikale Gärten« möglich. Auch sie gibt es bereits.

Der französische Botaniker und Gartenarchitekt Patrick Blanc studierte auf seinen Reisen bis ins Detail die Flora tropischer Regenwälder. Er interessierte sich dafür, wie sich Pflanzen im Dschungel auf senkrechten Felswänden und auf Bäumen festhalten, um dort zu wachsen und die vertikalen Räume zu besetzen. Im Regenwald lassen die Pflanzen keine Nische ungenutzt. Genau dieses Prinzip sollten wir auf unsere Städte übertragen, um das Maximum an ökologischer Komplexität aus ihnen herauszuholen. Auf Basis seiner botanischen Beobachtungen entwickelte Blanc »Pflanzenwände«. Er legt seither überall auf der Welt für seine Auftraggeber senkrechte Rabatten an, auf denen regional angepasste Pflanzenarten wachsen. Das Verfahren geht auf Stanley Hart White zurück, einen Professor für Landschaftsarchitektur, der an der Universität von Illinois lehrte und forschte und von 1891 bis 1979 lebte. Hart entwickelte im Jahr 1938 eine Methode zur Anlage vertikaler Gärten, die nach seinem Tod in Vergessenheit geriet. Patrick Blanc grub diese alten Konzepte aus und modernisierte sie, sodass sie sich für die Stadt des 21. Jahrhunderts eignen. Vertikale Gärten entstehen durch ein Gerüst aus Leichtmetallverstrebungen, das an der Fassade errichtet wird. Es beinhaltet auch Bewässerungsleitungen, da man einen vertikalen Garten ja in trockenen Zeiten nicht einfach von Hand gießen kann, sofern es sich um ein hohes Bauwerk handelt. Zwischen den Verstrebungen wird ein Material aus Filz, Recycling-Acryl und wiederverwerteten Textilien plattenförmig angebracht. Dieses Material zeichnet sich durch eine Struktur aus eng miteinander verwobenen Fäden aus, die als Grundlage für die Bodenbildung und als Lebensraum für die künftigen Bodenorganismen dienen.[170] In einer zweiten Lage Filz werden in schlitzförmige Öffnungen Pflanzen gesetzt. Beide Filzlagen müssen mithilfe von rostfreien Edelstahlklammern gut festgetackert werden. Blanc empfiehlt für europäische und nordamerikanische Klimaverhältnisse die Pflanzung von winterharten Moosen, Farnen, Gräsern und Kleinsträuchern.[171] Auch in Regenwäldern halten sich diese Pflanzen an senkrechten Felswänden fest und wachsen sogar auf Baumstämmen. Man nennt sie »Epiphyten«, also »Außenpflanzen«.

Blanc ließ im Jahr 2013 die 25 Meter hohe Fassade eines Pariser Wohnhauses an einer Kreuzung der Rue des Petits-Carreaux und der Rue d'Aboukir vollständig hinter einem dichten Pflanzenbewuchs verschwinden, sodass von der Betonfläche nichts mehr zu sehen war. Zwischen den Blättern schauten lediglich – wie aus einem Urwald – die Fenster heraus. Auch die Fensterrahmen verschwanden hinter dem idyllischen Grün.

Das Caixa Forum in Madrid, ein Museum und Veranstaltungsort, wurde von Blanc an der Vorderseite vollständig mit einer lebenden grünen Fassade bedeckt. In Brüssel ließ der Botaniker und Gartenkünstler gleich ein ganzes Einfamilienhaus unter einer Pflanzendecke verschwinden. Sogar einige Außenwände des EU-Parlaments in Brüssel sind bereits von vertikalen Gärten bewachsen. In Oslo, Paris und versuchsweise in Stuttgart wurden vertikale Moosgärten entlang von Autobahnen und stark befahrenen Straßen errichtet, um der Luft Feinstaub und Abgase zu entziehen.[172] Auch darin besteht – neben der Pflanzung von Bäumen und Stadtwäldern – ein vielversprechender Beitrag, um die Stadtluft von den umstrittenen Dieselabgasen wie Feinstaub und Stickoxiden zu säubern und mehr Zeit für die Entwicklung neuer, ökologischer Treibstoffe zu gewinnen.

Wenn es sich nicht gerade um Wolkenkratzer handelt, lassen sich Fassaden aber auch auf einfachere Weise begrünen. Das gesamte Gebäude des Studierendenzentrums an der Universität von Michigan in Ann Arbor ist rundherum bis unter das Dach dicht von Efeu bewachsen. Kletterpflanzen an Häuserfassaden sind überall auf der Erde und in allen Städten schon lange zu finden. Dieses altbewährte Rezept könnte einfach ausgebaut werden, um unsere Städte rasch und kostengünstig zu komplexeren Ökosystemen werden zu lassen und die Luftqualität zu verbessern. Um auf Hauswände zu ranken, eignen sich neben Efeu auch andere winterharte Kletterpflanzen wie die Hausweinrebe, wilder Wein, Hopfen, Kletterrose, Brombeere, Clematis, Blauregen, Goldregen, Trompetenblume und sogar Pfirsich und Aprikose, wenn sie an Spalieren hochgeleitet werden. Auch gewöhnliche Straßenmauern können auf diese Weise ohne großen Aufwand belebt werden. Niedrige Mauern und Gebäude können durch Säulenobstbäume gesäumt werden, die im Abstand von etwa einem halben bis einem Meter zum

Mauerwerk gepflanzt werden. Diese Bäume werden drei bis vier Meter hoch, bleiben aber schmal und nehmen nicht viel Platz in Anspruch. Im Sommer und Herbst tragen sie schmackhafte Kirschen, Pflaumen, Aprikosen, Pfirsiche, Äpfel oder Birnen.

Der nach den Aufzeichnungen der Guiness-Weltrekordlisten derzeit größte vertikale Garten der Erde befindet sich im Stadtstaat Singapur, einer Metropole mit 5,6 Millionen Einwohnern. Es handelt sich um die begrünte Fassade eines Hochhauses, das den Namen »Tree House« erhalten hat: Die Pflanzfläche beträgt 24600 Quadratmeter.[173] Dabei handelt es sich nur um eine Seite des Hauses, die begrünt wurde. Wir könnten auf diesem Weg neue urbane Grünflächen in unvorstellbarem Ausmaß schaffen und dadurch der Forderung von Joe Polaischer mit Bravour nachkommen, wonach wir der Natur das, was wir ihr am Boden durch Bebauung wegnehmen, in der Luft vielfach zurückgeben sollen. Durch die Nutzung der vertikalen Flächen in der Stadt für grüne Pflanzen, die Photosynthese betreiben, tragen wir zu einer drastischen Verbesserung der Stadtluft und des Stadtklimas bei. Die vertikale Vegetationsdecke absorbiert Schadstoffe und Feinstaub. Bienen finden darin Nektar, und das menschliche Reptiliengehirn freut sich über organische Flächen, mit denen es gut klarkommt, ohne in Stress zu geraten. Darin besteht ein wertvoller Beitrag für das Stadtökosystem der Zukunft. Wenn wir schließlich auch noch anfangen, unseren Gebäuden mehr runde, geschwungene und organische Formen zu verleihen, wird sich die biophile Architektur der Zukunft harmonisch in die Ökosphäre der Erde einfügen. Wir werden dann sogar in dicht bebauten Vierteln das Gefühl haben, uns in einem gesunden, natürlichen Lebensraum aufzuhalten. Und dieses Gefühl wird uns nicht täuschen.

Stadt aus Lehm

Unsere naturgegebene biophile Ader lässt sich architektonisch nicht nur durch begrünte Fassaden, Dachgärten und organische Bauformen ohne Ecken und Kanten ansprechen, sondern auch durch natürliche Baumaterialien. Eine Möglichkeit, Häuser zum »Leben« zu erwecken, ist, sie aus Lehm zu bauen oder mit Lehmputz zu versehen. Der Lehmbau entstand vor mehr als 8000 Jahren in der Jungsteinzeit, nachdem unsere Vorfahren mit dem Ackerbau begonnen hatten und ein sesshaftes Leben führten. Damals fingen sie an, dauerhafte Gebäude mit einem festen Fundament zu errichten, die für lange Zeiträume konzipiert waren. In diese Epoche fiel auch der Beginn des Hausgartenbaus. Die ältesten Gebäude aus Lehm, die bereits über mehrere Stockwerke verfügten, lassen sich archäologisch bis in eine Zeit vor 3500 Jahren nachweisen. Sie wurden in Syrien aus Lehmziegeln gebaut und mit Lehm verputzt.[174] Noch heute existieren alte Städte, die ganz aus Lehm bestehen. Dazu zählt zum Beispiel Ait-Ben-Haddou in Marokko. Diese Stadt mit 2500 Einwohnern ist ein UNESCO-Weltkulturerbe und wird vorwiegend von Berbern bewohnt. Sie liegt in 1300 Metern Seehöhe an einem Berghang am Ufer des Flusses Asif Mellah, wo in Oasen auch Dattelpalmen gedeihen. Die Stadt besteht praktisch ausschließlich aus Lehmbauten – von den Stadtmauern über die Wohnhäuser bis hin zu den hohen Türmen und burgähnlichen Gebäuden.

Doch Lehm ist keinesfalls ein veraltetes Baumaterial, das sich auf historische Städte beschränkt. Lehmhäuser können genauso zeitgemäß gebaut werden wie Häuser aus Ziegelsteinen oder Beton. Lehmsteine und Lehmziegel sind moderne, zum Hausbau zugelassene Produkte. Baulehm ist eine Mischung aus Ton,

Schluff und Sand. Er besteht also zu 100 Prozent aus natürlichen Materialien in verschiedenen Korngrößen. Als »Schluff« bezeichnet man ein sehr feines Sediment, das noch nicht so fein wie die Partikel des Tons ist. Wer schon einmal ein modernes Lehmhaus betreten hat, weiß, was die Bewohner meinen, wenn sie begeistert erklären, dass Lehm »atmet«. Das Raumklima in Lehmhäusern ist ausgeglichen und angenehm. Ich habe schon viele solcher Häuser besucht und war jedes Mal von ihrem einladenden Ambiente begeistert.

Lehm hat ein hohes Wärmespeichervermögen und verhindert dadurch starke Temperaturschwankungen in den Räumen. Er ist ein natürlicher Temperaturpuffer. Außerdem reguliert Lehm die Luftfeuchtigkeit und ist, ähnlich wie die Wände eines Termitenbaus, diffusionsfähig. Das heißt, es kommt zu einer guten Belüftung des Wohnraumes. Stickige Luft kommt in Lehmgebäuden nicht vor. Auch das Naturmaterial selbst strahlt eine angenehme, gemütliche Atmosphäre aus. Rundhäuser und Häuser mit geschwungenen, harmonischen Formen wirken aus Lehm noch organischer als aus anderen Baumaterialien, wenn man vom ebenfalls sehr organischen Holzbau absieht. Die Kombination aus Holz und Lehm bietet sich für die biophile Architektur geradezu an, denn der Lehm hat eine konservierende Wirkung auf das Holz. Er ist ein nachhaltiger, ökologischer Rohstoff, der überall auf der Erde von Natur aus vorkommt. Für die Aufbereitung und Herstellung von Lehmbaumaterial wird im Vergleich zu anderen Baustoffen wenig Energie benötigt. Lehm kann sogar recycelt werden. Aus dem Baumaterial eines abgerissenen Lehmgebäudes können Baustoffunternehmen nach einem Prozess der Reinigung neues Baumaterial herstellen.[175] Lehmbaustoffe wirken antibakteriell und halten Schädlinge fern. Sie absorbieren Schadstoffe und reinigen dadurch die Atemluft im Inneren des Gebäudes.

Entgegen einem weit verbreiteten Vorurteil ist Lehm also nicht »unhygienisch«, sondern fördert die menschliche Gesundheit. In Kombination mit Holz ist die Gesundheitswirkung noch stärker. Japanische Forscher stellten fest, dass Holz in Innenräumen entspannend und stresslösend wirkt. Das wurde durch physiologische Stressmarker wie Blutdruck, Puls und den Gehalt des Stresshormons Cortisol im Speichel nachgewiesen. Die Untersuchung zeigt, dass die stresslösende Wirkung bei einem Holzanteil von 30 bis 40 Prozent in Innenräumen am größten ist. Bei höheren Holzanteilen nimmt diese gesundheitsfördernde Wirkung wieder ab. Zu viel Holz wirkt eher drückend auf die Raumatmosphäre.[176] Lehm und Holz ergänzen einander also sehr gut. Der Lehm sorgt für ein freundliches Ambiente und hebt die »Schwere« des Holzes auf. Aufgrund ihres hohen Wärmespeichervermögens lassen sich Lehmhäuser im Winter energiesparend beheizen.

Natürlich plädiere ich nicht dafür, dass wir unsere Zukunftsmetropolen komplett aus Lehm errichten. Das wäre unmöglich. Man wird auch keinen Wolkenkratzer aus Lehm bauen können. Einfamilienhäuser und mehrstöckige Wohnhäuser können aber ohne Weiteres in Lehmbauweise konstruiert werden. Die Kombination aus einer mit Lehm verputzten Fassade und einem grünen Dachgarten wirkt besonders harmonisch und organisch. Das Gemäuer symbolisiert dann die Erde – es besteht ja tatsächlich aus irdischen Tonmineralien –, und auf ihm wächst ein grünes Ökosystem. Diese Kombination weckt beim Anblick biophile Gefühle. Einzelne Lehmgebäude und Lehmsiedlungen in der Stadt würden das urbane Ökosystem und seine organische Atmosphäre jedenfalls aufwerten. Einige Schulen und Kindergärten könnten aus Lehmmaterialien erbaut werden. In den Parks und Stadtwäldern könnten wir Lehmpavillons mit grünen Dächern errichten, die sich perfekt in die Landschaft einfügen.

Auch Cafés und Pubs auf Grünflächen könnten auf diese Weise gebaut werden und würden unser Empfinden für Harmonie und Ästhetik mit Sicherheit nicht stören – im Gegensatz zu so manchem Betongebäude mitten im Stadtpark. Lehmhäuser würden sich außerdem in die Biophilia-Korridore sehr gut einfügen. Sie könnten dort als Veranstaltungszentren, Museen und kulturelle Treffpunkte fungieren. Entlang von Flüssen könnten wir in der Stadt Lehmviertel errichten, die an das idyllische Auenland der Hobbits erinnern. Für den Tourismus wäre es äußerst interessant, auf Grünflächen Hotels und Bungalows aus Lehm entstehen zu lassen, die internationale Besucher zu einem biophilen Urlaub in der Stadt einladen. Solche Gästehäuser aus Lehm befinden sich zum Beispiel bereits am Stadtrand von Leipzig. Die Tageszeitung *Berliner Kurier* berichtete im Jahr 2000 über das damals erste Berliner »Öko-Hightech-Haus«, wie die Redakteure das Lehmgebäude bezeichneten. Der Diplomingenieur und Familienvater Peter A., der das Haus gemeinsam mit seinen Freunden selbst konstruiert hatte, berichtete gegenüber der Tageszeitung: »Der Lehm sorgt vor allem für ein behagliches Raumklima mit konstant 50 Prozent Luftfeuchtigkeit, und dabei bezahlten wir nicht mehr als für ein herkömmliches Einfamilienhaus.«[177]

Joe Polaischer zeigte mir Fotos von Lehmbauten, die er als Ein- oder Mehrfamilienhäuser errichtet hatte. Er nutzte buntes Altglas, um daraus detailreiche künstlerische Mosaikflächen entstehen zu lassen, die er in die Lehmwände einfügte, sodass durch diese Glasflächen Tageslicht nach innen drang. Das Licht wurde durch das bunte Glas gefärbt und gebrochen. Im Haus entstand dadurch eine anregende und freundliche Atmosphäre. Und alte Bierflaschen wurden einer neuen, kreativen Verwendung zugeführt. Joes Lehmhäuser waren oft rund oder verschnörkelt, aber nie eckig und steril. Er stattete sie mit Kuppeln,

Gewölben und Erkern aus und verbaute riesige Glasflächen mit Blick in den Garten. Er errichtete Türme und Wendeltreppen. Keines seiner Bauwerke verfügte über gerade und kantige Treppen, sondern er baute Stufen und Geländer aus Wurzelholz in organischen Formen, die wirkten, als wären sie an Ort und Stelle aus dem Boden gewachsen. Auf diese Weise entstand eine Art »Baumhausflair«. Solche Formen und Bauelemente, die unser biophiles Gehirn bevorzugt, können wir auch außerhalb des Lehmbaus anwenden. Selbst ein gigantischer Wolkenkratzer kann natürlich, organisch und biophil eingerichtet werden. Kent Bloomer, ein Architekturprofessor an der Yale-Universität, betont, dass biophiles Raumdesign auf sich wiederholende natürliche Muster zurückgreifen sollte, die ineinander übergehen. Die organischen Treppengeländer und Brüstungen, die Joe so liebte, empfiehlt auch Bloomer für ein natürliches Wohlfühlklima in unseren Wohnungen und Häusern.[178]

Jenseits von drinnen und draußen

Ein wichtiger Aspekt der biophilen Architektur der Zukunft wird es sein, die Grenzen zwischen drinnen und draußen zu verwischen. Als Naturwesen sind wir an die Rhythmen und Zyklen der Natur angeschlossen. Diesen Zusammenhang erforscht die moderne Chronobiologie. Städte trennen uns in ihrer heutigen Form von den großen Regelkreisen der Natur, die bis in unsere Zellen wirken. Wir schotten uns in eckigen anorganischen Gemäuern von der Außenwelt ab, verbringen den ganzen Tag in künstlich beleuchteten Räumen oder auf Beton und Asphalt. Wir nutzen bisher kaum das architektonische Potenzial von Fenstern und Glasflächen, durch die wir die biophilen Kräfte der Natur in unsere urbanen Wohn- und

Arbeitsräume gelangen lassen könnten. In der Nacht wird es in der Stadt nie wirklich dunkel, weil die »Lichtverschmutzung«, die von Straßenbeleuchtungen und Leuchtreklamen ausgeht, den Himmel erhellt. Dieses Problem ist bekannt. Es wird immer schwieriger, über einer Großstadt Sterne zu beobachten. Im Gegensatz dazu tauchen wir in den Bergen oder auf einer abgelegenen Waldlichtung regelrecht in ein Sternenmeer ein, wenn wir in den nächtlichen Himmel blicken – vorausgesetzt, es handelt sich um eine klare Nacht.

Nicht nur die inneren Uhren und Orientierungssysteme von Wildtieren und insbesondere von Vögeln, Fledermäusen und Insekten werden durch städtische Lichtverschmutzung gestört, was gravierende ökologische Probleme schafft. Auch die biologische Uhr des Menschen kommt durcheinander. Bislang waren die Auswirkungen der Trennung von den Rhythmen der Natur auf unsere Gesundheit nicht in ihrem vollen Ausmaß bekannt. Zwar wissen wir schon lange, dass ein gestörter Biorhythmus zu Erschöpfung, gedrückter Stimmung und Depression führen kann und eine verringerte Regeneration während des Schlafs nach sich zieht. Tatsächlich aber sind die gesundheitlichen Folgen noch viel gravierender. Die innere Uhr unserer Zellen, die sich im Tages- und Jahresverlauf an den Einflüssen der Natur orientiert, kontrolliert auch das Zellwachstum. Sie legt über unser Hormonsystem die Phasen der Erneuerung fest und steuert das Absterben der Zellen, wenn diese Platz für neue machen sollen. Dieser natürliche Zelltod ist für die laufende Regeneration und Gesunderhaltung unserer Organe essenziell. Er hängt maßgeblich von den natürlichen Taktgebern der Zelle ab. Besonders zentral ist dabei das in der Zirbeldrüse des Gehirns produzierte Hormon Melatonin, das unseren Tag-Nacht-Rhythmus steuert und eine vielfach nachgewiesene wichtige Rolle in der körpereigenen Krebsabwehr spielt.[179] Wenn wir uns von den Einflüssen der Natur zu sehr abschotten, verwirren wir dadurch die inneren Rhythmen und die hormonelle Balance unseres Organismus, und es kann zu Störungen des natürlichen Zelltodes kommen.[180] Wie bereits ausgeführt, können aus Zellen, die nicht absterben wollen, bösartige Tumore entstehen.

Abraham Haim und Boris Portnov sind Professoren am Institut für Chronobiologie sowie am Institut für Natürliche Ressourcen und Umweltmanagement an der Universität von Haifa in Israel. Die beiden haben die Wissenschaft durch ihre zahlreichen Studien beim Verständnis der Zusammenhänge zwischen den natürlichen Rhythmen und der Entstehung von Krebs ein großes Stück weitergebracht. Beispielsweise wiesen sie in einer epidemiologischen Untersuchung – das ist eine groß angelegte statistische Analyse von Gesundheitsdaten der Bevölkerung – nach, dass die Häufigkeit von Brust- und Prostatakarzinomen weltweit ansteigt, je mehr eine Region durch künstliches Nachtlicht beeinflusst wird.[181] Selbstverständlich wurden bei dieser Analyse auch andere krankmachende Faktoren des urbanen Lebens berücksichtigt und durch mathematische Verfahren aus den Ergebnissen »herausgerechnet«, sodass nun feststeht, dass Lichtverschmutzung eine erhebliche Rolle bei der Entstehung mancher Tumorarten spielt. Die beiden Wissenschaftler weisen ausdrücklich darauf hin, dass ihre Datenanalysen nahelegen, dass auch die abendliche Nutzung von Computern unsere körpereigenen Anti-Krebs-Mechanismen schwächt, weil die Bildschirme den Raum unnatürlich erhellen und unsere innere Uhr verwirren.[182] Beim abendlichen oder nächtlichen Arbeiten am PC starren wir sozusagen auf eine taghelle Fläche. Als besonders relevant im Zusammenhang mit Krebsentstehung identifizierten sie den Einfluss der urbanen Lichtverschmutzung auf das bereits erwähnte, vor Krebs schützende Hormon Melatonin. Lichtverschmutzung und generell unsere Abkoppelung von den natürlichen Rhythmen wirken sich störend auf die Melatoninproduktion in der Zirbeldrüse aus.[183]

Der Umweltwissenschaftler Itai Kloog kam auf Basis komplexer statistischer Verfahren ebenfalls zu dem Schluss, dass Lichtverschmutzung über eine Störung unserer inneren Regelkreise insbesondere das Risiko für Brust- und Prostatakrebs erhöht. Um die Rolle der Lichtverschmutzung – auch im Hinblick auf weitere Krebsformen – genauer zu beleuchten und zu verstehen, werden noch zahlreiche Untersuchungen nötig sein. Es steht aber schon heute fest, dass unsere Trennung von der Natur als großer Rhythmusgeberin eine der Ursachen für die Zunahme von Krebserkrankungen darstellt – und vor allem von Brust- und Prostatakarzinomen, die mit Abstand die häufigsten Tumore sind. Bei krebskranken Männern ist in 25 Prozent der Fälle die Prostata betroffen, gefolgt von der Lunge mit 13 Prozent. Bei Frauen tritt der Tumor in mehr als 30 Prozent der Fälle an der Brust auf, dann folgt – weit abgeschlagen – mit zwölf Prozent der Darm.[184] Eine im *Journal of Urban Health* (Journal für Stadtgesundheit) der New Yorker Akademie für Medizin erschienene Studie wies für neun häufige Krebserkrankungen – darunter Brustkrebs – ein signifikant erhöhtes Risiko der Stadtbevölkerung im Vergleich zur Landbevölkerung nach. Bei dieser Studie wurden mögliche Einflüsse durch soziale Unterschiede zwischen Stadt und Land ausgeschlossen.[185] All das sind weitere Indizien für eine *Mitverursachung* von Krebs durch künstliche städtische Lichtverschmutzung. Auch der Behandlungserfolg bei Krebs wird durch unseren Anschluss an die natürlichen Rhythmen begünstigt und durch Abschottung davon verschlechtert.[186]

Besonders deutlich macht sich die Trennung von den Kreisläufen der Natur durch eine Störung der Herzratenvariabilität (HRV) bemerkbar. Auch unser Herz folgt im Laufe des Tages und des Jahres einem Zyklus aus unterschiedlichen Rhythmen. Ein gesundes Herz schlägt nicht vollkommen gleichmäßig, wie eine Maschine oder ein Metronom, sondern organisch und flexibel an die jeweilige Situation angepasst. Die Abstände zwischen den einzelnen Schlägen variieren. Das ist ein Zeichen von Gesundheit, während ein monotoner Herzschlag auf Krankheit hindeutet. Stress führt zu diesem ungünstigen, eher monotonen Herzschlag mit geringer Variabilität.[187] Das passt zu unserer modernen Lebenswelt, in der wir – zum Beispiel am Arbeitsplatz oder in der Schule – wie eine Maschine »funktionieren« müssen. Doch weder wir selbst noch unser Herz können diese Anforderungen langfristig bewältigen, ohne Schaden zu nehmen. Auch die derzeitige Atmosphäre in unseren Städten, in denen wir mehr Kontakt zu Beton und Asphalt als zur organischen Natur haben, wirkt sich negativ auf die Herzratenvariabilität aus, sodass unser Herz mehr zum Metronom als zum »Rhythmusorgan« wird. Bum-Jin Park, Professor für Umweltmedizin an der Universität Chungnam in Südkorea, wies in Feldstudien nach, dass Spaziergänge in stark bebauten Stadtgebieten zu einer geringen Herzratenvariabilität führen, was ein Zeichen von Stress ist. Waldspaziergänge wirken sich hingegen äußerst günstig auf den Herzrhythmus aus und führen zu einer höheren Variabilität. So ist es nicht verwunderlich, dass dieselbe Studie auch belegt, dass sich Waldspaziergänge bei Bluthochdruckpatienten regulierend auswirken, also den erhöhten Blutdruck senken, während Stadtspaziergänge diese Wirkung nicht zeigten.[188]

Die Aktivität des Parasympathikus, des Nervs der Ruhe und Regeneration, ist eng mit einem gesunden Herzschlag verbunden. Der Kontakt zur Natur wirkt sich über ihn positiv auf unseren wichtigsten inneren Rhythmusgeber aus. Unser Herzschlag wird maßgeblich davon beeinflusst, ob wir uns in der Natur oder in einem künstlich beleuchteten, sterilen Büro aufhalten. Man könnte sagen, das Herz ist rhythmisch an die Natur angeschlossen und verkümmert ohne sie.

Biophile Architektur löst die harten Barrieren zwischen drinnen und draußen auf und verbindet unser Herz, unser Hormonsystem, unsere Organe und Zellen sowie unseren Geist wieder mit der Natur als unserer großen Rhythmusgeberin. Eine Architektur, die der Natur nachempfunden ist und sie einlädt, öffnet unsere Wohn- und Arbeitsräume beispielsweise für die Einflüsse des Sonnenlichts, das sich im Laufe des Tages verändert. Sie verbindet uns mit dem Wandel der Jahreszeiten, dem Klima, den Reizen, Geräuschen und Gerüchen der Natur. Wie entscheidend der Ausblick aus dem Fenster für unsere Gesundheit ist, wissen wir spätestens seit Roger Ulrichs bereits erwähnter klinischer Studie über den Baumblick aus dem Krankenhauszimmer, der die Wundheilung von Patienten fördert. Weitere Studien haben belegt, dass mehr natürliches Tageslicht in Krankenzimmern die Aufenthaltsdauer der Patienten deutlich verringert und dass Patienten, die in ihren Zimmern natürliches Sonnenlicht genießen können, weniger Schmerzmittel benötigen.[189] Diese Wirkungen des Sonnenlichts wurden sowohl nach Operationen und bei körperlichen Erkrankungen festgestellt, als auch im Rahmen von psychiatrischen Klinikaufenthalten. Patienten mit Depression und bipolarer Störung, umgangssprachlich auch als »manisch-depressiv« bezeichnet, profitieren am stärksten von lichtdurchfluteten Zimmern.[190] Am Lightning Research Center der polytechnischen Rensselaer-Hochschule in New York fanden Wissenschaftler in ihren Experimenten und Laboruntersuchungen heraus, dass der Einfluss des Sonnenlichtes über die Steuerung unseres Biorhythmus eine wichtige Rolle bei der Krebsabwehr spielt.[191] Das ist ein weiterer Beleg dafür, dass wir krank werden, wenn wir uns von natürlichen Einflüssen zu sehr abschirmen. An der Inha-Universität in Korea registrierten klinische Forscher, dass gynäkologische Patientinnen in sonnendurchfluteten Krankenzimmern im Durchschnitt eine um 41 Prozent kürzere Aufenthaltszeit im Krankenhaus haben sowie 22 Prozent weniger Schmerzmittel benötigen als Patientinnen, die in Zimmern ohne Sonneneinstrahlung untergebracht sind.[192]

In der biophilen Stadt der Zukunft werden wir unsere Wohnungen, Häuser und Büros mit großen Glasflächen ausstatten. Leicht zugängliche Terrassen und Dachgärten werden uns am Tag den Blick in den blauen Himmel und nachts auf den Mond und das Sternenmeer ermöglichen. Unsere großen Fenster werden uns an die Regelkreise der Natur anschließen. Durch sie werden wir auf Stadtwälder, Moore, Savannen, urbane Urwälder, Biophilia-Korridore, begrünte Fassaden und vertikale Gärten blicken. Wir werden immer mehr Teile unseres Lebens nach draußen verlagern und in städtischen Wäldern und auf Grünflächen arbeiten und lernen. Denn Stadtverwaltungen werden solche Arbeitszonen an öffentlichen Plätzen zur Verfügung stellen, wie schon heute die Bänke, Tische, Sonnenstühle und Sportanlagen. Firmen werden auf Terrassen und Dächern Biophilia-Zonen anlegen, wo Mitarbeiter bei schönem Wetter unter freiem Himmel ihre Aufgaben erledigen können. Wie sehr das unsere Konzentration und Freude bei der Arbeit erhöht, habe ich bereits erläutert. Wir werden auf Balkonen, Terrassen, Dächern oder in Gärten überdachte Outdoor-Küchen haben, die wir vom Frühling bis in den Herbst nutzen können – das ist ein Trend, der bereits Einzug gehalten hat. In wärmeren Gegenden verfügen etliche Häuser bereits über eine solche Außenküche. Ich koche sogar im kalten mitteleuropäischen Winter manchmal in meinem Garten. Dazu habe ich eine Feuerstelle angelegt, über die ich mit einem dreibeinigen Stativ Töpfe und Kessel hänge. Das Feuer wärmt dabei auch mich. Mein Garten, den ich nach dem Vorbild der Natur als Waldgarten gestaltet habe, ist wie ein zweites Wohnzimmer für mich, in dem ich mich jederzeit mit den natürlichen Rhythmusgebern verbinden kann: der Sonne, dem Mond, den Sternen und dem Lauf der Jahreszeiten.

Die biophile Zukunft ist eine Ära der verschwimmenden Grenzen und sich auflösenden Barrieren. In einem Ökosystem gibt es keine scharfen Grenzen. Alles ist mit allem verbunden und geht fließend ineinander über. So wird es auch in unseren komplexen Stadtökosystemen sein. Wir werden weiterhin hochmoderne Gebäude und Metropolen bauen, aber dabei – ähnlich wie unsere Vorfahren – wieder eine Verbindung zur Sonne, zum Himmel, zu den Bäumen und sich ständig wandelnden Phänomenen der Natur aufbauen. Fortschritt bedeutet, dass wir unsere Zivilisation und Technologien an unsere natürlichen Bedürfnisse anpassen, anstatt – umgekehrt – uns selbst der Technik zu unterwerfen.

Dieser Abschnitt hat aber auch gezeigt, dass die Öffnung unserer Wohn- und Arbeitsstätten für die Einflüsse aus der Natur und dem Kosmos zwar eine wichtige Grundvoraussetzung sind, um uns wieder an die Rhythmen der Natur anzuschließen, dass dies alleine aber nicht ausreicht. Wie ich veranschaulicht habe, macht uns insbesondere Lichtverschmutzung krank, indem sie den Tag-Nacht-Rhythmus unseres Hormonhaushalts durcheinanderbringt. Die biophile Stadt der Zukunft muss daher mit weniger künstlichem Licht auskommen. Wir sollten Beleuchtungen auf das Notwendige reduzieren – also auf Straßen, Gehwege und öffentliche Plätze. Lichtquellen sollten so gestaltet werden, dass sie möglichst gezielt den Bereich bestrahlen, der beleuchtet werden soll, ohne das Licht diffus in den Himmel zu emittieren. Die unzähligen Leuchtreklamen, die die ganze Nacht hindurch flackern, sowie Lichter und Fassadenbeleuchtungen, die der reinen Ästhetik, Werbung oder Effekthascherei dienen, sollten wir drastisch reduzieren. Die Gesundheit der Stadtbewohner muss höher gewichtet werden als Geschäftsinteressen.

Indoor-Biophilia

Heidelberg, im September 2040. Jacqueline nimmt im Bereich der Alten Brücke einen Ausgang aus dem Biophilia-Korridor »Hauptlinie Neckarufer Nord«, der sie entlang des Flusses direkt zum Campus des Instituts für Öko-Psychosomatik führt. Das Institut gehört zur Medizinischen Fakultät der Ruprecht-Karls-Universität Heidelberg. Die 19-Jährige geht auf natürlichem Waldboden durch eine Allee mit verschiedenen medizinisch wirksamen Bäumen, die als besonders reichhaltige Terpenquellen identifiziert wurden. Wer möchte, kann auf Informationstafeln die Namen der Gehölze, ihre wichtigsten Terpene und deren Wirkungen auf Organe und Immunsystem nachlesen.

Jacqueline atmet die spätsommerliche Luft tief ein und streckt ihre Arme zum blauen Himmel hinauf, von dem die Sonne herabblinzelt. Ihr Blick fällt auf ein etwa 60 Meter hohes Hochhaus am Ende der Allee. Der Grundriss des Gebäudes ist rund. Sein Umfang wird nach oben hin größer. Die Fassade ist bis auf die Fenster vollständig begrünt. In mittlerer Höhe befindet sich an der breitesten Stelle eine ebenfalls begrünte Terrasse mit Bäumen, die sich ringförmig um das Gebäude legt. Darüber setzt sich die dschungelartig bewachsene Fassade fort und verschmälert sich bis zum Dach wieder. Von der Dachfläche hängen die Ausläufer von bodendeckenden Pflanzen. Baumkronen ragen über den Rand und verraten, dass sich dort oben ein Waldgarten verbirgt. Jacqueline lächelt zufrieden. »Das ist also das Institut für Öko-Psychosomatik«, denkt sie sich. Sie ist im Rahmen der Ringvorlesung »Einführung in die Medizin und ihre Fachgebiete« hierhergekommen. Als Studienanfängerin ist dies ihr erster Kontakt mit dem Institut. Sie ist eigens für ihr Medizinstudium aus Mannheim nach Heidelberg gezogen.

Neben dem Institutshochhaus, in dem sich die Labore und Büros befinden, steht ein flaches Rundhaus mit einem sehr großen Durchmesser und einer riesigen Kuppel. Das Gebäude ist von Laub- und Nadelbäumen umgeben, und die Kuppel ragt hoch über die Baumkronen. Der überhängende Dachbewuchs ist an vielen Stellen von Glasflächen durchbrochen. Jacqueline weiß aus dem Leitfaden für Studienanfänger, dass sich in diesem Bau der Hörsaal befindet. Sie steuert auf die Kuppel zu. »15 Jahre Öko-Psychosomatik in Heidelberg« steht auf einem riesigen Banner über dem Eingangstor, mit dem auf eine bevorstehende Jubiläumsfeier hingewiesen wird. Jacqueline öffnet einen Torflügel und durchquert einen Vorraum, in dem sich die Toiletten und Garderoben befinden. Sie kommt an einer wissenschaftlichen Schautafel vorbei, auf der ein aktuelles Forschungsprojekt des Instituts beschrieben wird, in dem die Wirkung von bereits etablierten waldmedizinischen Therapiemaßnahmen gegen die sogenannten »neuen Krebsformen« genauer untersucht wird. Das Forschungsprojekt ist als Teil des Programms zur biologischen Krebsabwehr ausgewiesen, das vom Europäischen Gesundheitsministerium finanziert wird.

Jacqueline betritt den lichtdurchfluteten Hörsaal. Sein Randbereich ist von Felsen gesäumt, zwischen denen Kiefern, Birken und Wacholder wachsen. Sie verleihen der Raumluft ein angenehmes ätherisches Aroma. Der Hörsaal ist aufsteigend gebaut. In seiner Mitte, am tiefsten Punkt, befindet sich gut sichtbar das Rednerpult. Zwischen den Sitzreihen mit Schreibpulten gedeihen Sträucher, Farne, Kräuter sowie Gräser in unterschiedlich gestalteten Pflanzbehältern und in Rabatten, die in den Boden integriert sind. Auch die Wände und die Verstrebungen an der

Kuppel sind teilweise von rankenden Pflanzen bewachsen, sodass eine dschungelähnliche Atmosphäre entsteht. Laut dem Studienleitfaden bietet der grüne Hörsaal Platz für 400 Zuhörer.

Als Jacqueline ein leises Plätschern hört und dem Geräusch folgt, entdeckt sie zwischen den Sitzreihen einen Bach, der über felsigen und steinigen Untergrund nach unten verläuft. Sie blättert in ihrem Leitfaden und erfährt, dass sich im Hörsaal insgesamt fünf Bäche befinden, die aus einem Auffangbecken für Regenwasser sowie aus einem Grundwasserbrunnen gespeist werden, wobei der natürliche Druck des Grundwasserkörpers genutzt wird, um das Wasser ohne zusätzlichen Energieaufwand nach oben zu befördern. Der Leitfaden erklärt, dass das Wasser anschließend durch eine Pflanzenkläranlage geführt wird, die von den Studenten der Fakultät für Chemie und Geowissenschaften als experimentelle Versuchsfläche zur ökologischen Wasseraufbereitung betrieben wird. Von dort erfolgt eine Rückführung des Wassers in die Natur. Es handelt sich also um einen geschlossenen Kreislauf, der zu keinerlei Veränderungen des Grundwasserhaushaltes führt. Im Studienleitfaden wird auch darauf hingewiesen, dass das Gebäude nach seiner Fertigstellung im Jahr 2030 mit dem international renommierten Erich-Fromm-Preis für biophile Architektur ausgezeichnet wurde. Der Saal wurde danach durch die Institutsleitung auf den Namen »Erich-Fromm-Hörsaal« getauft.

Allmählich füllt sich das Innere der Kuppel mit Studenten. Jacqueline nimmt neben einer Zwergkiefer Platz und lässt ihren Blick durch den hellen Raum gleiten. Die Bäche enden links und rechts des Rednerpultes in zwei seichten, stillen Teichen mit steinigem Grund und grün leuchtenden Wasserpflanzen. Von dort fließt das Wasser aus dem Gebäude und weiter in die Pflanzenkläranlage, wo es durch Algen, Mikroorganismen, Wasserpflanzen und natürliche Bodenfiltration gereinigt wird und zurück ins Grundwasser sickert. Jacqueline gefällt besonders, dass die Vegetationsdecke hinter dem Rednerpult dichter wird. Dort wächst auf einer ebenen Fläche ein kleiner »Indoor-Wald«, der von schmalen Pfaden durchzogen ist und in den Pausen betreten werden darf. Der Hinterausgang, der wegen der Hanglage auf einem niedrigeren Niveau als der vordere Eingang liegt, führt durch eine Glasfassade direkt in den Heidelberger Experimentalwald für öko-psychosomatische Waldmedizin, sodass man das Gefühl hat, es gäbe keine Barriere zwischen dem kleinen Wald im Inneren und dem großen Wald vor der Türe.

Jacqueline fühlt sich in dem biophilen Ambiente sehr wohl. Die Professorin, die an diesem Tag die Einführungsvorlesung halten wird, betritt den Raum. Sie drückt auf einen Knopf unter dem Pult, woraufhin sich alle Glasflächen im Saal durch eine umkehrbare Veränderung ihrer molekularen Struktur abdunkeln. Holographische Projektoren unter der Kuppelwölbung springen an und erzeugen im leeren Raum über dem Rednerpult eine große, dreidimensionale Abbildung des menschlichen Körpers. »Ich begrüße Sie zur ersten Einheit des Teils ›Öko-Psychosomatik‹ im Rahmen der Ringvorlesung ›Einführung in die Medizin und ihre Fachgebiete‹.« In den kommenden Monaten stellt Jacqueline fest, dass sie eine Beziehung zu den Pflanzen und den Bächen im Erich-Fromm-Hörsaal aufbaut und dass ihre Motivation, an den dortigen Vorlesungen teilzunehmen, immer mehr steigt. Sie freut sich über jede Gelegenheit, die Vorträge zwischen Bäumen, Farnen, Steinen und Gewässern zu verfolgen. Manchmal kommt sie sogar in vorlesungsfreien Zeiten in den grünen Hörsaal, um dort zu lernen. Fünf Jahre später wird sie am Universitätsklinikum Heidelberg eine Ausbildung zur Fachärztin für Öko-Psychosomatik beginnen.

In der biophilen Stadt werden wir immer mehr Naturflächen in unsere Wohn-, Lern- und Arbeitsräume integrieren. Wir werden Indoor-Oasen erschaffen und dadurch die ökologische Komplexität der Stadt noch weiter aufwerten. Für die Idee mit den Bächen in Hörsälen gibt es schon heute wissenschaftliche Grundlagen. Beispielsweise haben Forscher der polytechnischen Rensselaer-Hochschule in New York bewiesen, dass das Geräusch von plätscherndem Wasser in einem Bach unsere Konzentrationsfähigkeit und geistigen Kapazitäten fördert. Das gilt auch für andere Naturgeräusche.[193]

Innenarchitekten haben bereits damit begonnen, die gesundheitsfördernden Kräfte der Natur zu berücksichtigen. Schon heute gibt es Unternehmen, die ihre Büroräume mit ausgedehnten Grünflächen bestücken, auf denen in natürlicher Erde Pflanzen wachsen. Sogar Bäume gedeihen bereits in Wohnzimmern und Arbeitsräumen. Sie wurzeln in großen Pflanzkästen und in Indoor-Rabatten, die im Fußboden verbaut und mit echter Erde befüllt sind.[194] Die Firma Google lädt auf der ganzen Welt die Natur in ihre Räumlichkeiten ein, um die Kreativität und Aufmerksamkeitsspanne der Mitarbeiter zu fördern. Die Programmierer können sich beispielsweise im Google-Büro in Zürich mit ihren Laptops in Grünräume zurückziehen, in denen durch dichten Pflanzenbewuchs ein urwaldähnliches Ambiente herrscht.[195] Aus dem Google-Quartier in Tel Aviv haben die Mitarbeiter eine grandiose Sicht über die Stadt. Zugleich stehen ihnen in den Büros Grünräume zur Verfügung, und Naturaufnahmen werden an die Wände projiziert.[196] Juyoung Lee, eine Gesundheitswissenschaftlerin an der Chiba-Universität in Japan, belegte in Indoor-Studien gemeinsam mit drei ihrer Kollegen, dass auch großformatige Aufnahmen von Waldszenen stressreduzierende, stimmungsaufhellende und konzentrationsfördernde Wirkungen haben. Dasselbe hat die Forscherin auch für Tonaufnahmen von Vogelgesang, Waldesrauschen oder Wassergeräuschen belegt.[197]

Die Apartmentanlage Huntington Lakes in Naples, Florida, verfügt über ein Clubhaus, in dessen Mitte sich ein Teich mit einem Untergrund aus Steinen befindet, der von tropischer Vegetation mit Palmen und bodendeckenden Pflanzen umgeben ist.[198] Dieses kleine »Indoor-Ökosystem« hat es in der biophilen Architektenszene zu weltweiter Bekanntheit geschafft. Ebenso bekannt sind die Wasserfälle des zur Hotelkette Marriott gehörenden Gaylord Opryland Hotels in Nashville, Tennessee. Sie befinden sich im Innenhof des Hotels unter einem großen Glasdach und sind in grüne Gärten eingebettet.[199] In Singapur ist geplant, am Flughafen nach den Entwürfen des Architekten und Städtebauers Moshe Safdie eine gigantische Glaskuppel entstehen zu lassen, die eine Grundfläche von 130 000 Quadratmetern haben soll. In diesem neuen Terminal soll eine Oase mit regionaler tropischer Regenwaldvegetation entstehen. In der Mitte plant Safdie, einen 40 Meter hohen Indoor-Wasserfall von der Decke stürzen zu lassen.[200] Die Idee mit dem Regenwald unter der Kuppel ist grandios. Den künstlichen Wasserfall würde ich aber nicht als biophiles Bauvorhaben bezeichnen. Denn auch wenn dabei Unmengen an gesunden Anionen freigesetzt würden, dürfte es schwierig sein, einen so großen Wasserfall mitten auf einem Flughafengelände auf nachhaltige Weise mit Wasser zu versorgen. Ich plädiere dafür, dass wir Indoor-Gewässer nur an Orten anlegen, an denen eine nachhaltige, ökologische Wasserversorgung möglich ist. Das ist beispielsweise dann der Fall, wenn wir auf gesammeltes Regenwasser zurückgreifen oder einen geschlossenen Wasserkreislauf herstellen können, wie ich ihn in meiner Zukunftsvision für den Erich-Fromm-Hörsaal in Heidelberg beschrieben habe. Auch an Stellen, an denen unterirdische Flüsse verlaufen, die wir wieder aus ihren Rohren und Kanälen befreien können, lassen sich auf natürliche und nachhaltige Weise Fließgewässer in Innenräumen anlegen. Ansonsten sollten wir meines Erachtens auf Wasserfälle in Gebäuden verzichten. Auf keinen Fall sollten wir dafür Trinkwasser verwenden. Ich halte Indoor-Wasserfälle also insgesamt nur in seltenen Fällen für ökologisch vertretbar. Stattdessen sollten wir lieber so viele kanalisierte Flüsse wie möglich befreien und aus ihnen neue Stadtökosysteme unter freiem Himmel entstehen lassen, die Anionen an den öffentlichen Raum abgeben.

Jeder von uns kann außerdem sofort und ohne großen Aufwand damit beginnen, die eigenen vier Wände zu begrünen. Dazu bieten sich Topfpflanzen an, die auch in mehreren Etagen an die Wand gehängt werden können. Im Pflanzenfachhandel sind Vorrichtungen zur Begrünung von Innenwänden erhältlich, mit deren Hilfe wir unsere Wohnzimmer in grüne Oasen verwandeln können. Für kleine Wohnungen kommen außerdem Miniaturwälder aus Bonsaibäumen in Frage. Oft werde ich gefragt, ob man sich auch die immunsystemstärkenden Baum-Terpene nach Hause holen kann. Das ist einerseits durch die Verdampfung von ätherischen Ölen möglich – beispielsweise aus Kiefern, Fichten, Tannen, Pinien oder Zedern. Andererseits können wir uns, bei ausreichendem Platzangebot, diese und andere Bäume auch als lebendige Pflanzen ins Haus holen. Viele Nadelbäume sind als Zwergvarianten oder wohnungstaugliche Züchtungen erhältlich und können in großen Pflanztöpfen an Standorten mit ausreichend Sonnenlicht gedeihen. Ihre Nadeln geben ätherische Stoffe ab, die Terpene beinhalten. Allerdings werden wir durch die Begrünung von Innenräumen natürlich niemals die enorme Vielfalt und Dichte an bioaktiven Substanzen nachbilden können, die wir in der Natur und vor allem in der Waldluft finden. Im nächsten Abschnitt widme ich mich daher wieder der urbanen Natur unter freiem Himmel, wenn ich der Frage nachgehe, was jeder Einzelne von uns schon jetzt tun kann, um die Entwicklung hin zur biophilen Stadt zu unterstützen.

Urbanes Gärtnern: unterwegs zur biophilen Stadt der Zukunft

»Die menschliche Gesellschaft und die Schönheit der Natur sind dafür gemacht, gemeinsam genossen zu werden. Sie müssen eins werden.«[201]

Ebenezer Howard, britischer Stadtplaner und Erfinder der Gartenstadt (1850–1928)

Im Alter von 13 Jahren hatte ich ein prägendes Biophilia-Erlebnis in der Stadt, das ich nie vergessen werde. Das war 1993. Unser Biologielehrer veranstaltete mit uns eine Exkursion in die Natur. Dazu mussten wir nicht weit reisen. Wir gingen zu Fuß von unserem Schulgebäude in Graz eine staubige, stark befahrene Straße entlang und standen nach fünf Minuten vor einer Häuserfront, die genauso staubig war wie der Straßenbelag. Weit und breit war kein grünes Blatt zu sehen. Autos und LKWs brausten an uns vorbei. »Und wo sollen da jetzt Bäume sein?«, fragte einer von uns herausfordernd. Der Lehrer zwinkerte uns zu und klopfte an das Tor aus Gusseisen, das in die alte Fassade gebaut war. »Wartet es ab«, sagte er.

Das Tor ging auf, und ein Mann begrüßte uns freundlich. Wir gingen durch ein herkömmliches Wohnhausgewölbe, in dem ein Auto geparkt war. Als wir am anderen Ende des Gebäudes ins Freie traten, traute ich meinen Augen kaum. Als hätten wir die Pforte in ein biophiles Paralleluniversum durchschritten, standen wir plötzlich in einer grünen Oase. Die Obstbäume blühten, und es duftete nach süßem Nektar. Rund um uns summten die Bienen in den Baumkronen, und die Vögel sangen. Überall waren Gemüsebeete angelegt, und zwischen Bäumen und Sträuchern wuchsen Beerenhecken. In der Mitte der Stadtoase stand ein kleines altes Häuschen, hinter dem einige Bienenstöcke aufgereiht waren. Wir waren im Paradiesgarten eines Imkers. Von der Stadt, dem Lärm und Gestank, war nichts mehr wahrnehmbar, denn wir waren von Hochhäusern umringt, die den Garten von außen abschirmten. Ich war von diesem Ort zutiefst berührt, und er fällt mir noch heute immer wieder ein, wenn ich an Biophilia in der Stadt denke. Niemand, der diese Straße entlangging, konnte auch nur erahnen, welche Oase sich hinter den grauen Mauern verbarg. An diesem Tag begriff ich zum ersten Mal, dass es zwischen Stadt und Natur keinen prinzipiellen Unterschied gibt. Und es war auch das erste Mal in meinem Leben, dass ich mit urbanem Gärtnern in Kontakt kam. Der Mann, der uns empfangen hatte und mit Honig, Beeren und Obstsäften aus seinem Garten verköstigte, war ein Pionier des städtischen Gärtnerns und der Stadtimkerei in Graz. Ich lernte damals, dass selbst ein einzelner Mensch in seiner unmittelbaren Umwelt sehr viel Positives und Schönes gestalten kann, auch wenn um ihn Beton und Asphalt vorherrschen. Jeder von uns kann einen Beitrag zur Entstehung von Oasen in der Stadt leisten. Darum geht es in diesem Buchabschnitt.

Kuleana: unsere Verantwortung für die Erde

Honolulu, die Hauptstadt des US-Bundesstaates Hawaii, ist in tropische Regenwälder eingebettet. Innerhalb des politischen Stadtgebietes gibt es deutlich mehr Naturflächen und Berghänge als Asphalt und Beton. Der Diamond Head, ein drei Millionen Jahre alter Vulkan mit steinigen Steilhängen, ist das Wahrzeichen von Honolulu. Er befindet sich im Süden der Stadt an der Küste des pazifischen Ozeans. Der gesamte Osten und Norden der Stadt wird von tropischen Naturreservaten eingenommen, die von einzelnen Bundesstraßen und Highways durchzogen werden und daher mit öffentlichen Verkehrsmitteln vom Stadtzentrum aus erreichbar sind. Im Norden liegt auch das Watershed Forest Reservat. In dem bewaldeten Naturgebiet befinden sich die imposanten Manoa Falls. Diese tropischen Wasserfälle sind in eine märchenhafte dschungelartige Natur eingebettet, obwohl es von dort aus noch drei Kilometer bis zur äußeren Stadtgrenze sind. Sie geben jede Menge gesunder Anionen an die Luft ab. Ein offizieller Wanderweg führt bis zu den Manoa Falls. Der Einstieg befindet sich in der Nähe der Station Manoa Road der Buslinie 5, die im Zentrum von Honolulu abfährt. Für die 340 000 Stadtbewohner und die insgesamt eine Million Bewohner des Ballungsraumes stellt dieses Gebiet einen wichtigen Naherholungsraum dar. Für die Nachfahren der Maoli, der hawaiianischen Ureinwohner, ist es noch mehr als das. Es ist das Land ihrer Vorfahren, mit dem sie sich verbunden fühlen.

»Als ethnische Minderheit sind vor allem die jungen Ureinwohner Hawaiis mit einer Vielzahl von Problemen konfrontiert, die aus der Kolonialisierung resultieren. Dazu gehören anhaltende strukturelle Unterdrückung sowie der Verlust von

Land und indigenem Wissen«, schreibt Alma Trinidad, Soziologieprofessorin an der Portland-State-Universität in Oregon.[202] Die Wissenschaftlerin, die sich seit Jahren mit der Situation der Maoli befasst, schildert aber auch, wie aus dieser Notlage eine neue, hoffnungsvolle Jugendbewegung erwächst, die unter anderem in Honolulu spürbar ist. Sie berichtet über junge Indigene, die autonome ökologische Farmen betreiben und städtische Brachflächen in artenreiche Gärten verwandeln. Dadurch entstehen nicht nur neue Perspektiven, sondern die jungen Menschen schließen auch an eine alte Tradition ihres Volkes an. »Malama 'Aina«, »sich um die Erde kümmern«, ist ein Auftrag, der in der Vergangenheit von einer Maoligeneration zur nächsten weitergegeben wurde. Im Namen dieser Tradition werden Umwelt- und Naturschutzprojekte ins Leben gerufen, und die jungen Menschen kümmern sich auch um die Naturgebiete in Honolulu sowie auf ganz Hawaii. Sie schauen nicht länger zu, wie das Land ihrer Vorfahren mehr und mehr der Industrie und der Versiegelung durch große Bauunternehmen weichen muss, sondern übernehmen selbst Verantwortung, indem sie sich für den Umweltschutz engagieren.

Wenn die Maoli über ihre Verantwortung für den Grund und Boden sprechen, auf dem sie leben und mit dem sie sich verbunden fühlen, benutzen sie das Wort »Kuleana«. Es geht um ein Verantwortungsgefühl, das alle Menschen in sich finden können und das wir als Ehre wahrnehmen sollten. Es ehrt uns und erfüllt uns mit Würde, wenn wir mit dem Planeten und unseren Mitmenschen verantwortungsvoll umgehen. Ich würde sagen, dass sich »Kuleana« am besten als »würdevolle Verantwortung« übersetzen lässt. Kuleana wird von den Maoli als Lebensauftrag oder als Berufung wahrgenommen. Der Mensch ist zur Verantwortung für den Planeten und seine Mitmenschen *geboren.* Das ist keine Last, sondern mit Freude verbunden. Auch der große deutsch-amerikanische Philosoph Hans Jonas sah in unserem Verantwortungsgefühl für den Planeten etwas Würdevolles, als er schrieb: »In der Zukunft soll es eine Welt geben, geeignet für menschliche Bewohnung, und sie soll in alle Zukunft bewohnt werden von einer ihres Namens *würdigen* Menschheit.«[203]

Die Kuleana-Bewegung ist eine sogenannte »Graswurzelbewegung«. Das heißt, sie geht vor allem von der Basis aus, also von engagierten Bürgern, die auf kommunalpolitischer Ebene die Gesellschaft zum Vorteil von Mensch und Umwelt verändern möchten. Jeder von uns, egal in welcher Position, kann würdevolle Verantwortung übernehmen und versuchen, gemeinsam mit anderen Menschen auf Politiker und Entscheidungsträger positiv einzuwirken. Die Kuleana-Akademie in der 10 000 Einwohner umfassenden Kleinstadt Kapa'a auf Hawaii schreibt auf ihrer Homepage: »Hawaii braucht mehr fortschrittliche Regierungsmitglieder, die ›'Aina‹ wertschätzen und unabhängig vom Profitdenken der Konzerne sind.«[204] Der Maoli-Begriff »'Aina« bedeutet wörtlich übersetzt »die, die uns ernährt«, also die Erde, die Natur. Meiner Meinung nach steckt in der Weisheit des Wortes Kuleana der Schlüssel für unsere biophile Zukunft. Kuleana bedeutet, sich nicht an kommerziellen und wirtschaftlichen Werten oder Zwängen zu orientieren, sondern an einem aufrichtigen Gefühl für Verantwortung. Und es bedeutet, dass sich die Menschen an der Basis zusammentun und sich für eine lebenswerte Zukunft engagieren. Die Kuleana-Bewegung geht inzwischen weit über die jungen Maoligruppen hinaus, und immer mehr Hawaiianer besinnen sich auf ihre Verantwortung für den Planeten und die Zukunft des Menschen.

Der Begriff »Kuleana« hat sich auch außerhalb Hawaiis verbreitet und wird von Gruppen verwendet, die sich für den

Schutz der Erde, der Menschenrechte und für die Ökologisierung der Städte einsetzen. Beispielsweise befindet sich in Durango, einer kleinen Stadt im US-Bundesstaat Colorado, der Ohana Kuleana Community Garden mit einer Fläche von 1500 Quadratmetern.[205] »Ohana Kuleana« bedeutet, aus dem Hawaiianischen übersetzt, »Kuleana-Familie«, also eine Gemeinschaft der Verantwortung. Der mit Erlaubnis der Stadtverwaltung von Durango auf einer ehemaligen Brache errichtete Garten stellt eine Oase der Artenvielfalt dar, in der vorwiegend alte Gemüse- und Obstsorten gedeihen. Er wird, so wie Joe Polaischers Rainbow Valley Farm in Neuseeland, nach den Prinzipien der Permakultur betrieben. Da es sich um ein Gemeinschaftsprojekt handelt, kann sich jeder daran beteiligen und unter dem Zeichen von Kuleana – der würdevollen Verantwortung für die Erde – seine eigenen Lebensmittel anbauen und zugleich einen Beitrag zur Begrünung der Stadt leisten. Diese Möglichkeit besteht heute, am Beginn des dritten Jahrtausends, in nahezu jeder Stadt der Erde.

Urbane Gemeinschaftsgärten: eine globale Biophilia-Bewegung

Im Sommer 2012 reiste ich drei Monate lang durch Europa. Ich recherchierte damals in der Agrar- und Lebensmittelindustrie, um den Konsumenten einen Blick hinter die trügerischen Kulissen der Werbung und der zahlreichen Gütesiegel in unseren Supermärkten und Discountern zu ermöglichen. Auf dieser Reise sah ich mir aber nicht nur endlose Monokulturen, vergiftete Ackerböden, grauenhafte Massentierhaltung und industrielle Schlachthöfe an, sondern auch solche Projekte, mit denen sich Menschen um eine wirklich ökologische Landwirtschaft bemühen – auf dem Land wie in der Stadt. Ich stattete zahlreichen urbanen Gartenprojekten einen Besuch ab.

In Berlin besichtigte ich den Prinzessinnengarten in unmittelbarer Nähe der U-Bahn-Station Moritzplatz. Auf einer Fläche, die seit Jahrzehnten brachgelegen hatte, entstand mit dem wohlwollenden Einverständnis der Stadtverwaltung auf urbanem Asphalt in Hochbeeten und Pflanzkästen eine Oase der Vielfalt mit Gemüse, Kräutern, Beerenobst und Zierpflanzen. Das Gelände umfasst einen Verkaufsstand für eigene Produkte und Jungpflanzen, ein Gartencafé und eine Kinderspielfläche. Jeder, der in der Stadt gärtnern möchte, kann sich an dem Projekt beteiligen und im Rahmen des Kursprogramms den eigenen »grünen Daumen« trainieren oder die urbane Imkerei erlernen. Ein ähnliches Projekt, das den Namen »Allmende Kontor« trägt, befindet sich auf dem stillgelegten Flughafenfeld Berlin-Tempelhof. Damit soll die nahezu in Vergessenheit geratene Idee von gemeinschaftlichen landwirtschaftlichen Flächen, die man als »Allmenden« bezeichnet, wiederbelebt werden. 5000 Quadratmeter des alten Flugfeldes wurden durch die urbanen Gärtner – ebenfalls mithilfe von Hochbeeten, Töpfen, Pflanzkästen sowie mit recycelten Schubkarren, Einkaufswagen und anderen zur Bepflanzung umfunktionierten Objekten – mit Gemüse- und Kräuterbeeten aufgewertet. 200 weitere urbane Biophiliacs bestellen in Berlin-Wedding das sogenannte »Himmelbeet«. Dieses Projekt wird durch den ehemaligen deutschen Nationaltorhüter Oliver Kahn unterstützt.[206]

In Hamburg-St. Pauli entstand 2011 in Kooperation mit dem Berliner Prinzessinnengarten das Gartendeck. Auf 1100 Quadratmetern Dachgarten, 400 Quadratmetern Grünstreifen sowie einer Betonfläche mit Pflanzkisten und Hochbeeten gedeihen Tausende Gartenpflanzen aus 172 Sorten. Darunter befinden sich neben Gemüse und Kräutern auch Beerenobststräucher und kleine Obstbäume. Das Gemeinschaftsprojekt beherbergt fünf Bienenvölker, und die Teilnehmer befassen sich intensiv mit der Herstellung von ökologischem Kompost. Somit bringen sie auch ein intaktes Bodenleben und das gesundheitsfördernde Biophilia-Bakterium in die Stadt. Das durch die europaweit vertretene öffentliche Stiftung für Umwelt und Entwicklung unterstützte Gartendeck betont auf der Projekthomepage: »Träger des Gartendecks sind alle, die dort gärtnern.«[207] Die Gemeinschaftsgärten in der Seestadt Aspern in Wien, die mehr als 7000 Quadratmeter umfassen und über die U-Bahn-Linie 2 erreichbar sind, habe ich bereits erwähnt. Auch sie sind für alle interessierten Menschen offen.

Die Stadtverwaltung von Andernach im nördlichen Rheinland-Pfalz belegte mit ihrem Projekt »Essbare Stadt« im Rahmen des bundesweiten Ideenwettbewerbs »Lebenswerte Stadt« im Jahr 2014 den ersten Platz.[208] Der Wettbewerb wird von der Deutschen Umwelthilfe (e.V.) und der Stiftung Lebendige Stadt ausgelobt. Das Andernacher Stadtgartenamt legte auf öffentlichen Grünflächen im gesamten Stadtgebiet Gemüsebeete und Obstplantagen an, die nicht nur zu einer ästhetischen Aufwertung des Stadtbildes führen, sondern den 30000 Bewohnern sowie allen Stadtbesuchern auch zur freien Ernte zur Verfügung stehen. Federführend für diese biophile Umgestaltung waren die Gartenbauingenieurin Heike Boomgaarden und der Geoökologe Lutz Kosack. »Die Grundidee war, die Stadt aufzuwerten und wieder zum Lebensmittelpunkt zu machen«, sagte Boomgaarden im Interview mit dem TV-Sender *3sat*, »das heißt, Lebensmittel in die Stadt zu bringen in Form von Gemüsepflanzen, Obstbäumen, Beerensträuchern und so weiter, auch mit dem Gedanken, die Stadt schöner und ästhetischer zu machen. Die Gärten durchziehen heute ganz Andernach.«[209] Kosack fügte hinzu: »Wir fordern die Menschen auf: Bedient euch und nehmt euch, was in den Gärten wächst, nehmt aber auch die Samen und zieht daraus Jungpflanzen für eure eigenen Gärten – und vervielfältigt dadurch diese seltenen Sorten.« Denn im Gegensatz zu den meisten modernen Gemüsezüchtungen, die wir im Supermarkt kaufen können, lassen sich die in Andernach angebauten alten und seltenen Sorten noch auf natürlichem Weg weitervermehren; ihr Saatgut muss also nicht Jahr für Jahr neu von der Industrie gekauft werden. Man bezeichnet solche Sorten als »samenfest«. Die Keimlinge wachsen wieder zu ertragreichen, gesunden Gemüsepflanzen heran und sind in der Lage, sich ökologisch an ihre Standorte anzupassen. So lässt sich die gefährdete Kulturpflanzenvielfalt erhalten und fördern. Urbane Gärten stellen ein wichtiges Refugium für das Menschheitserbe der Kulturpflanzenvielfalt dar, das durch die dominierenden Hochleistungszüchtungen von Saatgutkonzernen gefährdet ist. Diese Züchtungen nämlich sind nicht mehr in der Lage, aus ihren Samen neue, gesunde Pflanzengenerationen hervorzubringen, die sich an ihre Standorte und an sich ändernde Klimabedingungen anpassen können. Herkömmliches Industriesaatgut ist also nicht samenfest.

Ein ähnliches Projekt wie in Andernach setzte die Stadtverwaltung von Todmorden um. Diese Kleinstadt mit 15 000 Einwohnern im britischen West Yorkshire hat sich ebenfalls zur »essbaren Stadt« gewandelt. In Seattle, der größten Stadt im Bundesstaat Washington, entstand zwischen 2009 und 2012 der erste öffentlich zugängliche »essbare Stadtwald« der USA.[210] Der Beacon Food Forest ging aus einem Permakultur-Projekt hervor und ist drei Hektar, also 30 000 Quadratmeter groß. Das urbane Waldprojekt wurde von offizieller Seite mit 22 000 Dollar subventioniert und verfügt über einen großen Gehölzbestand mit Obst-, Nuss- und Kastanienbäumen, rankenden Beerengewächsen, Sträuchern sowie Kräuter- und Gemüserabatten.

Er ist nach dem natürlichen Schichtbau des Waldes konstruiert, sodass alle Pflanzen in einem ökologischen Gleichgewicht zueinander stehen. Inzwischen gibt es mehrere essbare Wälder in verschiedenen Großstädten der USA, wie beispielsweise den 6th Ward Park in Helena, der Hauptstadt des Bundesstaates Montana. In Asheville, North Carolina, steht der Dr. George Washington Carver Park allen urbanen Biophiliacs als essbarer Wald zur Verfügung. Bloomington, Indiana, verfügt dank einer von der Stadtverwaltung unterstützten Bürgerinitiative ebenfalls über einen essbaren Stadtwald. Das San Francisco Urban Orchard Project unterstützt Stadtbewohner beim Anlegen urbaner Wälder mit Obst und Gemüse in San Francisco. In Austin, Texas, hat die Stadtverwaltung im Jahr 2013 in ihrem Urban Forest Plan die Anlage von essbaren Stadtwäldern als Bestandteil der für die kommenden Jahre geplanten Stadtbegrünung festgelegt.[211] In unseren biophilen Städten der Zukunft werden überall auf der Erde Gemüsebeete, Obstplantagen und essbare Stadtwälder zum alltäglichen Straßenbild gehören. Sie werden auch entlang der Biophilia-Korridore angelegt werden.

Essbare Stadtwälder sind zwar noch nicht weit verbreitet, aber urbane Gemeinschaftsgärten mit Gemüse, Kräutern und ein bisschen Obst sind inzwischen bereits in nahezu jeder Stadt anzutreffen, und es werden immer mehr. Sie fördern die Pflanzenvielfalt unserer Stadtökosysteme und verwandeln Brachen in kulturell belebte Naturflächen. Sie leisten auch einen wichtigen Beitrag zur Schaffung von Refugien für Tiere. Nicht nur kleine Säugetiere und Vögel nutzen urbane Gärten als Lebensräume und Nistplätze, sondern auch Insekten. Das große Bienensterben stellt uns und unsere Landwirtschaft vor immer größere Probleme. Der unverminderte Einsatz von Insektenvertilgungsmitteln ist einer der Gründe für das Sterben der Bienen. Auch Unkrautvernichtungsmittel gefährden das Leben der Bienen.

Die Neonicotinoide stehen unter besonderem Verdacht, die Zahl unserer Bienen zu dezimieren. Sie sind beispielsweise in dem weit verbreiteten Herbizid Glyphosat enthalten, das weltweit durch den Saatgut- und Chemiekonzern Monsanto vertrieben wird. Übrigens gefährden Neonicotinoide nicht nur die Bienen, sondern auch unsere Gesundheit. Monika Krüger, emeritierte Professorin für Veterinärmedizin an der Universität Leipzig, stellte in ihren Untersuchungen fest, dass die giftigen Substanzen sich äußerst negativ auf die Zusammensetzung unserer Darmbakterien auswirken. »Durch die Aufnahme von Glyphosat kommt es zu einem Ungleichgewicht in der Magen-Darm-Flora, und es kommen dann Bakterien zum Zug, die unter normalen physiologischen Umständen niemals zum Zuge gekommen wären«, erklärte Krüger gegenüber dem TV-Sender *Arte* für dessen Dokumentarreihe »Thema«. Das bedeutet, das Gift fördert schädliche Darmbakterien und tötet die gesundheitsschützenden Darmmikroben ab. Somit beeinflusst es, ganz im Gegensatz zum gesunden Biophilia-Bakterium, unser Immunsystem und unser Darm-Hirn negativ. Krügers Untersuchungen zeigen, dass bei 50 Prozent der Europäer Glyphosat im Urin nachweisbar ist, das sie vorwiegend über Getreideprodukte aufnehmen.[212] Unter unabhängigen Wissenschaftlern besteht kein Zweifel darüber, dass Neonicotinoide neben anderen Agrochemikalien sowohl für die Gesundheit von Mensch und Tier als auch für unsere Ökosysteme schädlich sind.

In vielen urbanen Gemeinschaftsgärten leben Bienen. Fast in jedem Projekt, das ich in den vergangenen Jahren besucht habe, gibt es jemanden, der sich der Imkerei widmet. Die Gärten werden von ökologisch interessierten Menschen bestellt, die den Stadtbienen ein gesundes Umfeld, jede Menge Nektar und somit eine Lebensgrundlage bieten, von der auch die wildlebenden Insekten profitieren. Nachdem urbane Gärten in vielen Fällen von hohen Häusern und Mauern umgeben sind oder sich auf Dächern befinden, bieten sie noch zwei weitere Vorteile: Erstens sind die grünen Oasen vor Schadstoffeintrag geschützt, sodass zumindest der unmittelbare Lebensraum der Bienen ungiftig ist. Zweitens zwingen die Häuser und Mauern die Bienen dazu, gleich nach dem Abflug hoch aufzusteigen. Somit verschwinden sie aus dem Lebensbereich der Menschen, und es kann sich niemand durch sie gestört fühlen.

Als Standorte für Bienen eignen sich in der Stadt neben Gemeinschaftsgärten auch private Gärten, Dächer, Terrassen, Balkone, Firmengelände, Brachflächen und – mit ein wenig vorausgehender Überzeugungsarbeit – Schulgärten, Parks, Friedhöfe und andere öffentlich zugängliche Grünflächen. Um die Nahrung der Bienen brauchen wir uns in der Stadt keine Sorgen zu machen. Wie bereits erwähnt, bieten unsere Städte sogar jetzt schon eine höhere Arten- und Blütenvielfalt als ländliche Regionen mit Monokulturen. Städte stellen ein wichtiges Refugium für das Überleben der Bienen dar. Je mehr unsere Metropolen zu biophilen Zentren werden, desto positiver werden sie sich auf die Insektenwelt auswirken. Und das ist auch für zukünftige Menschengenerationen wichtig, denn wenn die Bestäubung unserer Nahrungspflanzen von Bienen nicht mehr ausreichend übernommen werden kann, geraten wir in eine schwerwiegende Ernährungskrise. Durch einen biophilen Wandel in der Stadt können wir einen Beitrag dazu leisten, dass es dazu nicht kommen wird.

Eine urbane Gärtnerin in Wien brachte ihre Freude an der gemeinsamen Gestaltung von Grünräumen folgendermaßen zum Ausdruck: »Ich finde, es ist auch eine politische Aussage zu sagen, okay, wir nehmen jetzt unseren Stadtteil in die Hand und machen was Schönes daraus, was unseren Ansprüchen, unseren Vorstellungen entspricht, und gestalten das so, wie wir das möchten. Das ist ein Prozess der Mitbestimmung und Mitgestaltung.«[213]

Die Stadt als Chance für den Ökolandbau

Die Valley-View-Universität in Ghanas Hauptstadt Accra mit 1,6 Millionen Einwohnern ist ein international bekanntes Beispiel für ein urbanes Agrarökosystem. Der Campus am Stadtrand von Accra war der erste auf dem gesamten afrikanischen Kontinent, der nach ökologischen Gesichtspunkten gestaltet wurde. Das war im Jahr 2001. Die Größe der Grünfläche, auf der ökologische Landwirtschaft betrieben wird, beträgt 1,2 Quadratkilometer. Die Bewirtschaftung erfolgt nach den Prinzipien der Permakultur. Die Elektrizität wird zum überwiegenden Teil durch Solarzellen auf den Dächern sowie durch eine eigene Biogasanlage vor Ort erzeugt. Die Verwalter der Universität streben an, den Strombedarf schon in der nahen Zukunft zu 100 Prozent aus eigener Produktion abzudecken. Für die Wasserversorgung wird Regenwasser gesammelt und zu Trinkwasser aufbereitet. Dieses Konzept stellt die umweltverträglichste Form der Wassergewinnung dar und gehört zum Gesamtkonzept der Permakultur, in der geschlossene ökologische Kreisläufe eine wichtige Rolle spielen. Die Forscher an der Valley-View-Universität entwickeln Konzepte der ökologischen Stadtplanung, die schon bald im großen Stil umgesetzt werden könnten – überall auf der Erde. Zu dieser Vision gehört auch, dass der Großteil der Nahrung der Stadtbewohner regional, also in der Stadt und ihrer Umgebung, angebaut wird.

Das große Potenzial der urbanen ökologischen Landwirtschaft erlebte ich während meiner Studienzeit in Wien. Begleitend zum Besuch der Uni bewirtschaftete ich gemeinsam mit einem Freund und Studienkollegen am östlichen Stadtrand eine Ackerfläche mit einem Hektar Pachtgrund. Das entspricht 10 000 Quadratmetern. Wir gaben dem Projekt den Namen »Erdfrucht« und kultivierten dort alte und samenfeste Sorten in Hülle und Fülle. Aus dem selbst erzeugten Saatgut zogen wir neue, gesunde Pflanzengenerationen. Das war in der Landwirtschaft 10 000 Jahre lang so, bis die Saatgutkonzerne kamen. Alle Sorten, die wir auf unserer Fläche am Stadtrand anbauten, waren als gefährdetes Kulturgut einzustufen. Auf unserem Acker der Vielfalt wuchsen Tomaten in nahezu allen Farben und Formen. Manche waren knallgelb, so wie die ursprünglichen und ältesten Tomatensorten. Eine Sorte hatte die Form einer Birne und trug daher den Namen »gelbe Birne«. Eine süße, fleischige und zugleich saftige Sorte mit leuchtend roter Farbe war unter dem Namen »Ochsenherz« bekannt und hatte die Form eines organischen Säugetierherzens. Manche dieser wohlschmeckenden »Erdfrüchte« waren sogar tatsächlich so groß und schwer wie ein Herz. Die Sorte »Schwarzer Prinz« aus Tschechien zeichnete sich durch eine dunkelrote, fast schwarze Färbung aus. Sie enthielt den Tomatenfarbstoff Lycopin in besonders hoher Konzentration. Diese Substanz wirkt vorbeugend gegen Krebserkrankungen, weil sie in unserem Körper freie Radikale aufspürt und unschädlich macht. Lycopin gehört zu den Carotinoiden und ist somit ein Terpen.

Andere unserer Tomatensorten waren grün-gelb oder rotgelb gestreift und trugen daher die Namen »grünes Zebra« und »rotes Zebra«. Eine meiner Lieblingssorten war die »Goldene Königin«. Sie war goldgelb, kugelrund und schmeckte süß und mild. Wir ernteten auch knallrote Auberginen in Glockenform, Kürbisse mit dem Aussehen eines Posthorns, kohlschwarze und schneeweiße Maissorten sowie Bohnen in Violett, Braun, Weiß und Schwarz mit verschiedenen Musterungen. Außerdem bauten wir weitgehend unbekannte Sorten an. Dazu gehörten die Nachtschattengewächse Tomatillo und Andenbeere, die Stachelgurke Kiwano und die Chayote, die eine grüne stachelige Frucht zwischen Zucchini und Kürbis hervorbringt. Im Boden reiften Erdmandeln – süßlich schmeckende Knollen von Gräsern. Zur Bestäubung siedelten wir auf unserer urbanen Ackerfläche Hummelvölker an.

Wir belieferten Bioläden und Haubenrestaurants in Wien mit unserem Gemüse sowie mit selbst gefertigten Produkten wie Zucchini- und Kürbis-Chutney, Tomatensugo, Gewürzgurken, eingelegten Maiskolben und so weiter. Außerdem verkauften wir unsere Produkte auf Bauernmärkten in der Stadt und lieferten sie in Gemüsekisten bis direkt vor die Haustür unserer Kunden. Der Geschmack unseres Gemüses begeisterte und überraschte die Abnehmer ebenso wie das Aussehen der Raritäten. Wir stellten damals fest, dass die meisten Menschen nicht mehr wissen, wie eine Tomate eigentlich schmeckt. Oder besser gesagt: wie sie einmal geschmeckt hat. Denn die modernen Züchtungen für den Markt sind auf hohen Ertrag und Transportfähigkeit über lange Strecken ausgelegt. Ihr verwässerter Geschmack ist nur noch ein Abklatsch des ursprünglichen Tomatengeschmacks. Für den Erfolg moderner Saatgutunternehmen sind weder das Aroma noch die Inhaltsstoffe der Züchtungen ausschlaggebend, sondern vor allem das sogenannte »long shelf life«, also die lange Haltbarkeit im Regal und in Transportkisten.

Unser »Erdfrucht«-Projekt lehrte mich, dass es keinen besseren Ort für die kleinstrukturierte regionale Landwirtschaft mit hoher Sortenvielfalt gibt als eine Großstadt wie beispielsweise Wien. Wir lebten und wirtschafteten »im Markt«. Unsere Transportwege waren kurz und verursachten kaum Kosten. Es war sehr leicht für uns, Kontakt zu unseren Abnehmern zu halten und neue Kunden kennenzulernen. Oft besuchten sie uns auf unserer Produktionsfläche und machten sich selbst ein Bild davon, wie wir wirtschafteten. Einmal kamen sogar Redakteure der österreichischen Tageszeitung *Kurier* zu uns, um über das »Erdfrucht«-Projekt zu berichten. Das war im Jahr 2006.

Auf Brachen, alten Äckern, Gärten und anderen Flächen in der Stadt oder in ihrer Umgebung herrschen oft bessere Anbaubedingungen als auf einer ländlichen Parzelle, die von pestizidbelasteten Monokulturen umgeben ist. Bio-Bauern haben häufig damit zu kämpfen, dass ihre Äcker durch Regen und Wind von den Chemikalien der umliegenden konventionellen Anbauflächen kontaminiert werden. Die Bebauung der Stadt schützt urbane Landwirte vor den Einflüssen der Agrarindustrie, denn Städte sind kleinstrukturierte, vielfältige Räume, die nicht dazu geeignet sind, riesige Ackerflächen anzulegen und mit schweren Maschinen zu bewirtschaften. Die Stadt ist, abgesehen von steilen Bergregionen, die letzte »Insel der Seligen«, die von der Agrarindustrie verschont geblieben ist und ideale Bedingungen für eine regionale Landwirtschaft auf kleinen Betrieben mit hoher Vielfalt und engem Kundenkontakt bietet. Stadtverwaltungen sollten diesen Aspekt bei der Stadtplanung unbedingt berücksichtigen. Durch die Förderung und Subventionierung der urbanen Landwirtschaft würden sie nicht nur einen Beitrag zur Begrünung und Ökologisierung der Stadt leisten, sondern auch einen Raum schaffen, in dem Landwirte und Gärtner ökologisch wirtschaften können, ohne dem Druck unterworfen zu sein, immer größer werden zu müssen. Betriebe auf dem Land spüren diesen Zwang zum Wachsen oder Weichen oft sehr stark. Sie sind auf die Logistik und Vertriebswege der Lebensmittelindustrie angewiesen, wenn sie ihre Höfe erhalten möchten. Selbst Ökolandwirte stehen heute im Regelfall unter Vertrag mit der Agrar- und Lebensmittelindustrie. Sie liefern ihre

Erzeugnisse an Sammelstellen, wo die maschinelle Sortierung und Verpackung stattfindet. Je nach Produktgruppe werden bis zu 50 Prozent des Obstes und Gemüses aussortiert, weil sie den optischen Normvorgaben der Konzerne nicht entsprechen. Diese sinnlosen Ausschüsse werden den Bauern abgezogen. Aufgrund der Preispolitik des Handels sind Landwirte gezwungen, immer größere Flächen mit immer effizienteren Maschinen zu bewirtschaften. Das gilt auch für Bioprodukte. Bei meinen Recherchen in der Bio-Lebensmittelindustrie, die ich seit vielen Jahren regelmäßig betreibe, stellte ich fest, dass auch das Biogemüse, das wir im Supermarkt finden, praktisch ausschließlich aus Hochleistungssaatgut gezogen wird, welches von großen Zuchtkonzernen stammt. Bei der Rückverfolgung von Tomaten einer österreichischen Bio-Marke, die in ihrer Werbung auf kleine Höfe und Vielfalt setzt, kam ich dahinter, dass die Bio-Tomaten dieser Marke aus konventionellem, also nicht biozertifiziertem Monsanto-Saatgut erzeugt wurden. Der Einsatz von konventionellem Saatgut ist laut den Bio-Richtlinien der EU nicht generell verboten. In Deutschland, Österreich und der Schweiz fand ich in Supermarktregalen Bio-Gemüse, das aus Saatgut gezogen wurde, das mit der CMS-Technologie hergestellt worden war. Dabei handelt es sich um eine Art »Gentechnik light«, bei der zwar nicht die DNA im Zellkern manipuliert wird, jedoch die DNA in anderen Zellstrukturen, die als »Mitochondrien« bezeichnet werden und der Zelle als Energielieferanten dienen. Diese mikroskopisch kleinen »Zellkraftwerke« verfügen über ihre eigenen Gene. Die CMS-Manipulation wird von manchen Biologen bereits als Gentechnik eingestuft. Laut der Gesetzgebung der EU ist sie das aber nicht. Zumindest in der Bio-Produktion sollte solches Gemüse aber jedenfalls nichts verloren haben.

Schon die Pioniere des Ökolandbaus forderten den Einsatz samenfester, regional angepasster Sorten. Man kann ohne Übertreibung sagen, dass es sich dabei um eine der wichtigsten Forderungen für die ökologische Landwirtschaft handelte. Dass die Bio-Landwirtschaft heute von Hochleistungszüchtungen internationaler Saatgutkonzerne sowie teilweise sogar von CMS-Züchtungen dominiert wird, die knapp an der Gentechnik vorbeischrammen, verdanken wir den Einflüssen unserer Lebensmittelkonzerne, die den Bio-Markt beherrschen. Agrarwissenschaftler bezeichnen diese Entwicklung als »Konventionalisierung des Ökolandbaus«. Das bedeutet, die biologische Landwirtschaft nähert sich immer mehr der konventionellen Produktion an. Diese bedenkliche Entwicklung betrifft alle europäischen Länder und ist darüber hinaus international zu beobachten. Beispielsweise kommen in der Produktion von Bio-Eiern und Bio-Geflügelfleisch, genau wie in der konventionellen Produktion, weltweit fast nur noch Hühner zum Einsatz, die in den Labors weniger internationaler Zuchtkonzerne entstanden sind. Das heißt, die auf Hochleistung getrimmte Genetik der Hühner entstammt den Verfahren und Patenten der Agroindustrie. Diese Züchtungen, die Namen wie »JA-757«, »Brown Classic«, »Converter« oder »Big-6« tragen, leben dann auch in unseren Bio-Ställen, weil die unter Vertrag stehenden Bio-Landwirte gar keinen Einfluss mehr darauf haben, welche Tiere sie halten sollen. Die Küken werden in LKWs durch Geflügelkonzerne, mit denen die Bauern unter Vertrag stehen, angeliefert. Bei meinen Recherchen besichtigte ich auch zahlreiche Bio-Putenställe in Deutschland. Mehrere Produzenten berichteten mir, dass sie – wohlgemerkt bei Bio-Produktion! – praktisch keine Herde mehr ohne Antibiotika über die Runden bekommen, weil die konventionellen Putenzüchtungen, die ihnen aufgezwungen werden, für Krankheiten anfällig sind und sie immer mehr Tiere auf engem Raum halten müssen, um wirtschaftlich zu überleben. Einer dieser Putenhalter produzierte Biofleisch für einen Hersteller von Babynahrung und hielt ein gültiges Zertifikat des deutschen Bioverbandes Naturland in Händen. Die EU-Biorichtlinien schließen den Einsatz von Antibiotika in der Bio-Geflügelmast *nicht* aus. Jede Bio-Geflügelherde darf einmal während ihres wenige Wochen langen Lebens durch die Gabe eines Antibiotikums über die Futter- und Tränkeanlage kollektiv behandelt werden. Bereits das ist ein Verstoß gegen die Forderungen der Biopioniere und widerspricht der Konsumentenerwartung. Ob es darüber hinaus noch zu weiteren Antibiotikagaben kommt – zum Beispiel in nassen Jahren mit besonders hohem Aufkommen von Erregern in der Herde –, lässt sich durch Biokontrolleure nicht überprüfen.

Ich besichtigte industrielle Schlachthöfe in Deutschland, Österreich und der Schweiz, in denen Bio-Hühner auf Hubstaplern in die Halle geschafft und bei vollem Bewusstsein in einem Zustand der Panik wie Kartoffeln auf ein Förderband gekippt wurden, um dann im Takt von drei Tieren pro Sekunde maschinell getötet zu werden – in denselben Fabriken wie die konventionell gehaltenen Hühner. Genauso verhält es sich mittlerweile bei Bio-Rindern, Bio-Schweinen oder Bio-Lämmern, deren Fleisch in Supermärkten – bedruckt mit Gütesiegeln – vermarktet wird. Diese Konventionalisierung des Ökolandbaus bereitet vielen Ökologen und Agrarwissenschaftlern schon seit Jahren Kopfzerbrechen – auch mir! Es ist wirklich Zeit, dass wir würdevoll – auf Kuleana-Art – unserer Verantwortung für die Erde, die Tiere und die Zukunft der Menschen nachkommen. Ausgerechnet die Stadt könnte zum Keimpunkt für diesen biophilen Wandel werden.

Der Vierfelderhof in Berlin-Gatow ist ein Bio-Betrieb der landwirtschaftlichen Vielfalt. Dort leben Hühner in kleinen, mobilen Ställen und überschaubaren Herden. Kein einziges dieser Tiere geht genetisch auf einen Zuchtkonzern zurück, denn am Vierfelderhof werden ausschließlich alte Rassen aus eigener Nachzucht gehalten. Und das ist inzwischen eine echte Rarität, die selbst in kleinen Familienbetrieben kaum mehr zu finden ist. Die Tiere sind außerdem sogenannte »Zweinutzhühner«. Das bedeutet, dass sie sowohl ausreichend Fleisch ansetzen als auch qualitativ hochwertige Eier in ausreichenden Mengen legen. Es ist daher nicht nötig, die männlichen Küken schon am ersten Tag ihres Lebens zu töten, wie das auch in der Bioindustrie nach wie vor geschieht, und zwar auf Fließbändern. Auf dem Vierfelderhof im Westen von Berlin leben auch Gänse und Enten. Kein einziges Tier wird in einem Schlachthof getötet. Diese Arbeit wird vor Ort auf dem Hof erledigt. Die Landwirte des Vierfelderhofes, die ich im Rahmen meiner Recherchen bei ihrer urban-bäuerlichen Arbeit begleitet habe, kultivieren eine Vielzahl samenfester Gemüse- und Getreidesorten. Eine Spezialität des Betriebes ist der Anbau seltener Kartoffelsorten wie »Bamberger Hörnchen«, »Blauer Schwede« und »La Ratte«. Dieses nachhaltige Konzept funktioniert nur deswegen, weil der Hof von den Handelskonzernen und der Industrie vollkommen unabhängig ist. Und das liegt auch daran, dass er sich in Berlin befindet. Der mit der Buslinie 134 über die Station Alt-Gatow erreichbare Hofladen wird von den Berlinern rege besucht. Die Kunden können bei dieser Gelegenheit auch den Hof besichtigen. Die Produkte des Vierfelderhofes sind auf Bauernmärkten in der Stadt erhältlich. Sie werden an mehrere Berliner Bioläden geliefert. Auf dem Vierfelderhof gibt es einen Bauernhofkindergarten und ein vielfältiges Angebot an Vorträgen und Seminaren rund um Landwirtschaft und Lebensmittel.

Bio-Bauer Peter Brown, der landwirtschaftliche Leiter der Tablehurst Farm im südlichen Einzugsgebiet von London, hält nicht viel von Schweinehaltung im Stall. Auf der Farm leben die Schweine – alles alte Rassen – im Freiland. »Stroh im Stall reicht nicht aus«, sagte mir Brown bei meinem Besuch auf der Farm. »Der Kontakt mit dem Boden ist enorm wichtig für Schweine. Die Tiere holen sich essenzielle Nährstoffe und Eisen aus der Erde. Sie durchwühlen den ganzen Tag lang den Boden, suchen Nahrung, sind neugierig und können nur im Freiland ihre arteigenen Verhaltensweisen ausleben.« Auf der Tablehurst Farm leben neben Schweinen auch Gänse und Puten in überschaubaren mobilen Stallungen auf grünen Wiesen. Auch Schafe und Rinder werden gehalten, und es gibt Anbauflächen für Gemüse und Getreide. Das Saatgut sowie die Futtermittel werden zu 100 Prozent auf dem Hof produziert, und es ist ein eigener Schlachtbetrieb vor Ort vorhanden. Farmer Brown, der unabhängig von Konzernen wirtschaftet, erklärte mir, dass ihm diese vielfältige ökologische Betriebsführung nur durch die Nähe der Metropole London möglich sei. Die Stadtbewohner kommen auf den Hofladen, vor allem aber werden die Produkte auf »Farmers Markets« und in Bioläden in London verkauft. Die Farm beliefert auch Restaurants in der Stadt.

Am nordöstlichen Rand von Wien bewirtschaften der Botaniker Peter Laßnig und seine Mitarbeiter einen landwirtschaftlichen Betrieb voller Biodiversität. Auf den Flächen des Gärtnerhofes Ochsenherz gedeihen Gemüse und Kräuter aus 60 unterschiedlichen Arten. Von jeder Art sind mehrere Sorten vertreten. Auch hier werden ausschließlich samenfeste Sorten kultiviert, und man ist von den Saatgutkonzernen und vom Handel unabhängig. Die Nähe zu den fast drei Millionen Einwohnern der Metropolregion Wien ermöglicht dem Gärtnerhof Ochsenherz ein besonderes Konzept: Derzeit finanzieren 300 Menschen die Arbeit der Gärtner durch jährliche Beiträge, mit denen sie sich ihren Anteil an der Ernte sichern. Man nennt das »solidarische Landwirtschaft«, kurz »CSA«. Die Abkürzung steht für den international verwendeten Begriff »Community Supported Agriculture«. Im Fall von städtischen oder stadtnahen Betrieben spreche ich seit meinen Recherchen für dieses Buch von »CSuA«, also von solidarischer *urbaner* Landwirtschaft. Solidarisch ist dieses Konzept deswegen, weil die Arbeit der Bauern fair bezahlt wird, und nicht das Gewicht der Ernte. Man kauft also nicht nach Stück oder Kilogramm, sondern finanziert das Engagement der Landwirte. Die Produzenten und Konsumenten stehen in Kontakt miteinander und legen in gemeinsamen Besprechungen Jahr für Jahr die Höhe der Beiträge fest. Auf diese Weise werden die Bauern und Gärtner vom Druck des Marktes befreit und können auf eine Weise wirtschaften, die sich die Konsumenten wünschen. Solidarisch ist auch, dass Konsumenten, die wenig Geld verdienen oder arbeitslos sind, in diesem Konzept meist weniger bezahlen müssen. Das wird dann durch die Besserverdienenden freiwillig ausgeglichen – eben solidarisch. Das CSuA-Modell erfreut sich überall auf der Welt wachsender Beliebtheit.

Grüne Stadt – soziale Stadt

Immer mehr urbane Grünflächen werden bewusst als soziale Treffpunkte gestaltet, denn das entspannende und geistig anregende Ambiente der Natur öffnet uns für zwischenmenschliche Begegnungen. Biophilia, die Freude an der Natur, verbindet alle Menschen miteinander. Das gemeinsame Gärtnern, die Kooperation bei der Gestaltung einer grünen Oase, ist eine soziale Tätigkeit. Und das gemeinsame Ziel, die Stadt, die man als Lebensraum miteinander teilt, grüner und lebenswerter zu gestalten, verbindet Alt und Jung, Frauen und Männer, Inländer und Migranten miteinander.

Gemeinschaftsgärten leben vom Teilen. Betagte Menschen teilen ihr altes Gartenwissen mit den Jungen und empfinden dabei Freude und Sinnhaftigkeit. Sie sind oft noch zu einer Zeit aufgewachsen, in der fast jede Familie einen kleinen Selbstversorgergarten hatte. Auch mein Großvater, der ja Botaniker und Forstwirt war, blühte bis zu seinem Lebensende auf, wenn er über seine Erfahrungen mit der Natur und sein Wissen über Gartenpflanzen erzählte. An Hochbeeten können ältere Menschen auch dann noch stehen und sich festhalten, wenn sie körperliche Einschränkungen haben. Hochbeete sind sogar vom Rollstuhl aus erreichbar. Ältere Menschen können aktiv an der Pflege der Pflanzen teilhaben, indem sie einfache Arbeiten an Hochbeeten verrichten, wie zum Beispiel gießen, Beikräuter entfernen oder ernten. Im Jahr 2012 besuchte ich den urbanen Gemeinschaftsgarten »o'pflanzt is« in München, der über mehrere Jahre auf einer Brachfläche in der Schwere-Reiter-Straße angesiedelt war. Ende 2017 musste die Fläche geräumt werden, weil die Brache bebaut werden soll. Am Tag meines Besuchs kam eine ältere Frau mit einer Gehhilfe in den Garten. Die Oase war ja öffentlich zugänglich. Als sie das leuchtende Rot einer reifen Ochsenherztomate im saftigen Blattgrün sah, strahlten ihre Augen. Sofort teilte sie ihre Freude mit mir. Sie kannte diese alte Sorte aus ihrer Jugendzeit. Wir kosteten gemeinsam die süße Frucht und kamen ins Gespräch. Die betagte Dame erzählte mir von dem Garten ihrer Kindheit, und ich hörte ihr interessiert zu. Unsere gemeinsame Begeisterung für Gärten schuf eine optimale Kommunikationsbasis. Die Tomate, die vor uns lag, gehörte einer alten Sorte an. Das machte sie besonders wertvoll, denn alten Sorten haben eine lange Geschichte. In unserer Unterhaltung wurde die alte Sorte zum Symbol für den Wert des Reifens und Alterns. Dieses Gespräch, das uns beide bereicherte, wäre in einer Betonschlucht oder an einer

Bushaltestelle vermutlich nicht zustande gekommen. Wenn betagte Menschen in die Gartenarbeit einbezogen werden, verringert das Gefühle der Einsamkeit, fördert die geistige Wachheit und lindert sogar die Symptome von Demenz. Das hat unter anderem im Jahr 2017 eine Studie an der Medizinischen Universität Yong Loo Lin in Singapur ergeben, an der 13 Wissenschaftler beteiligt waren. Die Forscher schreiben im Abschlussbericht über ihre erstaunlichen Erkenntnisse zur Wirkung des Gärtnerns: »Diese Resultate haben ein enormes Potenzial für zukünftige erfolgreiche Programme für hochbetagte Menschen und können auf die breite Bevölkerung angewendet werden.«[214] Der Medizinprofessor Takehito Takano von der Medizinischen Universität Tokio wies mit seinem Team in einer Langzeitstudie nach, dass der regelmäßige Aufenthalt auf urbanen Grünflächen die Lebenserwartung von Senioren, die in der Stadt leben, erhöht.[215]

Auch die Alten können von den Jungen etwas über die Natur und das Gärtnern lernen, denn die jungen Generationen bringen neue, innovative Ansätze in den Gemeinschaftsgarten. Sie legen Hügelbeete und Kräuterspiralen an und verbinden Kunst, Kultur und Natur miteinander. Sie bauen Rundhäuser aus Lehm, Holz und Stroh in den Garten und befüllen alte Einkaufswagen und entsorgte Badewannen, die sie auf dem Schrottplatz gefunden haben, mit Erde, um darin Gemüsepflanzen und Beerensträucher einzusetzen. Sie bauen Pizzaöfen aus Lehm und laden die Senioren zu Gartenfesten ein, bei denen alle Gäste die selbst gemachte Pizza mit Gemüse aus den Gemeinschaftsbeeten genießen – umringt von Hochhäusern. Urbane Gärten sind Orte der biokulturellen Vielfalt, Schnittstellen zwischen Natur und Kultur, Orte der Begegnung.

In Berlin-Köpenick befindet sich ein interkultureller Gemeinschaftsgarten mit dem Namen »Wuhlegarten am Wuhlewanderweg«. Auf der dazugehörigen Homepage beschreibt der Trägerverein die Funktion des urbanen Gartens: »Erwachsenen wie Kindern eröffnen sich immer wieder neue Horizonte im Umgang mit der Akzeptanz des ›Anderen‹ und dem vorurteilsfreien Selbstverständnis der Gemeinschaft. Sie erleben ganz wesentliche Aspekte der Natur in ihrer gesamten Vielfalt hautnah und ›begreifen‹ im Sinne des Wortes die Herkunft ihrer Nahrungsmittel.«[216] Interkulturelle Gärten erweitern unseren Horizont. So gut wie alle Kulturpflanzen in Europa kommen aus anderen Teilen der Erde. Tomate, Paprika, Kürbis und Kartoffel stammen zum Beispiel aus Südamerika. Bohnen stammen aus Mexiko und Asien. Weizen und Dinkel stammen aus dem Orient. Und die urbanen Gärtner in interkulturellen Gemeinschaftsgärten stammen ebenfalls aus verschiedenen Teilen der Welt. Gärten sind Orte der Vielfalt – in jeder Hinsicht. Die »Einheimischen« können von den Migranten neue, exotische Pflanzensorten kennenlernen, die diese mitbringen und im Garten kultivieren. Oft kennen Menschen aus anderen Klimazonen auch interessante Methoden der Bewässerung oder der Anlage von Beeten, die uns neu sind. Und umgekehrt können wir unser eigenes Wissen mit ihnen teilen. Die Natur und der Garten erleichtern es uns, gemeinsame Themen zu finden. Sie bieten genügend Stoff, über den wir mit anderen Menschen sprechen können, und ein Gemeinschaftsgarten bietet uns zugleich einen Raum, in dem wir entspannt miteinander kommunizieren können. Interkulturelle Stadtgärten erfreuen sich in allen Ländern wachsender Beliebtheit. Die Gesellschaftswissenschaftlerin Claire Moulin-Doos von der Universität Kassel zieht nach mehrjähriger Forschungsarbeit über urbane Gemeinschaftsgärten folgenden Schluss: »Diese Orte der Interaktion können als fundamentales menschliches Bedürfnis betrachtet werden, das für die Integration in eine Gesellschaft essenziell ist. Interkulturelle Gärten erfüllen ein spezielles Bedürfnis von Migranten, das den aktiven gegenseitigen Respekt und die Zusammenarbeit mit anderen sozialen Akteuren betrifft. Sie bieten einen Raum, um Respekt vor sich selbst und Respekt vor den anderen zu üben.«[217]

Urbane Gärten werden sogar eingesetzt, um Menschen nach traumatischen Erlebnissen bei der Heilung zu unterstützen. So nutzen beispielsweise die Therapeuten am Berliner »Zentrum Überleben«, einem Behandlungszentrum für Überlebende von Folter und Kriegsgewalt, einen Therapiegarten in der Stadt, um durch Naturerfahrung die psychische Genesung der Betroffenen zu unterstützen. Auf der Homepage des Behandlungszentrums ist zu lesen, dass die Arbeit im Garten für die traumatisierten Menschen eine wichtige Ressource im Therapieprozess ist und dass die Betroffenen sich durch diese Arbeit auch in einer gesundheitlich besseren Verfassung fühlen.[218] Die angstlösende Wirkung der Natur hat mir ja auch George beschrieben, der nach dem traumatisierenden nächtlichen Überfall in London Zuflucht im Epping Forest suchte. Und ich erinnere noch einmal an die Aussage der amerikanischen Psychiaterin Marnie Burkman, die traumatisierte Soldaten behandelt und sagt, sie habe noch keine Angstmedikation so schnell wirken sehen wie die Natur. Urbane Gärten sind kultivierte Naturräume; insofern ist es nicht verwunderlich, dass wir viele Heilwirkungen der Natur auch im Garten finden.

Auf Stadtbauernhöfen finden Programme zur Therapie psychischer Leiden durch landwirtschaftliche Arbeit statt, weil der Kontakt zu Pflanzen und Tieren nachgewiesenermaßen psychotherapeutische Wirkungen hat.[219] Feldstudien zeigten, dass städtische Grünflächen die Häufigkeit von aggressivem Verhalten reduzieren, weshalb manche Soziologen davon ausgehen, dass die Kriminalitätsrate in grünen Städten sinken würde.[220]

Die Biologin Kristine Hahn an der Universität von Michigan befasste sich jahrelang mit der soziokulturellen Wirkung von Gärten. Sie bezeichnet urbane Gemeinschaftsgärten als »Mittel zur Verbrechensbekämpfung«.[221] Aufgrund all dieser wertvollen Verdienste der Natur für eine bessere Gesellschaft hat sich eine weltweite soziale Bewegung entwickelt, die als »Green Care« bezeichnet wird. Die Natur hat ein immens positives psychologisches und soziales Potenzial. Joe Polaischer, der ursprünglich steirische Permakulturlehrer aus Neuseeland, sagte in seinen Seminaren immer: »Care for the land – care for the people!« Auch das ist eine treffende Beschreibung von Green Care. Sich um die Gesundheit unserer Lebensräume sowie um die Gesundheit der Menschen zu kümmern sind wie zwei Seiten einer Medaille. Beides gehört zusammen und kann nicht voneinander getrennt werden. Der Mensch, ein Naturwesen, verkümmert ohne seine Naturräume. Eine intakte Natur gehört zu unserer körperlichen Gesundheit, weil unser Organismus viele ihrer Substanzen wie beispielsweise die Terpene, Anionen und Biophilia-Bakterien für ein gesundes Funktionieren benötigt. Natur ist essenziell für unsere psychische Gesundheit, weil sie seit jeher das Zuhause des Menschen darstellt und uns durch ihre vielfältigen Reize Erholung, seelischen Ausgleich, Faszination, Freude und Abstand von den Problemen des Alltags verschafft. Und sie bietet die Basis für eine gesunde Gesellschaft, weil sie uns den Raum verschafft, einander von Mensch zu Mensch zu begegnen. Sich um die Natur zu kümmern bedeutet auch, sich um die Menschen zu kümmern.

IV. Stadt der Zukunft, Stadt der Menschen

Ein Ausklang

»Gerade in Zeiten globaler Umbrüche ist es wichtig zu wissen, was uns miteinander verbindet.«[222]

Roman Herzog, ehemaliger deutscher Bundespräsident (1934–2017)

Ich sehe förmlich vor mir, wie wir die Biophilia-Korridore der Zukunft beleben und bepflanzen, wie wir entlang dieser grünen Adern der Stadt unsere urbanen Gärten anlegen und das medizinische, psychologische und soziale Potenzial der Natur kultivieren. Menschen auf der ganzen Erde fangen Feuer für die Idee, unsere Städte zu lebendigen Ökosystemen zu machen, die das Beste aus Natur und Kultur miteinander vereinen. Ich freue mich, dass die Vision der biophilen Stadt der Zukunft eine so starke Resonanz erzeugt und dass mir alle, mit denen ich darüber gesprochen habe, sofort zeigten, wie sehr auch sie sich grüne, blühende Metropolen wünschen. Die österreichische Schauspielerin und Regisseurin Ulrike Beimpold, Ensemble-Mitglied des Wiener Burgtheaters, gab sich in unserer Korrespondenz als Naturliebhaberin zu erkennen: »Ich habe mir konkrete Gedanken gemacht, ob mein Wunsch, aus der Künstlichkeit der Stadt zu fliehen, die Konsequenz haben sollte, ganz aufs Land zu ziehen.« Aber ein Umzug in eine ländliche Region sei mit ihrem Beruf nur schwer vereinbar, und außerdem wolle sie ihren Wiener Freundeskreis nicht verlassen. Die Idee von Biophilia in der Stadt würde sie als eine gute Lösung begrüßen, um Stadtbewohnern ein Leben im Einklang mit der Natur zu ermöglichen, ohne den Wohnort wechseln zu müssen: »Die Vision, auf unserem wunderschönen blauen Planeten durch grüne Lungen auch in der Stadt mit Natur versorgt zu sein, lässt mich ein- und aufatmen!«[223]

Auch Alois Kogler, Psychologe, Psychotherapeut und Lektor an der Universität Graz, war in unserem Gedankenaustausch sofort von der grünen Metamorphose unserer Städte begeistert. Beim Stichwort »Biophilia-Korridore« berichtete er mir über sein Leben in einer Stadtoase: »Eigentlich lebe ich schon heute in einem ›Biophilia-Korridor‹! Unser Garten in Graz liegt mitten in der Innenstadt an der Mur. Das ist der circa 80 Meter breite Fluss, der durch das Grazer Zentrum fließt. Ein begrünter Rad- und Gehweg führt vorbei, und Verkehrsgeräusche von den umliegenden Straßen und der Straßenbahn schwingen 24 Stunden pro Tag als ›Hintergrundmelodie‹ durch den Garten und die Wohnung.« Aber die Stadtgeräusche vermischen sich mit dem Gesang der Vögel, dem Rauschen des Windes in den Baumkronen und dem Geräusch des fließenden Wassers. Alois Kogler gefällt es, »wenn im Herbst die Kastanien auf die Dächer der parkenden Autos fallen«. In Bezug auf die in diesem Buch beschriebenen Zusammenhänge zwischen den Rhythmen der Natur und der Gesundheit der Menschen dachte er ebenfalls sofort an seine biophile Stadtwohnung: »Der Fluss gibt beständig und mächtig den beruhigenden Hintergrundrhythmus vor. Wir sind dadurch – mitten in der Innenstadt! – an die Rhythmen der Natur angeschlossen.«[224]

Dem Evolutionsbiologen Marc Bekoff, emeritierter Professor an der Universität von Colorado, fiel während unserer Korrespondenz über die Stadt der Zukunft seine eigene Vergangenheit ein: »Bis vor kurzem – und für 35 Jahre – lebte ich in den Bergen am Stadtrand von Boulder in Colorado. Ich fühlte mich immer gesegnet, unter so vielen großartigen und neugierigen

Tieren leben zu dürfen. Ich erinnere mich daran, wie ich eines Morgens arbeitete und ein Rotfuchs vor mein Bürofenster lief, stehen blieb, hereinschaute und dann davontrottete.«[225] Bekoff, der gemeinsam mit Jane Goodall die Organisation *Ethologists for the Ethical Treatment of Animals* (»Verhaltensforscher für einen ethischen Umgang mit Tieren«) gegründet hat, schilderte mir, wie der Fuchs danach immer wieder bei ihm vorbeikam. Er fühlte sich geehrt, wahrte aber die nötige Distanz zu dem Wildtier. »Der Fuchs war nicht mein Haustier«, gab er zu bedenken, »und es hätte nichts Gutes in sein Leben gebracht, von mir gezähmt zu werden. Er und die vielen anderen Tiere in den Bergen zauberten immer ein Lächeln in mein Gesicht, aber ich vergaß nie, dass dieser Ort zuerst ihr Zuhause war, lange bevor ich dorthin kam. Und ich hoffe, es ist mir gelungen, mich auf eine Weise zu verhalten, die ihr Zuhause respektierte und zu einem sicheren und friedlichen Ort für sie machte.«[226]

Marc Bekoff und ich sind uns darüber einig, dass wir unsere Städte auch im Hinblick auf das Wohlergehen der Wildtiere biophil gestalten sollten. Der deutsche Naturschutzbund (NABU) schätzt, dass in Deutschland jährlich etwa 100 Millionen Wildvögel durch die Kollision mit Glasfenstern sterben.[227] Laut der Vogelschutzorganisation *American Bird Conservancy* sollen es in den Vereinigten Staaten von Amerika eine Milliarde sein.[228] Als weltweit gefährlichste Stadt für Vögel gilt Toronto, wo pro Jahr eine Million von ihnen an Glasfassaden den Tod findet.[229] Begrünte Fassaden, vertikale Gärten, Biophilia-Korridore und der Verzicht auf unnötige Glasfassaden würden diese Zahlen drastisch verringern. Die verbleibenden Glasflächen sollten mit gemusterten Folien und Aufklebern in regelmäßigen Abständen für Vögel sichtbar gemacht werden. In Zukunft sollten Glasfenster und Glasflächen aus Gründen des Vogelschutzes bereits bei ihrer Fertigung mit aufgedruckten oder eingearbeiteten Strukturen versehen werden, die ausreichend Transparenz und Lichteinfall ermöglichen und vom menschlichen Auge nicht als unästhetisch empfunden werden. Für jede Verglasung, die nicht vollständig transparent sein muss, sollte ein milchiges Material verwendet werden.

Es darf einfach keine Option mehr sein, die Natur zu ignorieren, ihre Ressourcen weiterhin für wirtschaftlichen Profit zu verbrauchen und uns rücksichtslos gegenüber anderen Spezies zu verhalten, die ebenfalls auf diesem Planeten zuhause sind und ein Anrecht auf gesunde Lebensräume haben. Wir Menschen fühlen uns von der natürlichen Welt angezogen. Diese Verbindung steckt in unseren Genen. Fast jeder Mensch ist – für sich betrachtet – ein Biophiliac und schätzt die Natur. Es sind ökonomische Zwänge und Gruppenphänomene, die uns als »Herde« immer wieder auch biophob, also naturzerstörerisch auftreten lassen. Aber das Potenzial für eine ökologische Zukunft, in der wir im Einklang mit der Natur leben, ist in uns angelegt. Es basiert auf den biophilen Kräften, die jeder Einzelne von uns in sich entdecken kann.

Es ist ein gutes Gefühl zu wissen, dass biophile Städte das Anliegen vieler Menschen sind. Das habe ich in zahlreichen Gesprächen während meiner Recherchen für dieses Buch eindeutig festgestellt. Ziehen wir also unsere Gartenhandschuhe an, nehmen wir den Spaten in die Hand und graben wir den Erdboden unserer Städte auf, um das Naturpotenzial zu befreien, das unter den Asphaltflächen schlummert. Pflanzen wir Bäume, legen wir urbane Gärten an und beginnen wir, das Netzwerk der Biophilia-Korridore aufzubauen. Die Stadt ist ein Lebensraum, der maßgeblich von uns Menschen gestaltet wird. Daher haben wir es in der Hand, die biophile Stadt Wirklichkeit werden zu lassen.

Abschließend lade ich Sie ein, sich anhand der Liste mit

Stadtwäldern im Anhang dieses Buches einen Eindruck davon zu verschaffen, wie viele gut erreichbare Wälder wir jetzt schon in unseren Städten zur Verfügung haben. Ich hoffe, Sie finden dabei die Inspiration, einige davon zu besuchen und vor allem die Ökosysteme *Ihrer* Stadt zu erleben. Auf meiner Internetseite *www.clemensarvay.com* halte ich Sie durch Artikel und informative Videos mit Zusatzinformationen über Biophilia in der Stadt auf dem Laufenden.

Wir sehen einander in der grünen Zukunft – vielleicht in einem zentral gelegenen Stadtwald oder in einem Biophilia-Korridor!

Foto: Lukas Beck

DANKE!

Das Buch, das Sie in den Händen halten, liegt mir außerordentlich am Herzen. Im Rahmen meiner Arbeit als Autor verschlug es mich in den letzten Jahren – sowohl für Recherchen als auch im Rahmen meiner Medientermine – in verschiedene große und kleine Städte in Europa. Dabei entwickelte sich bei mir eine Faszination für die Natur in der Stadt. In mir wuchs eine Leidenschaft, unsere urbanen Ökosysteme zu entdecken und zu erkunden, die von Stadt zu Stadt sehr unterschiedlich sind und, genau wie die Städte selbst, immer eine individuelle Note haben. Sie hängen ja maßgeblich von der geographischen Lage der Stadt ab. Zu meinen Presseterminen fahre ich fast immer mit der Bahn. Ich bin also in der Fremde auf öffentliche Verkehrsmittel angewiesen. Rasch stellte sich heraus, dass dieser Umstand aber kein Hindernis darstellt, die Stadtökosysteme zu besuchen. Mir wurde klar, dass die Frage »Wie können Stadtbewohner den Biophilia-Effekt erleben?«, die mir in den letzten Jahren am häufigsten gestellt wurde, nicht so schwer zu beantworten ist, wie es im ersten Moment den Anschein haben mag. Schließlich entschloss ich mich, darüber ein Buch zu schreiben. Dabei war es mir wichtig, einen Eindruck davon zu vermitteln, wie nah und gut erreichbar die Natur in der Stadt schon heute ist. Es war mir eine Freude, mich zu diesem Zweck auch mit dem öffentlichen Verkehrsnetzwerk in Tokio, Sydney, Los Angeles, Barcelona, Taipeh, Seattle, Honolulu und anderen mir fremden Ballungszentren zu befassen. Nachdem die Internetseiten der jeweiligen Verkehrsunternehmen nicht immer detaillierte Informationen über die Verbindungen bereithielten, war es in einigen Fällen notwendig, direkt in den Büros der Verkehrsbetriebe anzurufen. Ich bedanke mich bei den dortigen Mitarbeitern dafür, dass sie mir stets ausführlich und geduldig Auskunft gegeben haben – über die Blue-Mountains-Linie »BMT« in Sydney, über die Itsukaichi-Linie zum bewaldeten Berg Mito bei Tokio, über die Metro-Lokalbusse in Los Angeles, von denen die Nummer zwei zu den Rivas Canyon Parks fährt, und so weiter. Ein herzliches Dankeschön auch an die Mitarbeiter in so manchem städtischen Nationalpark und Forstamt in weit entfernten Regionen, die mich – sofern ich diese Information auf ihren Homepages nicht gefunden hatte – kurz und bündig über die Tier- und Pflanzenarten informierten, die in den von ihnen verwalteten Grünräumen leben.

Ich bedanke mich bei den Mitarbeiterinnen und Mitarbeitern des Goldmann Verlags, die sich meiner Idee für diese Publikation geöffnet und von Anfang an an dieses Buch geglaubt haben. Insbesondere richte ich meinen Dank an Katharina Fokken, die das Buchprojekt durchgehend betreut hat, sowie an die Lektorin Judith Mark für die angenehme Zusammenarbeit. Inge Kunzelmann hat sich kompetent für die Formulierung griffiger Texte engagiert, die den Inhalt dieses Buches für die Öffentlichkeit kurz und prägnant zusammenfassen. Sie wird die Publikation auf ihrem Weg in die Buchläden und Hände der Leserinnen und Leser begleiten. Vielen Dank für diesen wertvollen Beitrag!

Dieses Buch befasst sich nicht nur mit der Gegenwart, in der wir den Biophilia-Effekt in der Stadt bereits genießen können, sondern setzt einen wichtigen Schwerpunkt auch auf die Zukunft. Ich bedanke mich bei all den Menschen, die mich während der Arbeit am Manuskript motivierten, indem sie mir in persönlichen Gesprächen zeigten, wie wichtig ihnen eine grüne

Umgestaltung unserer Städte ist. Dadurch wurde mir bewusst, dass mein Buch von vielen Menschen »gewollt« ist und ihre Herzen erfreuen wird. Ich danke meinen Gesprächspartnern, die im Buch zu Wort gekommen sind und ihre Expertisen oder persönlichen Erfahrungen mit mir geteilt haben: dem Waldmediziner und Medizinprofessor Qing Li aus Tokio, dem TV-Moderator Kurt Aeschbacher aus Zürich, dem Psychoneuroimmunologen, Arzt und Universitätsprofessor Christian Schubert aus Innsbruck, dem Musiker und Journalisten Andreas Danzer aus Wien, dem Universitätsdozenten Peter Weish, ebenfalls aus Wien, dem Universitätsprofessor und »Wasserfallforscher« Maximilian Moser von der Medizinischen Universität Graz sowie dem Kinderbotschafter, Musiker und Autodidaktikexperten André Stern, aufgewachsen in Paris. Ebenso sage ich »danke« zu der Schauspielerin Ulrike Beimpold aus Wien, dem Universitätsprofessor Marc Bekoff aus Boulder, Colorado, sowie dem Psychologen und Universitätslektor Alois Kogler aus Graz für unsere anregenden Unterhaltungen über die biophile Zukunft der Stadt.

Für die Beisteuerung seines eloquenten Vorworts, das mir sehr viel bedeutet, bedanke ich mich bei Gerald Hüther, der zu den bekanntesten Hirnforschern in Deutschland zählt und heute der Akademie für Potentialentfaltung vorsteht.

Last but not least: Ein wichtiger und aufrichtiger Dank ergeht auch an Sie, liebe Leserin und lieber Leser, dafür, dass Sie mir durch das Lesen dieses Buches Ihr Vertrauen geschenkt haben. Ich hoffe, dass sein Inhalt Ihnen gefallen und Sie bereichert hat.

Clemens G. Arvay *Wien, im Frühjahr 2018*

ANHANG

Was ist Öko-Psychosomatik?

Die folgende Definition der bislang weitgehend unbekannten Wissenschaft der Öko-Psychosomatik habe ich im Rahmen meines Buches *Der Heilungscode der Natur* erarbeitet:

»Die Öko-Psychosomatik ist die evidenzbasierte Wissenschaft vom stofflichen sowie nichtstofflichen Einfluss der Pflanzen, Tiere und Ökosysteme auf die körperliche und psychische Gesundheit des Menschen, der dabei als über seine Hautoberfläche erweitert gedacht wird. Er ist, wie jedes Lebewesen, in einen evolutionsbedingten Funktionskreis mit seinem natürlichen Lebensraum eingebettet. Die Öko-Psychosomatik erforscht:

(1) die medizinischen Wirkungen des Natur- und Tierkontakts auf der organischen Ebene (Soma) sowie auf die Psyche,
(2) die Rolle der Umweltschadstoffe bei der Entstehung von körperlichen sowie psychischen Erkrankungen und
(3) die Rolle des fehlenden Einflusses von Natursubstanzen und natürlichen Sinnesreizen bei der Krankheitsentstehung.

Aus diesen Erkenntnissen leitet die Öko-Psychosomatik Therapieverfahren ab, deren Wirksamkeit sie prüft. Biomedizinische Feld- und Labormethoden sind Bestandteil der öko-psychosomatischen Forschung.«[230]

Wo ist der nächste Stadtwald?

Die folgende Liste umfasst ausschließlich Wälder, die sich innerhalb der Stadtgrenzen im deutschsprachigen Raum befinden oder sich zumindest bis ins Stadtgebiet erstrecken. Außerdem sind nur Wälder aufgelistet, die mit den öffentlichen Verkehrsmitteln erreichbar sind (Stand Frühjahr 2018).

DEUTSCHLAND		
STADT (alphabetisch)	EMPFOHLENE STADTWÄLDER (alphabetisch)	ÖFFENTLICHE ERREICHBARKEIT (Linien mit empfohlenen Stationen)
Aachen	Indetal	Bus 135 bis Brand-Steinebrück
	Wurmtal	Bus 54 bis Kohlscheid-Herzogenrath
Augsburg	Stadtwald Augsburg	Bus 32 bis Zoo/Botanischer Garten oder Straßenbahn 2 bis Siemens oder Beim Dürren Ast
Bergisch Gladbach	Gierather Wald	Bus 436 bis Gronau-Gierath oder Bus 451 oder 452 bis Refrath-Kicke
	Königsforst Bergisch Gladbach	Bus 277 bis Vinzenz-Palotti-Straße

	Thurner Wald	Bus 435 bis Heinrich-Strünker-Straße
Berlin	Grunewald	S7 bis Berlin-Grunewald oder S1 bis Berlin-Schlachtensee oder S3 oder S9 bis Pichelsberg
	Spandauer Forst	Bus 671 bis Oberjägerweg oder Bus M45 bis Berlin-Johannesstift
	Südostniederbarnimer Weiherketten	U5 bis Hönow oder Bus 943 bis Hönow-Wördetalstraße
	Tegeler Forst	U6 bis Alt-Tegel oder Bus 124 bis Heiligenseestraße/Ruppinger Chaussee
Bielefeld	Östlicher Teutoburger Wald	Buslinie 24 bis Tierpark
Bochum	Weitmarer Holz	Straßenbahn 308 oder 318 bis Am Buchenhain
Bonn	Kottenforst	Bus 603 bis Röttgen Schleife
Bottrop	Köllnischer Wald	Bus 251 oder SB16 bis Forsthaus Specht
	Quellenbusch	Bus 264 bis Westfriedhof
Braunschweig	Landschaftsschutzgebiet Riddagshausen	Bus 413 bis Braunschweig-Kreuzteich
Bremen	Stadtwald Bremen	Straßenbahn 8 bis Bremen-Kulenkampfallee oder Bus 28 bis Bremen-Wetterungsweg
Bremerhaven	Bürgerpark Bremerhaven	zu Fuß vom Hauptbahnhof über Bismarckstraße
Chemnitz	Naherholungsgebiet Oberrabenstein/Grüna	Bus 38 bis Riedstraße oder Bus T253 bis Goldener Löwe
Darmstadt	Darmbachaue	Bus K bis TU-Lichtwiese/Mensa

	Faulbruch	S3 bis Erzhausen
	Scheftheimer Wiesen	Bus F oder U bis Darmstadt-Oberwald-haus
	Waldgebiet Messel	Regionalbahn bis Darmstadt-Messel
Dortmund	Dellwinger Bachtal	S4 bis Dortmund-Lütgendortmund
	Im Siesack	Bus 289 bis Groppen-brucherstraße oder Bus SB24 bis Am Schlag-baum
Dresden	Dresdner Heide	Straßenbahnline 11 bis Wilheminenstraße oder S2 bis Dresden-Klotzsche oder Bus 305 bis Dresden-Heidemühle
Duisburg	Duisburger Stadtwald	Straßenbahn 901 bis Zoo/Uni oder Bus 924 oder 933 bis Universität
Düsseldorf	Düsselauen	S8 bis Düsseldorf-Gerresheim oder U73 bis Morperstraße
	Düsseldorf-Aaper Wald	Bus 738 oder 733 bis Mergelsberg oder U72 bis Hubertushain
	Eller Forst	Bus 735 oder 737 bis Kikweg
	Hubbelrather Bachthal	Bus 733 oder 738 bis Hubbelrath
	Rotthäuser Bachtal	Bus 733 oder 738 bis Rotthäuser Weg
Erfurt	Werningslebener Wald	Straßenbahn 3 bis Katholisches Kranken-haus
Erlangen	Brucker Lache	Bus 290 bis Bruck-Erlangen Roncalli Stift

	Tennenloher Forst	Bus 290 oder 295 bis Tennenloher Skulpturen-park
Essen	Schellenberger Wald	Bus 144, 145, 181, 194, SB14 oder SEV bis Essen-Stadtwald
Frankfurt am Main	Frankfurter Stadtwald (Mitte)	Straßenbahn 21 bis Oberforsthaus
	Schwanheimer Wald (im Frankfurterwald)	Straßenbahn 12 bis Rheinlandstraße
Freiburg im Breisgau	Opfinger See	Bus 32 bis Freiburg Kleingärten
Fürth	Fürther Stadtwald	Bus 178 bis Oberfpür-berg-Stadtförsterei oder Regionalbahn bis Weiherhof
Gelsenkirchen	Stadtwald Gelsenkirchen	Bus 249 bis Am Stadt-wald
Göttingen	Deppoldshausener Wald	Bus 180 bis Bovenden-Schulzentrum oder Bus 185 bis Eddige-hausen-Alte Dorfstraße
	Naturschutzgebiet Bratental	Bus 21 bis Göttingen-Eschenbreite
	Stadtwald Göttingen	Bus 91 bis Göttingen-Eulenloch oder Göttin-gen-Herberhausen oder Bus 21 bis Göttingen-Schöneberger Straße
Hagen	Hasselbachtal	Bus 513 oder 530 bis Hasselbach
	Mastberg und Weißen-stein	Bus 534 bis Hagen-Haßley
	Phillipshöhe	zu Fuß vom Hauptbahn-hof über Werdestraße/ Plessenstraße
	Waldgebiet Hagen-Selbecke	Bus 512 bis Selbecke

	Wannebachtal	Bus 522 bis Berchum-Schule
Halle (Saale)	Dölauer Heide	S7 bis Halle-Nietleben
Hamburg	Boberger Niederung	U2 bis Mümmelmannsberg oder Bus 12 bis Schulredder
	Naturschutzgebiet Heuckenlock	Bus 351 bis Heuckenlock
	Niendorfer Gehege	U2 bis Niendorf-Markt oder Bus 5 bis Vogt-Cordes-Damm
	Raakmoor	U1 bis Langenhorn-Nord
	Wittenberger Heide	S1 bis Hamburg-Rissen oder Bus 189 bis Tinsdaler Kirchenweg
	Wittmoor	Bus 7550 bis Glashütte-Siegfriedstraße
Hamm	Heessener Wald	Regionalbahn bis Hamm-Heessen
Hannover	Eilenriede	Bus 100 bis Hannover-Dreifaltigkeitskirche
Heidelberg	Bärenbachtal	Bus 36 bis Bärenbach-Nord
	Gaiberger Wald	Bus 757 bis Gaiberg
	Königsstuhl	Heidelberger Bergbahnen bis Bergstation Königsstuhl
	Mühlbachtal	Bus 38 bis Turnerbrunnen
	Waldgebiet Heidelberg-Peterstal	Bus 34 bis Heidebuckelweg
Heilbronn	Waldheide	Bus 1 bis Jägerhaus oder Waldheide (von April bis November)

Herne	Naturschutzgebiet Voßnacken	Bus 311 bis Herne-An der Linde oder Bus 321 bis Hilseder Straße
	Waldgebiet Herne-Gysenberg	Bus 311 bis Herne-Ostbachtal oder 324 bis Gysenberghalle oder Bus NE32 bis Tierpark Gysenberg
Hildesheim	Finkenberg und Lerchenberg	Bus 103 bis Trockener Kamp oder Hildesheim-Klingenberg
	Hildesheimer Waldquelle	Bus 104 bis Hildesheim-Waldquelle
	Waldstreifen am Trilkebach	Bus 5 oder 43 bis Hildesheim-Ochtersum-Mitte
Ingolstadt	Wald an der Sandrach	Bus 441 bis Spitalhof
Jena	Hufeisenwald Jenzing	Bus 431 bis Jena-Kunitz
	Isserstädter Holz	Bus 16 bis Jena-Lützeroda
	Jenaer Forst	Bus 11 bis Jena-Ammerbach oder Bus 44 bis Jena-Wochenendsiedlung
Karlsruhe	Karlsruher Waldstadt	Bus 30 bis Waldstadt-Breslauerstraße, Schneidemühler Straße oder Elbinger Straße West
	Moorbruchwald Grötzingen	Bus 21 bis Grötzingen-Nord
Kassel	Fuldaaue	Bus 14, 15 oder 17 bis Kassel-Waldau
	Fuldabrücker Wald	Regionalbahn bis Baunatal-Rengershausen
	Wilhelmshöhe	Straßenbahn 1 bis Wilhelmshöhe-Park oder Straßenbahn 3 bis Druseltal

Kiel	Langsee, Tröndelsee und Umgebung	Regionalbahn bis Kiel-Schulen am Langsee
	Tannenberg	Bus 41 oder 42 bis Tannenberg
Koblenz	Layer Bergwald	Bus 301 bis Lay-Moselfähre oder Lay-Obermark
	Stadtwald Koblenz	Bus 621 bis Koblenz-Waldesch
	Waldgebiet Schloss Stolzenfeld	Bus 650 bis Koblenz-Stolzenfeld Schlossweg
Köln	Chorbusch	Bus 967 bis Pulheim-Stommelerbusch-Hackenbroicher-Weg
	Königsforst Köln	Straßenbahn 9 bis Rath/Heumar-Königsforst
	Orrer Wald	Bus 126 bis Köln-Auweiler
	Stadtwald Köln-Braunsfeld	Straßenbahn 1 bis Köln-Braunsfeld-Maarweg oder Straßenbahn 7 bis Köln-Lindenthal-Wüllnerstraße
	Worringer Bruch	S11 bis Köln-Blumenberg
Krefeld	Hülser Bruch	Straßenbahn 44 bis Krefeld-Hüls
	Stadtwald Krefeld	Bus 58 bis Krefeld-Stadtwald
Leipzig	Abtnaundorfer Park	S4 bis Leipzig-Thekla
	Leipziger Auwald im Zentrum	zu Fuß von der Innenstadt oder S3 bis Leipzig-Markt
	Leipziger Auwald in Connewitz	S3 bis Leipzig-Connewitz
Leverkusen	Auwald Bürgerbuschbach	Bus 227 bis Leverkusen-Wiesdorf-Doktorsburg

	Silbersee und Bergsee	Bus 222 bis Silbersee oder 203 bis Küppersteig im Eisenholz
Lübeck	Israelsdorfer Wald (Teil des Lauerholzes)	Bus 12 bis Eichenweg oder Waldstraße oder Buchenweg
	Schellbruch (Teil des Lauerholzes)	Bus 12 bis Fahrenheitweg
Ludwigshafen am Rhein	Stadtwald Reißinsel am Rhein	Straßenbahn 3 bis Rheingoldhalle
Magdeburg	Waldgebiet Grünewalde, Elbenau und Kreuzhorst	S1 bis Schönebeck an der Elbe
Mainz	Lennebergwald	Bus 68 bis Budenheim
Mannheim	Käfertaler Wald	Straßenbahn 4 bis Käfertaler Wald
Moers	Erholungsgebiet Schwafheim	Bus 914 bis Schwafheim-Siedweg
Mönchengladbach	Gerkerather Wald	Bus 17 bis Mönchengladbach-Kothausen
Mülheim an der Ruhr	Uhlenhorster Wald	Straßenbahn 102 bis Waldschlößchen oder Uhlenhorst
München	Flaucher	U1 bis Candidplatz
	Forstenrieder Park	Bus 261 bis Neuried-Eichenstraße oder U3 bis Fürstenried-West
	Paul-Diehl-Park	S6 bis Lochham oder Bus 265 bis Siedlung am Haidelweg
Münster	Vorbergs Hügel	Bus 5 bis Hannaschweg oder Regionalbahn bis Münster-Häger
Neuss	Jostensbusch	Bus 844 bis Neusserfurth
	Neusser Stadtwald	ebenfalls Bus 844 bis Neusserfurth

Nürnberg	Hainberg	S4 bis Unterasbach oder Bus 70 bis Fürth-Süd
	Waldgebiet Silbersee	U1 bis Bauernfeindstraße
Oberhausen	Stadtwald Oberhausen-Eisenheim	Straßenbahn 112 bis Eisenheim oder OLGA-Park
	Sterkrader Wald und Hiesfelder Wald	Schnellbus 97 bis Königshardt
Offenbach am Main	Stadtwald Tempelsee	Bus 101 bis Tempelsee
	Waldpark und Stadtwald Offenbach	S1 oder S2 bis Offenbach-Bieber
Oldenburg	Eversten Holz	Bus 324 bis BBS Wechloy
Osnabrück	Schölerberg	21 oder 52 bis Osnabrück-Kinderhospital
Paderborn	Stadtwald an der kleinen Pader	Bus 11 bis Museumsforum
Pforzheim	Birkenfelder Wald	S6 bis Birkenfeld-Bahnhof oder Bus 716 bis Glockwiesenstraße oder Gräfenhauserstraße
	Lachenwäldle	S6 bis Brötzingen-Wohnlichstraße oder Bus 716 bis Birkenfeld Abzweigung Heimig
	Weißensteiner Wald	Regionalbahn bis Pforzheim-Weißenstein
Potsdam	Stadtwald West	Straßenbahn 91, 94 oder 98 bis Luftschiffhafen oder Potsdam-Pirschheide
Recklinghausen	Stadtwald Hillerheide	Bus 233, 236 oder 237 bis In den Heuwiesen oder Schnellbus 20 bis Bergwerk Blumental
Regensburg	Keilsteiner Wald	Bus 5 bis Tegernheim

	Waldgebiet Schloss Prüfening	Regionalbahn bis Regensburg-Prüfening
Remscheid	Stadtwald Remscheid-Hasenberg	240 oder 336 bis Remscheid-Lennep Höhenweg
Reutlingen	Ringelbacher Wald	Bus 8 oder 81 bis Reutlingen-Ringelbach
Rostock	Waldgebiet Markgrafenheide	Bus 17 bis Markgrafenheide
Saarbrücken	Burbacher Wald	Regionalbahn bis Saarbrücken-Burbach Mitte
	Stadtwald Jägersfreude	Regionalbahn bis Saarbrücken-Jägersfreude
Salzgitter	Stadtwald Salzgitter-Gebhardshagen	Bus 612 oder 613 bis Gebhardshagen Friedhof oder Bus 603, 607, 612, 613 oder 628 bis Gebhardshagen-Siedlung
Siegen	Trupbach-Heide	Bus C132 bis Siegen-Birlenbach
Solingen	Ohligser Heide	Bus 791 bis Engelsberger Hof
Stuttgart	Eschbachwald (Unteres Feuerbachtal)	U7 bis Freiberg
	Greutterwald	S6 bis Korntal
	Häslachwald	Bus 122 bis Scharnhäuser-Brücke oder Bus 76 bis Plieningen-Post
	Rotwildpark Stuttgart	Bus 91 bis Forsthaus I oder Bus 92 bis Metzgerhau
	Weidachwald und Zettachwald	U6 bis EnBW City
Trier	Grillenbachtal	Bus 12 oder 17 bis Hochschule Trier (Steig 1)

Ulm	Universitätswald Ulm	Buslinie 3 oder 5 bis Botanischer Garten oder Universität-Süd
Wiesbaden	Neroberg	Bus 1 bis Nerotal (Talstation), ggf. Nerobergbahn bis Bergstation
	Rabengrund und Platte	Bus 270 oder 271 bis Wiesbaden-Platte
Wolfsburg	Eichelkamp	Bus 202 bis Sachsenring oder Bus 213 bis Wolfsburg-Sauerbruchstraße
	Rabenberg	Bus 202 bis Rabenberg-Barnstorfer Weg oder Bus 218 bis Rabenbergerstraße
Wuppertal	Friedrichsberger Wald	Bus 613 bis Ravensberger Straße
	Herichhauser Bachtal	Bus 625 bis Cronenberg-Rathaus
	Mirker Hain	Bus 645 bis Obere Vogelsangstraße
Würzburg	Würzburger Stadtwald	Bus 8 bis Zollhaus-Steinbachtal
ÖSTERREICH		
STADT (alphabetisch)	EMPFOHLENE STADTWÄLDER (alphabetisch)	ÖFFENTLICHE ERREICHBARKEIT (Linien mit empfohlenen Stationen)
Amstetten	Don-Bosco-Stadtwald	Bus 2 bis Krankenhaus
	Gschirmbachtal	Bus 1608 bis Reitbauernstraße
	Waldheimer Wald	Bus 7 bis Waldheim-Gladiolenstraße oder Waldheim-Narzissenstraße
Baden	Helenental	Bus 459 oder 552 bis Helenental

	Stadtwald Baden Nord-West	Bus 459 bis Jammerpepi
Bregenz	Gebhardsberg	Bus 12C bis Abzweigung Gebhardsberg
	Mehrerauer Wald	Bus 2 bis Kloster Mehrerau
Dornbirn	Karren	Bus 47 bis Karrenseilbahn
Eisenstadt	Leithaberg	Bus 282 bis St. Georgen am Leithagebirge
Feldkirch	Erholungswald Ardetzenberg	Regionalbahn bis Feldkirch-Gisingen
	Stadtwald Ost	S1 bis Feldkirch-Amberg
Graz	Eustacchio Gründe	Straßenbahn 6 bis Eisteichgasse
	Leechwald	Straßenbahn 1 bis Hilmteich
	Lustbühel	Bus 60 bis Lustbühel
	Platte	Bus 81 bis Pfeifferhofweg
	Rettenbachklamm	Straßenbahn 1 bis Waldhof
	Rielteich	Bus 53 bis Rielteich
	Rosenhain	Bus 58 bis Panoramagasse
	Schlossbergwald	Straßenbahn 4 oder 5 bis Keplerbrücke oder Bus 30 bis Paulustor oder Bus 39, 41, 58 oder 63 bis Geidorfplatz
Innsbruck	Berginsel mit Drachenfelsen	Straßenbahn 1 oder 6 bis Berginsel
	Innsbrucker Nordkette und Karwendl	Bus J bis Nordkette, dann Innsbrucker Nordkettenbahn

	Kranebitter Wald und Kranebitter Klamm	S5 bis Kranebitten
	Patscherkofel	Bus J bis Patscherkofen, dann Patscherkofelbahn
	Stadtwald Innsbruck	Bus J bis Hungerburg
	Stadtwald Innsbruck-Igls	Straßenbahn 6 bis Igls Bahnhof
Klagenfurt am Wörthersee	Europaschutzgebiet Lendspitz-Maiernigg	Bus 5310 bis Südufer-straße oder zu Fuß vom Strandbad Klagenfurt
	Kreuzbergl	Bus 50 oder 95 bis Kreuzbergl
	Stadtwald Annabichl	Bus 41 bis Annabichl
Klosterneuburg	Klosterneuburger Aue	Bus 239 bis Weidling oder S40 bis Unterkrit-zendorf
Krems an der Donau	Auenwald Mitterau	Bus 1356, 1411 oder G bis Austraße/B3
	Rehberger Wald	Bus 4 bis Schmittbrücke oder Mühlhofbrücke oder Mühlhofstraße
	Reisperbachtal	Bus 1 bis Förthof
Leonding	Kürnberger Wald	Bus 17 bis Rufling
Leoben	Annaberg	Bus 820, 822, 830 oder 832 bis Leoben-Anna-berg
Linz	Freinberger Wald	Bus 26 bis Freinberg
	Pöstlingberg	Pöstlingbergbahn bis Pöstlingberg oder Bus 250 oder 251 bis Pöstlingberg-Götzling-straße
	Scharlnizer Wald	Straßenbahn 1 oder 2 bis Wimmerstraße

Salzburg	Kapuzinerberg	Bus 160, 170 oder 270 bis Mozartsteg oder Theatergasse
	Kühberger Wald und Alter Bach	150, 152, 154 oder 155 bis Salzburg-Kühberg
	Langwieder Wald	Bus 130, 131, 140 oder 141 bis Bachstraße
	Stadtwald Gnigl	150, 152, 154 oder 155 bis Volksschule Gnigl
	Stadtwald Süd	Bus 3, 5, 170 oder 270 bis Herrnau
	Viehhausener Wald	Bus 32 oder 180 bis Viehhausen Schule
St. Pölten	Auwald St. Pölten-Viehofen	S40 bis Viehofen
	Stadtwald Harland	Bus 1562 bis Harland-Zwirngasse, Harland-Schule oder Harland-Amtshaus
	Stadtwald St. Pölten	Bus 1534 bis Egon-Wellesz-Gasse oder Bus 1541 oder 1545 bis Alte Reichsstraße
Steyr	Münichholzer Wald	Bus 1 bis Karl-Punzer-Straße
Traun	Waldgebiet Traunufer	Straßenbahn 3 oder 4 bis Schloss Traun
Villach	St. Ruprechter Wald	S2 bis Villach-St. Ruprecht oder Bus 5150, 5152 oder 9575 bis Abzweigung Pomona
	Stadtwald Villach	Bus 5175 bis Waldfriedhof West oder Ost oder St. Martiner Straße oder Teichweg
Wels	Niederthaner Wald	Bus 6 bis Oberthan oder Bus 646 bis Oberthan-Siedlung

	Wald am Traunufer	Bus 501 Schauersberg am Pilgerweg
Wien	Erholungsgebiet Wienerberg	U1 bis Stefan-Fadinger-Platz
	Laaer Wald an der Löwygrube	U1 bis Altes Landgut oder S60 bis Grillgasse oder Bus 15A bis Männertreugasse oder Bus 68A oder 68B bis Theodor-Sickel Gasse
	Lobau (Nationalpark Donau-Auen)	93A bis Naufahrtbrücke oder 95A Großer Biberhaufen oder 88B bis Kaposigasse
	Prater-Wald	Bus 77A Lusthaus/ Aspernallee
	Wienerwald	42A bis Schafberghöhe oder Bus 43A bis Dreimarkstein oder Cobenzl oder 44A bis Siedlung Heuberg oder Straßenbahn 43 bis Neuwaldegg
Wiener Neustadt	Pionierteich	Bus 1155 bis Landes-pflegeheim
	Steinfelder Wald	S3 bis St. Egyden am Steinfeld
Wolfsberg	Schlosswald	Bus 5458 oder 5460 oder 5466 bis Hoher Platz
SCHWEIZ		
STADT (alphabetisch)	EMPFOHLENE STADTWÄLDER (alphabetisch)	ÖFFENTLICHE ERREICH-BARKEIT (Linien mit empfohlenen Stationen)
Basel	Stadtwald an der Wiese	Straßenbahn 2 oder 6 bis Eglisee oder Bus 36 oder 39 bis Lange Erlen oder Schorenweg

Bern	Stadtwald Bümplitz/ Liebefeld	S1 oder S2 bis Bern-Bümplitz oder Straßenbahn 6 bis Fischermätteli oder Bus 17 bis Liebefeld-Neumatt-Weg
	Stadtwald Neufeld	Bus 101 oder 107 bis Forsthaus
Biel	Bözinger Wald	Bus 2 oder 12 oder Regionalbahn bis Bözingenfeld
	Hohfluh	Magglingenbahn Biel-Hohfluh
	Mettmoos	Bus 1 bis Bloeschweg oder Mühlestraße oder Bus 9 bis Schulen Linde/ Til
	Taubenlochschlucht	Bus 8 bis Mahlenwald
Freiburg im Üechtland	Stadtwald Fries	Bus 7 bis Villa-Beau-Site oder Freiburg-Le Bois oder Bus 1, 3, 7 oder 9 bis Freiburg-Fries
	Stadtwald Givisiez	S20 oder S21 bis Freiburg-Givisiez oder Bus 9 bis Givisiez-La Faye
Genf	Rottenufer	Bus 7 oder 28 bis Pont-Butin oder Bus 7 oder 9 bis Concorde oder Bus 2 oder 19 bis Onex-Evaux oder Bus 11 bis Seujet
	Stadtwäldchen	Straßenbahn 14 oder Bus 2, 3, 6, 7, 10, 11 oder 19 bis Jonction
Köniz	Schlierner Wald	Bus 10 bis Schliern-Eichmatt oder S6 bis Moos
	Gurtener Wald	Gurtenbahn bis Gurten-Kulm
La Chaux-de-Fonds	Stadtwald Nord	Bus 310 bis Montbrillant oder Plaisance

	Stadtwald Süd	Bus 303 oder 353 bis Crêtets oder Patinoire oder Beaux-Dimanches
Lausanne	Sauvabeliner Stadtwald	Bus 16 bis Lac Sauvabelin oder Chocolatière
Lugano	Stadtwald Lugano	Bus 60 bis Ponte di Valle oder Casteldavesco oder Via Sonvico
Luzern	Gütsch	Bus 2, 5, 12 oder 18 bis Gütsch
St. Gallen	Bergbachwald	Bus 120 oder 242 bis Unterschachen
	Freudenberger Wald	S21 und Bus 859 bis St. Gallen-Birnbäumen
	Hagenbuchwald	Bus 7 bis Hagenbuch oder Bruggwiesen
	Stadtwald Guggeien	Bus 1 bis Stephanshorn
Thun	Stadtwald Thun	Bus 31 oder 32 bis Wartboden oder Scheidweg
Winterthur	Lindberger Wald	Bus 674 bis Rosenberg oder Bus 10 bis Kantonsschule
Zürich	Käferberger Wald	Bus 69 oder 80 bis ETH-Hönggerberg oder Bus 40 bis Krematorium Nordheim
	Leimbacher Wald	S4 bis Zürich-Leimbach
	Stadtwälder Witikon	Bus 91 bis Buchholz
	Uetliberg	S10 bis Uetliberg
LUXEMBURG		
STADT (alphabetisch)	EMPFOHLENE STADTWÄLDER (alphabetisch)	ÖFFENTLICHE ERREICHBARKEIT (Linien mit empfohlenen Stationen)
Diekirch	Bamerdaller Wald	Bus 555 bis Diekirch-Dräi Braken

	Friedhaffer Wald	Bus 552, 555 oder 840 bis Friedhaff
	Stadtwäldchen Diekirch	Bus 100 bis Fielser-strooss
Differdingen	Niedercorner Wald	Bus 1 bis Péitengerwee oder Bus 6 bis Nieder-corn-CHEM 1
	Obercorner Wald	Regionalbahn bis Obercorn oder Ober-corn-Gare
Düdelingen	Budersberger Wald	Bus 5 bis Scherr
	Kräizbierger Wald	Bus 10, 207 oder 305 bis Kräizbierg
	Stadtwald Düdelingen	Bus 10 bis Rue Nic Biever oder Waldschoul
Esch an der Alzette	Stadtwald Gaalgebierg	Bus 5 bis Burgronn oder Bus 12 bis Kazebierg
	Stadtwäldchen Nord-Ost	Bus 7, 313 oder 314 bis Pierre Dupong oder Bus 314 bis Ecole-Nelly-Stein
Ettelbrück	Warkener Wald	Bus 512 Cité Waarkdall oder Bus 512 oder 540 bis Rue de Welscheid
Luxemburg	Stadtwald Luxemburg Nord	Bus 10, 11 oder 282 bis Henri Heymans oder Binnchen oder Bus 23 bis Chingiz Aitmatov oder Cyprien Merjai oder Bus 100 bis Stafelter
	Stadtwald Pfaffenthal-Kirchberg	Bus 1, 7, 8, 16, 18, 20 oder Straßenbahn (StraterTram) bis Pfafendall

LIECHTEN-STEIN		
STADT (alphabetisch)	EMPFOHLENE STADTWÄLDER (alphabetisch)	ÖFFENTLICHE ERREICH-BARKEIT (Linien mit empfohlenen Stationen)
Schaan	Plankner Wald	Bus 26 bis Fürstenweg oder Planken-Abzweigung Egerta
Vaduz	Bergwald Vaduz	Bus 11, 12, 13 oder 14 bis Vaduz-Städtle

Wie finde ich einen urbanen Waldkindergarten?

Für **Deutschland** bietet der gemeinnützige *Bundesverband der Natur- und Waldkindergärten in Deutschland e. V.* auf seiner Internetseite eine umfassende Auflistung von Kindergartenstandorten, die auch zahlreiche Natur- und Waldkindergärten in den deutschen Städten umfasst. Sie finden diese Auflistung unter: *www.bvnw.de/deutschland.*

In **Österreich** organisiert das Bundesforschungszentrum für Wald, das dem Österreichischen Bundesamt für Wald zugeordnet ist, die Ausbildung in Waldpädagogik und führt eine Liste von Natur- und Waldkindergärten, von denen sich ein Teil in Stadtgebieten befindet. Die Kontaktmöglichkeiten zum Bundesamt für Wald finden Sie auf der Internetseite unter: *www.bfw.ac.at*

Daneben kann auch der Verein *Waldpädagogik in Österreich* Auskunft über das Angebot von Natur- und Waldkindergärten in Städten erteilen. Hierzu finden Sie die Kontaktmöglichkeiten unter: *www.waldpaedagogik.at*

Interessenten aus der **Schweiz** wenden sich für Auskünfte über urbane Natur- und Waldkindergärten am besten an den *Fachverband Erleben und Bildung in der Natur,* der seine Kontaktdaten unter *www.erbinat.ch* veröffentlicht hat.

In **Luxemburg** sind Natur- und Waldkindergärten zwar noch relativ selten, es gibt aber bereits einen urbanen Waldkindergarten in der Stadt Esch an der Alzette. Der *Service National de la Jeunesse* (Nationaler Jugenddienst) organisiert in Luxemburg waldpädagogische Ausbildungen und kann Auskunft über die Standorte von Natur- und Waldkindergärten geben. Die Kontaktmöglichkeiten finden sich unter: *www.snj.public.lu*

In **Liechtenstein** gibt es derzeit keine Natur- oder Waldkindergärten.

ANMERKUNGEN

1 Englisches Originalzitat: »Even a New York City girl needs a connection to the wild«, Mark Hoelterhoff, University of Cumbria, Artikel: New York State of Mind, in: Psychology Today, New York, 27.04.2012, online: www.psychologytoday.com/blog/second-nature/201204/new-york-state-mind, abgerufen am 04.07.2017.

2 Erich Fromm, The Heart of Man, in: Ruth Nanda Anshen (Hrsg.), Religious Perspectives, Vol. XII, Harper & Row, 1964.

3 Qing Li, Maiko Kobayashi und Tomoyuki Kawada, »Relationships between percentage of forest coverage and standardized mortality ratios (SMR) of cancers in all prefectures in Japan«, in: The Open Public Health Journal 1/2008, Beijing 2008, S. 1–7, und Qing Li und Tomoyuki Kawada, »Effect of forest environment on human immune function«, in: Qing Li (Hrsg.), Forest Medicine, Nova Biomedical, New York 2013, S. 69–89, und Marc G. Berman, Omid Kardan, Peter Gozdyra, Bratislav Misic, Faisal Moola, Lyle J. Palmers und Tomáš Paus, »Neighborhood Greenspace and Health in a large Urban Center«, in: Nature, Scientific Reports, 5 (11610), 09.07.2015, www. nature.com/articles/srep11610.

4 Marek Kowalski und Barbara Majkowska-Wojciechowska und Mitarbeiter, Prevalence of Allergy, Patterns of Allergic Sensitization and Allergy Risk Factors in Rural and Urban Children, in: Allergy, September 2017, Vol. 62 (9), S. 1044-1050, online: https://www.ncbi.nlm.nih.gov/pubmed/17686107, abgerufen am 01.09.2017.

5 Schizophrenia.com, Zusammenschluss von Wissenschaftlern zur Bereitstellung von Information über Schizophrenie, Country and Rural life (vs. City Living) before age 15 is Associated with lower Rates of Schizophrenia, online: http://www.schizophrenia.com/prevention/country.html, abgerufen am 30.08.2017, und Kristina Sundquist und Mitarbeiter, Urbanisation and Incidence of Psychosis and Depression: Follow-Up Study of 4.4 Million Women and Men in Sweden, in: The British Journal of Psychiatry, April 2004, Vol. 184, S. 293–298, online: https://www.ncbi.nlm.nih.gov/pubmed/15056572?dopt=Abstract, abgerufen am 30.08.2017.

6 Kristine Hahn, Community Gardens can be Anti-Crime-Agents, in: Michigan State University Online, 08.03.2013, online: http://msue.anr.msu.edu/news/community_gardens_can_be_anti-crime_agents, abgerufen am 10.09.2017.

7 Christa Müller, Intercultural Gardens: Urban Places for Subsistence Production and Diversity, in: German Journal of Urban Studies, Vol. 46, 2007, No. 1, online: http://www.eugolearning.org/learning/outcomes/intercultural-garden, abgerufen am 10.09.2017.

8 Englisches Originalzitat: »Water is the perfect traveller, because when it travels it becomes the path itself«, azquotes.com, online: www.azquotes.com/author/63464-Mehmet_Murat_Ildan, abgerufen am 02.12.2017.

9 Josef Glanz, ORF Science, Gesundheitselixier Wasserfälle, in: Human Research Online, Human Research Institut für Gesundheitstechnologie und Präventionsforschung, Weiz, 17.09.2004, online: http://humanresearch.at/newwebcontent/wp-content/uploads/2012/11/26GW.pdf, abgerufen am 13.07.2017.

10 Physikalische Charakterisierung 2008–2010, Drei Wasserfälle im Vergleich, redaktioneller Beitrag in: Hohe Tauern Health Online, Hohe Tauern Health e.V., Krimml, online: http://www.hohe-tauern-health.at/de/wissenschaft, abgerufen am 13.07.2017.

11 Stefan Stohl, Plasmaforschung: Der vierte Aggregatszustand, in: Deutsche Physikalische Gesellschaft, Welt der Physik, Onlinebeitrag, Bad Honnef, 21.12.2010, online: http://www.weltderphysik.de/gebiet/teilchen/experimente/teilchenbeschleuniger/fair/plasmaforschung/, abgerufen am 13.07.2017.

12 Josef Glanz, Wasserfälle gut für Immunsystem und Allergiker, in: ORF.at Science, Modern Times Gesundheit Wien, 01.01.2010, online: http://sciencev1.orf.at/news/123958.html, abgerufen am 08.07.2017.

13 Waltraud Eder, Walt Klimecki und Mitarbeiter, Association between Exposure to Farming, Allergies and Genetic Variation in CARD4/NOD1, in: European Journal of Allergy and Clinical Immunology, Sep; 61(9), S. 1117–1124, Zürich 2006, online: https://www.ncbi.nlm.nih.gov/pubmed/16918516, abgerufen am 14.07.2017, und Waltraud Eder, Walt Klimecki und Mitarbeiter, Toll-like Receptor 2 as a Major Gene for Asthma in Children of European Farmers, in: The Journal of Allergy and Clinical Immunology, Mar; 113(3), St. Louis, Mosby 2004, S. 482–488, online: http://www.jacionline.org/article/S0091-6749(03)03184-1/fulltext, abgerufen am 14.07.2017.

14 Marek Kowalski und Barbara Majkowska-Wojciechowska und Mitarbeiter, Prevalence of Allergy, Patterns of Allergic Sensitization and Allergy Risk Factors in Rural and Urban Children, in: Allergy, September 2017, Vol. 62 (9), S. 1044-1050, online: https://www.ncbi.nlm.nih.gov/pubmed/17686107, abgerufen am 01.09.2017.

15 Michael Friedman und Mitarbeiter, Impact of Changes in Transportation and Commuting Behaviors during the 1996 Summer Olympic Games in Atlanta on Air Quality and Childhood Asthma, in: Journal of the American Medical Association, 285 (7), 2001, S. 897–905.

16 Arnulf Hartl, Krimmler Wasserfälle – Therapie von Asthma bronchiale, S. 3–17, Paracelsus Medizinische Privatuniversität, Salzburg, 2010, online: http://www.wasserfalltherapie.at/docs/2010_pmu-studie.pdf, abgerufen am 14.07.2017.

17 Arnulf Hartl, Krimmler Wasserfälle – Therapie von Asthma bronchiale,

Paracelsus Medizinische Privatuniversität, Salzburg 2010, S. 6–8, online: http://www.wasserfalltherapie.at/docs/2010_pmu-studie.pdf abgerufen am 14.07.2017.

18 Peter Wallner und Mitarbeiter, Exposure to Air Ions in Indoor Environments: Experimental Study with Healthy Adults, in: International Journal of Environmental Research and Public Health, Basel, 2015 Nov; 12(11), 14301–14311, doi: 10.3390/ijerph121114301, online: https://www.ncbi.nlm.nih.gov/pmc/articles/PMC4661648/, abgerufen am 19.07.2017, und Dominik Alexander und Mitarbeiter, Air Ions and Respiratory Function Outcomes: a comprehensive Review, in: Journal of Negative Results in Biomedicine, 2013, 12:14, online: https://jnrbm.biomedcentral.com/articles/10.1186/1477-5751-12-14, abgerufen am 09.08.2017.

19 Persönliche Mitteilung von Maximilian Moser an den Autor, 12. Juli 2017.

20 Englisches Originalzitat: »Generally speaking, negative ions increase the flow of oxygen to the brain, resulting in higher alertness, decreased drowsiness, and more mental energy«, zitiert in: Denise Mann, Negative Ions Create Positive Vibes, in: WebMD Online, Atlanta, 02.06.2013, online: http://www.webmd.com/balance/features/negative-ions-create-positive-vibes#2, abgerufen am 19.07.2017.

21 Englisches Originalzitat: »Negative ions can make us feel like we are walking on air«, zitiert in: Denise Mann, Negative Ions Create Positive Vibes, in: WebMD Online, Atlanta, 02.06.2013, online: http://www.webmd.com/balance/features/negative-ions-create-positive-vibes#2, abgerufen am 19.07.2017.

22 Es wurde die Hamilton Depression Rating Scale herangezogen.

23 Namni Goel und Mitarbeiter, Controlled Trial of Bright Light and Negative Air Ions for Chronic Depression, in: Psychological Medicine, 2005, 35, Cambridge University Press, Cambridge 2005, S. 1–11, online: http://www.chronotherapeutics.org/docs/term/Goel%202005%20Psych%20Med.pdf, siehe auch: https://www.ncbi.nlm.nih.gov/pubmed/16045061, abgerufen am 09.08.2017.

24 Englisches Originalzitat: »[...] negative air ions are effective for treatment of chronic depression«, in: Namni Goel und Mitarbeiter, Controlled Trial of Bright Light and Negative Air Ions for Chronic Depression, Psychological Medicine, Juli 2005, 35 (7), S. 945–55, online: https://www.ncbi.nlm.nih.gov/pubmed/16045061, abgerufen am 09.08.2017.

25 Dominik Alexander, Vanessa Perez und Mitarbeiter, Air Ions and Mood Outcomes: a review and meta-analysis, in: BMC Psychiatry, 2013, 13:29, doi 10.1186/1471-244X-13-29, Springer, Heidelberg/New York, 2013, online: https://www.ncbi.nlm.nih.gov/pmc/articles/PMC3598548/, abgerufen am 09.08.2017.

26 Hans-Peter Hutter und Mitarbeiter, Exposure to Air Ions in Indoor Environments: Experimental Study with Healthy Adults, in: International Journal of Environmental Research and Public Health, 2015 (Nov.), 12 (11), S. 14301–14311, online: https://www.ncbi.nlm.nih.gov/pmc/articles/PMC4661648/, abgerufen am 13.08.2017.

27 Hans-Peter Hutter, Fachbeitrag zum Thema Luftionen, in: Meine

Raumluft Online, Wien, Veröffentlichung auf der Homepage, online: https://www.meineraumluft.at/fachbeitrag-von-oa-assoz-prof-priv-doz-di-rer-nat-tech-dr-med-univ-hans-peter-hutter-oberarzt-am-institut-fur-umwelthygiene-der-medizinischen-universitat-wien-zum-thema-luftionen/, abgerufen am 26.07.2017.

28 Josef Glanz, ORF Science, Gesundheitselixier Wasserfälle, in: Human Research Online, Human Research Institut für Gesundheitstechnologie und Präventionsforschung, Weiz, 17.09.2004, online: http://humanresearch.at/newwebcontent/wp-content/uploads/2012/11/26GW.pdf, abgerufen am 09.08.2017.

29 Josef Glanz, Wasserfälle gut für Immunsystem und Allergiker, in: ORF.at Science, Modern Times Gesundheit Wien, 01.01.2010, online: http://sciencev1.orf.at/news/123958.html, abgerufen am 08.07.2017.

30 Abraham Haim und Boris Portnov, Light Pollution and Hormone-Dependent Cancers: A Summary of Accumulated Empirical Evidence, in: Light Pollution as a new Risk Factor for Human Breast and Prostate Cancer, Springer Verlag, Heidelberg/New York 2013, S. 77–102

31 Englisches Originalzitat von Graham Rook: »The idea that a bacterium found in soil could prevent serious mental health problems might sound far-fetched, but bacteria can have a profound effect on both mental and physical health«, wiedergegeben von Harry Dayantis, in: Bacterial Immunization prevents PTSD-like symptoms in mice, UCL Online, London's Global University, 17.05.2016, online: http://www.ucl.ac.uk/news/news-articles/0516/170516-bacteria-prevent-ptsd, abgerufen am 30.08.2017.

32 Pariente Sarah und Mitarbeiter, Urban Park Soil and Vegetation: Effects of Natural and Anthropogenic Factors, in: Pedosphere, 25 (3), Elsevier, Amsterdam/Nanjing 2015, S. 392–404.

33 Pedro Antunes, Miranda Hart und Mitarbeiter, Linking Soil Biodiversity and Human Health: Do Arbuscular Mycorrhizal Fungi Contribute to Food Nutrition?, in: Diana Wall und Mitarbeiter (Hrsg.), Soil Ecology and Ecosystems, Oxford University Press, Oxford 2012, S. 153–164.

34 Englisches Originalzitat: »It may be necessary to rethink some common agricultural practises, such as tillage and monocropping, which can negatively affect the diversity and functioning of soil microbes«, Pedro Antunes, Miranda Hart und Mitarbeiter, Linking Soil Biodiversity and Human Health: Do Arbuscular Mycorrhizal Fungi Contribute to Food Nutrition?, in: Diana Wall und Mitarbeiter (Hrsg.), Soil Ecology and Ecosystems, Oxford University Press, Oxford 2012, S. 153–164.

35 Manuela Giovannetti, Christina Sbrana und Mitarbeiter, Beneficial Mycorrhizal Symbionts affecting the Production of Health-Promoting Phytochemicals, in: Electrophoresis, Juni 2014, Vol. 35 (11), S. 1535–1646, online: https://www.ncbi.nlm.nih.gov/pubmed/25025092, abgerufen am 03.09.2017.

36 NBC News Online, Soil Bacteria can boost Immune System, 13.04.2017, online: http://www.nbcnews.com/id/18082129/ns/health-livescience/t/soil-bacteria-can-boost-immune-system/#.WaWBHNF8uM8, abgerufen am 29.08.2017.

37 Xiaoyan Yang und Mitarbeiter, Mycobacterium vaccae as Adjuvant Therapy to Anti-Tuberculosis Chemotherapy in never-treated Tuberculosis Patients: A Meta-Analysis, in: PLOS one – A Peer Reviewed Open Access Journal, 2011, 6 (9), online: https://www.ncbi.nlm.nih.gov/pmc/articles/PMC3167806/, abgerufen am 29.08.2017, und Xiaoyan Yang und Mitarbeiter, Mycobacterium vaccae Vaccine to prevent Tuberculosis in High Risk People: A Meta-Analysis, in: The Journal of Infection, Mai 2010, 60 (5), S. 320–330, online: https://www.ncbi.nlm.nih.gov/pubmed/20156481, abgerufen am 29.08.2017.

38 Englisches Originalzitat: »Our findings confirm that residence of rural area is associated with a significant lower prevalence of allergic sensitization and symptoms in school children«. Marek Kowalski und Barbara Majkowska-Wojciechowska und Mitarbeiter, Prevalence of Allergy, Patterns of Allergic Sensitization and Allergy Risk Factors in Rural and Urban Children, in: Allergy, September 2017, Vol. 62 (9), S. 1044.1050, online: https://www.ncbi.nlm.nih.gov/pubmed/17686107, abgerufen am 01.09.2017

39 A. Lehrer, Immunotherapy with Mycobacterium vaccae in the Treatment of Psoriasis, in: Immunology and Medical Microbiology, Mai 1998, 21 (1), S. 71–77, online: https://www.ncbi.nlm.nih.gov/pubmed/9657323, abgerufen am 30.08.2017.

40 Neue Zürcher Zeitung, Wie der Bauernhof-Effekt vor Allergien schützt, Zürich, 08.03.2017, online: https://www.nzz.ch/wissenschaft/medizin/immunsystem-ld.149898, abgerufen am 29.08.2017.

41 Jianhua Zheng und Mitarbeiter, Proteogenomic Analysis and Discovery of Immune Antigenes in Mycobacterium vaccae, in: MCP – Molecular and Cellular Proteomics, 21. Juli 2017, American Society for Biochemistry and Molecular Biology, Maryland, 2017, online: http://www.mcponline.org/content/early/2017/07/21/mcp.M116.065813.full.pdf, abgerufen am 29.08.2017.

42 Marina Elli und Mitarbeiter, Survival of Yoghurt Bacteria in the Human Gut, in: Applied Environmental Microbiology (AEM), 07/2006, 72 (7), American Society of Microbiology, Washington, DC, 2006, S. 5113–5117, online: https://www.ncbi.nlm.nih.gov/pmc/articles/PMC1489325/, abgerufen am 21.08.2017, und M. Alander und Mitarbeiter, Recovery of *Lactobacillus rhamnosus* GG from human colonic biopsies, in: Applied Microbiology, 5/1997, 10.1046/j.1472-765X.1997.00140.x, online: http://onlinelibrary.wiley.com/doi/10.1046/j.1472-765X.1997.00140.x/abstract, abgerufen am 27.08.2017, und S. Fujiwara und Mitarbeiter, Intestinal transit of an orally administered streptomycin–rifampicin-resistant variant of *Bifidobacterium longum* SBT2928: its long-term survival and effect on the intestinal microflora and metabolism, in: Applied Microbiology, 1/2001, 10.1046/j.1365-2672.2001.01205.x, online: http://onlinelibrary.wiley.com/doi/10.1046/j.1365-2672.2001.01205.x/full, abgerufen am 27.08.2017, und Nana Valeur und Mitarbeiter, Colonization and Immunomodulation by *Lactobacillus reuteri* ATCC 55730 in the Human Gastrointestinal Tract, in: Applied and Environmental Microbiology, Vol. 70, 2/2004, doi: 10.1128/AEM.70.2.1176-1181.2004,

online: http://aem.asm.org/content/70/2/1176.short, abgerufen am 27.08.2017.
43 D. M. Matthews und S. M. Jenks, Ingestion of Mycobacterium vaccae decreases anxiety-related behavior and improves learning in mice, in: Behavioural Processes, 6/2013, Vol. 96, S. 27, 35, online: https://www.ncbi.nlm.nih.gov/pubmed/23454729, abgerufen am 27.08.2017. Anm. d. A..: Dieser Nachweis erfolgte unerfreulicherweise bei Mäusen und Ratten, deren Säuregrad im Magen etwa gleich hoch ist wie bei Menschen. Die Ergebnisse sind also auf den Menschen übertragbar, wenn auch die Methodik des Tierexperiments generell und insbesondere für diese Fragestellung fragwürdig ist.
44 ISNPR – International Society for Nutritional Psychiatry Research, Mental Health – What does Gut Bacteria have to do with it? An Interview with ISNPR Executive Committee Member Alan C. Logan, online: http://www.isnpr.org/blog/mental-health-gut-bacteria-interview-isnpr-executive-committee-member-alan-c-logan, abgerufen am 31.08.2017.
45 Peter Andrey Smith, Die Darm-Hirn-Achse, in: Spektrum der Wissenschaft Online, 26.11.2015, online: http://www.spektrum.de/news/die-darm-hirn-achse/1378268, abgerufen am 30.08.2017.
46 Graham Rook, wiedergegeben von Harry Dayantis, in: Bacterial Immunization prevents PTSD-like symptoms in mice, UCL Online, London's Global University, 17.05.2016, online: http://www.ucl.ac.uk/news/news-articles/0516/170516-bacteria-prevent-ptsd, abgerufen am 30.08.2017.
47 Harry Dayantis, in: Bacterial Immunization prevents PTSD-like symptoms in mice, UCL Online, London's Global University, 17.05.2016, online: http://www.ucl.ac.uk/news/news-articles/0516/170516-bacteria-prevent-ptsd, abgerufen am 30.08.2017.
48 Englisches Originalzitat: »It's not clear if it is birth in cities, or upbringing in cities, but there is something about city living that increases risk [of Schizophrenia]«, wiedergegeben durch Schizophrenia.com, Zusammenschluss von Wissenschaftlern zur Bereitstellung von Information über Schizophrenie, Country and Rural life (vs. City Living) before age 15 is Associated with lower Rates of Schizophrenia, online: http://www.schizophrenia.com/prevention/country.html, abgerufen am 30.08.2017.
49 Schizophrenia.com, Zusammenschluss von Wissenschaftlern zur Bereitstellung von Information über Schizophrenie, Country and Rural life (vs. City Living) before age 15 is Associated with lower Rates of Schizophrenia, online: http://www.schizophrenia.com/prevention/country.html, abgerufen am 30.08.2017.
50 Kristina Sundquist und Mitarbeiter, Urbanisation and Incidence of Psychosis and Depression: Follow-Up Study of 4.4 Million Women and Men in Sweden, in: The British Journal of Psychiatry, April 2004, Vol. 184, S. 293–298, online: https://www.ncbi.nlm.nih.gov/pubmed/15056572?dopt=Abstract, abgerufen am 30.08.2017.
51 Artikel der University of Colorado in Boulder: Study linking benefi-

cial Bacteria to Mental Health makes Top 10 List for Brain Research, 05.01.2017, online: http://www.colorado.edu/today/2017/01/05/study-linking-beneficial-bacteria-mental-health-makes-top-10-list-brain-research, abgerufen am 30.08.2017.

52 Dorothy Matthews und Susan Jenks, Ingestion of Mycobacterium Vaccae decreases Anxiety-Related Behavior and improves Learning in Mice, in: Behavioral Processes, Juni 2013, Vol. 96, S. 27–35, online: https://www.ncbi.nlm.nih.gov/pubmed/23454729, abgerufen am 31.08.2017.

53 The Guardian, Sick Cities: Why Urban Living can be bad for your Mental Health, 25.02.2014, online: https://www.theguardian.com/cities/2014/feb/25/city-stress-mental-health-rural-kind, abgerufen am 30.08.2017.

54 Englisches Originalzitat: »*Mycobacterium vaccae* is a natural soil bacterium which people likely ingest or breath in when they spend time in nature«, wiedergegeben in: Science Daily Online, 25.05.2010, Can Bacteria make you smarter?, online: https://www.sciencedaily.com/releases/2010/05/100524143416.htm, abgerufen am 31.08.2017.

55 Englisches Originalzitat: »It is interesting to speculate that creating learning environments in schools that include time in the outdoors where *M. vaccae* is present may decrease anxiety and improve the ability to learn new tasks«, wiedergegeben in: Science Daily Online, 25.05.2010, Can Bacteria make you smarter?, online: https://www.sciencedaily.com/releases/2010/05/100524143416.htm, abgerufen am 31.08.2017.

56 Die Korrespondenz mit Christian Schubert fand am 14.10.2017 statt. Alle Zitate von Schubert in diesem Buch entstammen dieser Korrespondenz.

57 Persönliche Mitteilung an den Autor, 09.10.2017.

58 Rüdiger Knapp, Einführung in die Pflanzensoziologie, Eugen Ulmer Verlag, Stuttgart 1971

59 Die Korrespondenz mit Qing Li fand am 09.10.2017 statt. Alle Zitate in diesem Buch entstammen dieser Korrespondenz.

60 Qing Li und Tomoyuki Kawada, »Effect of Forest Environment on Human Immune Function«, in: Qing Li (Hrsg.), Forest Medicine, Nova Biomedical, New York 2013, S. 69–89.

61 Qing Li und Tomoyuki Kawada, »Effect of Forest Environment on Human Immune Function«, in: Qing Li (Hrsg.), Forest Medicine, Nova Biomedical, New York 2013, S. 74–86 und 160–164.

62 Qing Li und Tomoyuki Kawada, »Effect of Forest Environment on Human Immune Function«, in: Qing Li (Hrsg.), Forest Medicine, Nova Biomedical, New York 2013, S. 69–89.

63 Qing Li, Maiko Kobayashi und Tomoyuki Kawada, »Relationships between Percentage of Forest Coverage and Standardized Mortality Ratios (SMR) of Cancers in all Prefectures in Japan«, in: The Open Public Health Journal 1/2008, Beijing 2008, S. 1–7.

64 Martin Marszalek, Stephan Madersbacher und Mitarbeiter, Impact of Rural/Urban Residence on Relative Survival (RS) in Patients with Kidney Cancer: An Analysis of 14 576 Patients from the Austrian National Cancer Registry (ANCR), in: Journal of Clinical Oncology, Vol. 35, Alexandria, VA, Februar 2017, S. 491.

65 Marc G. Berman, Omid Kardan, Peter Gozdyra, Bratislav Misic, Faisal Moola, Lyle J. Palmers und Tomáš Paus, »Neighborhood Greenspace and Health in a large Urban Center«, in: Nature, Scientific Reports, 5 (11610), 9.7.2015, www. nature.com/articles/srep11610.
66 Tatsuro Ohira und Naoyuki Matsui, Phytoncides in forest atmosphere, in: Qing Li (Hrsg.), Forest Medicine, Nova Biomedical, New York 2013, S. 27–36.
67 Qing Li und Tomoyuki Kawada, »Effect of Forest Environment on Human Immune Function«, in: Qing Li (Hrsg.), Forest Medicine, Nova Biomedical, New York 2013, S. 162–165.
68 Qing Li und Mitarbeiter, Phytoncides (Wood Essential Oils) induce Human Natural Killer Cell Activity, Journal of Immunopharmacology and Immunotoxicology, 2006, Vol. 28 (2), S. 319–333, online: https://www.ncbi.nlm.nih.gov/pubmed/16873099, abgerufen am 12.10.2017.
69 Roslin Thoppil und Anupam Bishayee, »Terpenoids as potential Chemopreventive and Therapeutic Agents in Liver Cancer«, in: World Journal of Hepatology, Rockville, 27.9.2011, 3(9), S. 228–249, US National Library of Medicine, doi: 10.4254/wjh.v3.i9.228, online: www.ncbi.nlm.nih.gov/pmc/articles/PMC3182282, abgerufen am 13.10.2017.
70 S. L. Da Silva, P. M. Fiqueiredo und T. Yano, »Chemotherapeutic Potential of the Volatile Oils from Zanthoxylum rhoifolium Lam Leaves«, in: European Journal of Pharmacology, 8.12.2007, 576 (1–3), S. 180–188.
71 D-Limonen erwies sich sowohl in den waldmedizinischen als auch in den Laborstudien internationaler Krebsforscher als eine der wirksamsten getesteten Substanzen gegen Tumorzellen.
72 Dietrich Wabner und Christine Beier (Hrsg.), Aromatherapie – Grundlagen, Wirkprinzipien, Praxis, Urban & Fischer (Elsevier), München 2012, S. 496, und P. L. Crowell, »Monoterpenes in Breast Cancer Chemoprevention«, in: Journal of Breast Cancer Research and Treatment, 46 (1997), S. 191–197.
73 J. J. Mills, R. S. Chari, I. J. Boyer, M. N. Gould und R. L. Jirtle, »Induction of Apoptosis in Liver Tumors by the Monoterpene Perillyl Alcohol«, in: Journal of Cancer Research, 66 (1995), S. 979–983, und Dietrich Wabner und Christine Beier (Hrsg.), Aromatherapie – Grundlagen, Wirkprinzipien, Praxis, Urban & Fischer (Elsevier), München 2012, S. 496, und P. L. Crowell, »Monoterpenes in Breast Cancer Chemoprevention«, in: Journal of Breast Cancer Research and Treatment, 46 (1997), S. 191–197.
74 Das Terpen Taxol gehört zu den sogenannten Taxanen und ist mit den bereits genannten Pinenen verwandt.
75 Spektrum Lexikon der Biologie Online, Spektrum Akademischer Verlag, Heidelberg, 1999, online: http://www.spektrum.de/lexikon/biologie/taxol/65569, abgerufen am 13.10.2017 und PharmWiki – Medikamente und Gesundheit, online: http://www.pharmawiki.ch/wiki/index.php?wiki=Paclitaxel, abgerufen am 13.10.2017.
76 Daniel Hayes, Donald Berry und Mitarbeiter, HER2 and Response to Paclitaxel in Node-Positive Breast Cancer, The New England Journal

of Medicine, 357, Oktober 11, 2007, DOI: 10.1056/NEJMoa071167, S. 1496–1506, online: http://www.nejm.org/doi/full/10.1056/NEJMoa071167#t=article, abgerufen am 09.11.2017.

77 Kyoung Sang Cho und Mitarbeiter, Terpenes from Forests and Human Health, in: Toxicological Research, April 2017, 33(2), S. 97–106, online: https://www.ncbi.nlm.nih.gov/pmc/articles/PMC5402865/, abgerufen am 17.10.2017.

78 Qing Li, Toshiaki Otsuka, Maiko Kobayashi et al., »Effects of Forest Environments on Cardiovascular and Metabolic Parameters«, in: Qing Li et al. (Hrsg.), Forest Medicine, Nova Biomedical, New York 2013, S. 124.

79 William Borrie und Mitarbeiter, Wilderness Experiences as Sanctuary and Refuge from Society, in: Wilderness Visitor Experiences – Progress in Research and Management, United States Department of Agriculture, 2011, S. 71.

80 Englisches Originalzitat: »People's dependence on contact with nature reflects the reality of having evolved in a largely natural, not artificical or constructed, world«. Stephen R. Kellert, Dimensions, Elements, and Attributes of Biophilic Design, in: Stephen R. Kellert und Mitarbeiter, Biophilic Design – The Theory, Science, and Practice of bringing Buildings to Life, Wiley, Hoboken 2008, S. 3.

81 Marco Völklein, Verbuddelt im Grunewald, Süddeutsche Zeitung, 17.05.2010, online: www.sueddeutsche.de/geld/schatzsucher-die-brueder-sass-verbuddelt-im-grunewald-1.40381, abgerufen am 16.12.2017.

82 Berliner Bezirksamt Steglitz-Zehlendorf, online: https://www.berlin.de/ba-steglitz-zehlendorf/ueber-den-bezirk/sehenswertes/den-bezirk-entdecken/artikel.37516.php, abgerufen am 21.10.2017.

83 Peter Thormeyer, Wölfe nehmen Kurs auf Dresden, BILD, 29.09.2016, online: www.bild.de/regional/dresden/wolf/nehmen-kurs-auf-48048002.bild.html, abgerufen am 31.01.2018, und Jens Fitzsche, Toter Wolf in der Dresdner Heide, Sächsische Zeitung, 01.11.2017, online: www.sz-online.de/sachsen/toter-wolf-in-der-dresdner-heide-3807446.html, abgerufen am 01.01.2018.

84 Sächsische Zeitung, Der erste Dresdner Wolf im Foto, 27.09.2017, online: www.sz-online.de/nachrichten/der-erste-dresdner-wolf-im-foto-3783844.html, abgerufen am 31.01.2018.

85 National Parks and Wildlife Service Australia (NSW), Department of Environment and Climate Change, Yellomundee Regional Park – Plan of Management, Katoomba 2009.

86 Henry David Thoreau, Vom Spazieren (engl. Originaltitel: Walking), Diogenes, Zürich 2004, S. 46–51.

87 Clemens G. Arvay, Der Biophilia-Effekt – Heilung aus dem Wald, Edition a, Wien 2015, S. 16–18. Ich fasse Andreas Danzers Geschichte wegen ihrer besonderen Bedeutung auch im vorliegenden Buch noch einmal zusammen.

88 Ulrich Gebhard, Kind und Natur – die Bedeutung der Natur für die psychische Entwicklung, Springer Fachmedien, Wiesbaden 2013, S. 9.

89 Das Klassifikationssystem der WHO heißt ICD (International Statistical Classification of Diseases and Related Health Problems).

90 Persönliche Mitteilung von Kurt Aeschbacher an den Autor, 29.11.2017.
91 Englisches Originalzitat: »[…] this dear sacred Switzerland, whose mountains, trees and grass and waters are so pure, so good, and as it seemed to me so honest, so absolutely honest, all got mixed up in my mood, and in one torrent of adoration for them, for you, and for virtue, I rose toward the window to look out at the scene. Over the right hand near a mountain the Milky Way rose, sloping slightly toward the left, with big stars burning in it and the smaller ones scattered all about«, zitiert in: Robert Richardson, William James: In the Maelstrom of American Modernism, S. 210, Mariner Books, Wilmington, MA, 2007.
92 Englisches Originalzitat: »I felt ten years younger the next morning although I'd slept so little and nature, god and man all seemed fused together […].«
93 Mein Bezirk Online, Heilwald entsteht in Senftenberg, 21.11.2017, www.meinbezirk.at/krems/wirtschaft/heilwald-entsteht-in-senftenberg-d2324013.html, abgerufen am 12.12.2017.
94 Stephen Kaplan in: Rebecca Clay, Green is good for you, Monitor on Psychology Volume 32, Nr. 4, Washington 2001, S. 45, und Rachel Kaplan, Stephen Kaplan und Robert Ryan, With people in mind – Design and management of everyday nature, Island Press, Washington DC 1998.
95 Patrik Grahn, Ute pa dagis, Stad und Land 145, Norra Skane Offset, Hassleholm, 1997, S. 48, und Andrea Faber Taylor, Frances Kuo und William Sullivan, Coping with ADD – The surprising connection to green play settings, in: Environment and Behavior 33, Nr. 1, 2001, S. 54-77; und Richard Louv, Das letzte Kind im Wald – Geben wir unseren Kindern die Natur zurück, Verlag Herder, Freiburg/Basel/Wien 2013, S. 138–139.
96 Richard Louv, Das letzte Kind im Wald - Geben wir unseren Kindern die Natur zurück, Verlag Herder, Freiburg/Basel/Wien 2013, S. 136–137.
97 Rodney Matsuoka, High School Landscapes and Student Performance, Dissertation, University of Michigan, Ann Arbor 2008, S. 78–92, http://deepblue.lib. umich.edu/handle/2027.42/61641, abgerufen am 09.11.2017.
98 Richard Louv, Das Prinzip Natur. Grünes Leben im digitalen Zeitalter, Beltz, Weinheim 2012, S. 50.
99 Englisches Originalzitat: »It's important to grab the instant thought«, aus: Hilary Mantel: The Novelist in Action, Publishers Weekly, Volume 244, 10.05.1988, online: https://www.publishersweekly.com/pw/print/19981005/24212-hilary-mantel-the-novelist-in-action.html, abgerufen am 17.11.2017.
100 Richard Louv, The Nature Principle – Reconnecting with Life in a Virtual Age, Algonquin Books, New York 2012, S. 35.
101 Englisches Originalzitat: »I am awed at the powerful effect that nature has to promote healing«, aus: Richard Louv, The Nature Principle – Reconnecting with Life in a Virtual Age, Algonquin Books, New York 2012, S. 66.
102 Englisches Originalzitat: »I have not seen any anti-anxiety medication

work this quickly!«, aus: Richard Louv, The Nature Principle – Reconnecting with Life in a Virtual Age, Algonquin Books, New York 2012, S. 66.

103 Name geändert, Quelle: Clemens G. Arvay, Der Biophilia-Effekt – Heilung aus dem Wald, Edition a, Wien 2015, S. 179–181.

104 Roger Ulrich, »View through a Window may influence Recovery from Surgery«, in: Science, 27.4.1984, v224 p420(2), American Association for the Advancement of Science, Washington, D. C., 1984.

105 Bum-Jin Park und Mitarbeiter, Effect of the Forest Environment on Physiological Relaxation using Results of Field Tests at 35 Sites throughout Japan, in: Qing Li (Hrsg.), Forest Medicine, Nova Biomedical Verlag, New York 2013, S. 57–67.

106 Bum-Jin Park und Mitarbeiter, Effect of the Forest Environment on Physiological Relaxation using Results of Field Tests at 35 Sites throughout Japan, in: Qing Li (Hrsg.), Forest Medicine, Nova Biomedical Verlag, New York 2013, S. 57–67.

107 Richard Louv, The Nature Principle – Reconnecting with Life in a Virtual Age, Algonquin Books, New York 2012. S. 56–77.

108 Jo Barton und Jules Pretty, What is the best Dose of Nature and Green Exercise for improving Mental Health – A Multi-Study Analysis, in: Journal of Environmental Science and Technology, 44, Vol. 10, 2010, S. 3947–3955.

109 Max-Planck-Institut für Bildungsforschung, Stadtleben: Wer am Wald wohnt, hat eine gesündere Amygdala, 04.10.2017, online: www.mpib-berlin.mpg.de/de/presse/2017/10/stadtleben-wer-am-wald-wohnt-hat-eine-gesuendere-amygdala, abgerufen am 17.12.2017.

110 Jean-Jacques Rousseau, Emile oder über die Erziehung, S. 10, Ferdinand Schöningh, 1978.

111 Ulrich Gebhard, Kind und Natur – die Bedeutung der Natur für die psychische Entwicklung, Springer Fachmedien, Wiesbaden 2013, S. 90.

112 United Nations Children's Fund (UNICEF), Children in an Urban World, The State of the World's Children – Executive Summary, New York 2012, S. 1.

113 Steven Stearns und Jacob Koella (Hrsg.), Evolution in Health and Disease, Oxford University Press, Oxford 2008, S. 279.

114 Robin Moore and Claare Cooper Marcus, Healthy Planet, Healthy Children: Designing Nature into the Daily Spaces of Children, in: Stephen R. Kellert und Mitarbeiter, Biophilic Design – The Theory, Science and Practice of Bringing Buildings to Life, Wiley, Hoboken 2008, S. 157.

115 Vgl. https://www.bmbf.de/de/mit-dem-digitalpakt-schulen-zukunftsfaehig-machen-4272.html, abgerufen am 12.01.2018.

116 ORF News Online, Gratistablet für jedes Kind, http://orf.at/stories/2376304/2376305/

117 Alexander Mitscherlich, Die Unwirtlichkeit unserer Städte, Suhrkamp, Frankfurt am Main, 1965, S. 25.

118 Arvay diskutiert – der Talk im Wald, Folge 1: Gesunder Planet – Gesunde Menschen, mit dem Ökologen Univ.-Doz. Dr. Peter Weish,

Wien 2016, online: https://www.youtube.com/watch?v=13q-IbzDygs, abgerufen am 29.11.2017.

119 Clemens G. Arvay, Der Heilungscode der Natur – die verborgenen Kräfte von Pflanzen und Tieren entdecken, Riemann Verlag, München 2016, S. 225–229.

120 Andrea Faber Taylor, Frances Kuo und William Sullivan, Coping with ADD – The surprising Connection to Green Play Settings, in: Environment and Behavior 33, Nr. 1, 2001, S. 54–77.

121 Patrik Grahn, Ute pa dagis, Stad und Land 145, Norra Skane Offset, Hassleholm 1997.

122 Englisches Originalzitat: »The outdoor experience exerts a powerful effect on childhood development, especially when parents actively encourage such encounters«, Stephen R. Kellert, Birthright – People and Nature in the Modern World, Yale University Press, New Haven 2012, S. 135.

123 Jean-Jacques Rousseau, Emile oder über die Erziehung, Ferdinand Schöningh, Paderborn 1978, S. 10.

124 Das persönliche Gespräch zwischen André Stern und Clemens Arvay fand am 30.11.2017 statt.

125 Englisches Originalzitat: »No one has learned more about the intricate relations of the human to nature«, Edward O. Wilson, in: Stephen Kellert, Birthright – People and Nature in the Modern World, Yale University Press, New Haven 2012, S. 135, Buchrückseite.

126 Stephen R. Kellert, Birthright – People and Nature in the Modern World, Yale University Press, New Haven 2012, S. 136–138.

127 Beide Einstein-Zitate aus: Albert Einstein, Mein Weltbild, Ullstein, Frankfurt am Main 1981.

128 Englisches Originalzitat: »Wilderness is the raw material out of which man has hammered the artefact known as civilization«, zitiert nach: Eva Selhub und Alan Logan, Your Brain on Nature – The Science of Nature's Influence on your Health, Happiness, and Vitality, Collins, Ontario, 2014, S. 35.

129 Richard Pott, Vorwort des Herausgebers, in: Rüdiger Wittig, Siedlungsvegetation, S. 7, Ulmer, Stuttgart 2002.

130 Marc G. Berman und Mitarbeiter, »Neighborhood greenspace and health in a large urban center«, in: Nature, Scientific Reports, 5 (11610), 9.7.2015, www. nature.com/articles/srep11610.

131 Englisches Originalzitat: »It's a pretty magical solution, for peanuts«, zitiert nach: Geoffrey Vendeville, Living on Tree – Lined Streets have Health Benefits, Study finds, in: The Star Online, 13.07.2015, online: https://www.thestar.com/news/gta/2015/07/13/living-on-tree-lined-streets-has-health-benefits-study-finds.html, abgerufen am 03.12.2017.

132 Alle drei Studien zitiert nach: Eva Selhub und Alan Logan, Your Brain on Nature – The Science of Nature's Influence on your Health, Happiness, and Vitality, Collins, Ontario 2014, S. 26.

133 Deutsches Umweltbundesamt, Feinstaubwerte in vielen deutschen Städten zu hoch, Bericht vom 15.04.2014.

134 Hans Schuh, Feinstaub im Hirn, Zeit Online, 19.02.2009, online: www.zeit.de/2009/09/Feinstaeube?page=1, abgerufen am 03.12.2017.
135 CAFE CBA, Baseline Analysis, 2000 to 2020, Service Contract for Carrying out Cost-Benefit Analysis of Air Quality Related Issues, in particular in the Clean Air for Europe (CAFE) Programme, April 2005, online: http://ec.europa.eu/environment/archives/cafe/activities/pdf/cba_baseline_results2000_2020.pdf, abgerufen am 03.12.2017.
136 Feinstaub und Stickstoffdioxid belasten auch 2013 weiter die Gesundheit – Jährlich rund 47.000 Todesfälle durch schlechte Luft, Pressemeldung des Umweltbundesamtes vom 16.02.2014, online: www.umweltbundesamt.de/presse/pressemitteilungen/feinstaub-stickstoffdioxid-belasten-auch-2013, abgerufen am 31.02.2018.
137 Holger Dambeck und Philipp Seibt, In diesen Städten ist die Luft am schlechtesten, Spiegel Online, 31.01.2017, online: http://www.spiegel.de/wissenschaft/mensch/luftverschmutzung-2016-zahlreiche-staedte-ueberschreiten-grenzwert-a-1132445.html, abgerufen am 03.12.2017.
138 Katherine J. Willis und Gillian Petrokofsky, The Natural Capital of Cities, in: Science, Vol. 356, Issue 6336, 28.04.2017, S. 374–376, online: http://science.sciencemag.org/content/356/6336/374, abgerufen am 03.12.2017.
139 Anne Ellaway und Mitarbeiter, Graffity, Greenery and Obesity in Adults, Secondary Analysis of European Cross Sectional Survey, BMJ, 2005, S. 611–612.
140 Hoerr Schaudt Chicago Online, Notes on Landscape Design, Morningstar's Green Roof Terrace, 24.06.2017, online: https://www.hoerrschaudt.com/notes-on-landscape-design-morningstars-green-roof-terrace/, abgerufen am 04.12.2017.
141 Baulinks, unabhängiges Baufachmagazin, »Gründach des Jahrzehnts« ist ein privates» Naherholungsgebiet« in Karlsruhe, 15.12.2012, online: https://www.baulinks.de/webplugin/2012/2206.php4, abgerufen am 04.12.2017.
142 EPA – United States Environmental Protection Agency, Green Parking Lot Ressource Guide, EPA, 2008, online: http://www.streamteamok.net/Doc_link/Green%20Parking%20Lot%20Guide%20(final).PDF, abgerufen am: 04.12.2017.
143 Stadt Nürnberg, SÖR – Servicebetrieb Öffentlicher Raum, Baumpatenschaft, online: https://www.nuernberg.de/internet/soer_nbg/baumpatenschaft.html, abgerufen am 04.12.2017.
144 Green City e.V., Wanderbaumallee, online: https://www.greencity.de/projekt/wanderbaumallee/, abgerufen am 11.12.2017.
145 Magdalena Stolarczyk und Mitarbeiter, Extracts from *Epilobium* sp. Herbs Induce Apoptosis in Human Hormone-Dependent Prostate Cancer Cells by Activating the Mitochondrial Pathway, Journal of Pharmacy and Pharmacology, 10.1111/jphp.12063, 21.04.2017, online: http://onlinelibrary.wiley.com/doi/10.1111/jphp.12063/abstract;jsessionid=90ECEF2FB8B983E3AAA7A540FEF05B2A.f02t01, abgerufen am 04.12.2017.
146 Heilpflanzenwissen, Königskerze, online: http://heilpflanzenwissen.at/pflanzen/koenigskerze/, abgerufen am 04.12.2017.

147 Spektrum Lexikon der Arzneipflanzen und Drogen, Lithospermum ruderale, online: http://www.spektrum.de/lexikon/arzneipflanzen-drogen/lithospermum-ruderale/8783, abgerufen am 04.12.2017.
148 Elisabeth Cranston, The Effect of *Lithospermum ruderale* on the Oestrous Cycle of Mice, University of Minnesota, Medical School, Minneapolis 1945.
149 BSBI Species Accounts, *Senecio inaequidens*, 09.06.2010, online: http://sppaccounts.bsbi.org/content/senecio-inaequidens-0.html, abgerufen am 04.12.2017.
150 Global Invasive Species Database, *Senecio inaequidens*, 04.10.2010, online: http://www.iucngisd.org/gisd/species.php?sc=1458, abgerufen am 04.12.2017.
151 Rüdiger Wittig, Siedlungsvegetation, Ulmer, Stuttgart 2002, S. 172–173.
152 ARD, Ärger im Paradies, 12.06.2014, online: http://programm.ard.de/TV/Programm/Jetzt-im-TV/?sendung=2848712222719824, abgerufen am 05.12.2017.
153 Englisches Originalzitat: »If we stray too far from our inherited dependence on the natural world, we do so at our own peril«, zitiert nach: Kevin Dennehy, Remembering Stephen Kellert, Who Explored Links between People and Nature, Yale University Online: http://environment.yale.edu/news/article/remembering-stephen-kellert-longtime-professor-of-social-ecology/, abgerufen am 05.12.2107.
154 Englisches Originalzitat: »Ecological changes and conditions play central roles in urban public health«, Richard T. T. Forman, Urban Ecology – Science of Cities, Cambridge University Press, Cambridge 2014, S. 24.
155 Christian Kirstges, Hier wächst der neue Autobahn-Wald, Augsburger Allgemeine, 04.07.2015, online: http://www.augsburger-allgemeine.de/guenzburg/Hier-waechst-der-neue-Autobahn-Wald-id34653222.html, abgerufen am 11.12.2017.
156 Barbara Czimmer-Gauss, Stadtwald bekommt Refugien, Stuttgarter Nachrichten, 17.11.2014, online: https://www.stuttgarter-nachrichten.de/inhalt.waldwirtschaft-stadtwald-bekommt-refugien.db1f953b-0d38-4853-983b-53186f604b0a.html, abgerufen am 06.12.2017.
157 Martin Rasper, Deutschland soll wieder wild werden, Der Spiegel Online, 09.03.2013, online: http://www.spiegel.de/wissenschaft/natur/neue-wildnis-in-deutschland-soll-wieder-urwald-entstehen-a-887697.html, abgerufen am 06.12.2017.
158 Brian Handwerk, Santa Fe Tops 2007 List of most Endangered Rivers, National Geographic News, 18.04.2007, online: https://news.nationalgeographic.com/news/2007/04/070418-ten-rivers.html, abgerufen am 06.12.2017.
159 Auckland Council, La Rosa Gardens Reserve Stream Daylighting Project wins Major Award, 31.07.2017, online: http://temp.aucklandcouncil.govt.nz/EN/newseventsculture/OurAuckland/mediareleases/Pages/larosagardensreservestreamdaylightingprojectwinsmajoraward.aspx, abgerufen am 06.12.2017.
160 Jens Rometsch, Leipziger Volkszeitung Online, Start für die vorletzte

Etappe: Elstermühlgraben in Leipzig wird weiter freigelegt, 18.11.2017, online: http://www.lvz.de/Leipzig/Lokales/Start-fuer-die-vorletzte-Etappe-Elstermuehlgraben-in-Leipzig-wird-weiter-freigelegt, abgerufen am 06.12.2017.

161 Leipziger Volkszeitung, Zukünftiger Verlauf des Pleißemühlgrabens – Stadt lädt zur Diskussion ein, 23.11.2017, online: http://www.lvz.de/Leipzig/Lokales/Zukuenftiger-Verlauf-des-Pleissemuehlgrabens-Stadt-laedt-zur-Diskussion-ein, abgerufen m 06.12.2017.

162 Grenzecho, Der Fluss Senne soll zurück ans Tageslicht, 21.05.2017, online: http://www.grenzecho.net/region/inland/der-fluss-senne-soll-zurueck-ans-tageslicht, abgerufen am 06.12.2017.

163 Dave McGinn, The Highline Effect – Why Cities around the World (including Toronto) are building parks in the sky, The Globe and Mail, 01.10.2014, online: www.theglobeandmail.com/life/home-and-garden/architecture/the-high-line-effect-why-cities-around-the-world-including-toronto-are-building-parks-in-the-sky/article20877673/, abgerufen am 01.02.2018.

164 Bezirksamt Charlottenburg-Wilmersdorf, Westkreuzpark, online: www.berlin.de/ba-charlottenburg-wilmersdorf/verwaltung/aemter/umwelt-und-naturschutzamt/naturschutz/freiraumplanung/artikel.563334.php, abgerufen am 01.02.2018.

165 Ecowoman, Revolutionär: Abfallplastik statt Asphalt, online: http://www.ecowoman.de/24-natur-umwelt/4330-plastikmuell-wird-zu-bodenbelag-plastik-statt-asphalt, abgerufen am 11.12.2017.

166 Englisches Originalzitat: »Beautiful, benevolent, and soul restoring, nature waits for us to bring her home«, Edward O. Wilson, Vorwort in: Timothy Beatley, Biophilic Cities – Integrating Nature into Urban Design and Planning, Island Press, Washington, DC, 2011, S. XV.

167 Englisches Originalzitat: »People's dependence on contact with nature reflects the reality of having evolved in a largely natural world«, Stephen Kellert, Dimensions, Elements, and Attributes of Biophilic Design, in: Stephen Kellert, Judith Heerwagen und Martin Mador, Biophilic Design – The Theory, Science and Practice of bringing Buildings to life, Wiley, Hoboken 2008, S. 3.

168 Michael Bond, The hidden ways that architecture affects how you feel, BBC online, 06.06.2017, online: http://www.bbc.com/future/story/20170605-the-psychology-behind-your-citys-design, abgerufen am 11.12.2017.

169 Ricarda Richter, Die Waldstadt, in: Zeit Online, 12.07.2017, online: http://www.zeit.de/2017/29/china-stadtplanung-liuzhou-baeume-feinstaub, abgerufen am 12.12.2017.

170 Suzanne Krause, Vertikale Gärten – Ein Besuch bei Patrick Blanc, Deutschlandfunk, 1.7.2017, http://www.deutschlandfunk.de/vertikale-gaerten.772.de.html?dram:article_id=115488, abgerufen am 12.12.2017.

171 David Schumacher, Dschungel in der Großstadt – der Steilwandgärtner, in: Financial Times Deutschland, 13.10.2009.

172 SWR Online, Kampf gegen den Feinstaub in Stuttgart. Ist Moos das »Wundermittel«?, 20.02.2017, online: https://www.swr.de/swraktuell/

bw/stuttgart/kampf-gegen-den-feinstaub-in-stuttgart-ist-moos-das-wundermittel/-/id=1592/did=19044856/nid=1592/kg9m34/index.html, abgerufen am 15.12.2017.

173 Lidija Grozdanic, World's Largest Vertical Garden Sets Guinness Record at Singapore's Tree House, 06.08.2014, Inhabitat Online, https://inhabitat.com/worlds-largest-vertical-garden-at-the-singapore-tree-house-condominium-sets-new-guinness-record, abgerufen am 12.12.2017.

174 Robin Gerst, Wolkenkratzer aus Lehm, Spektrum der Wissenschaft Online, 14.10.2018, online: http://www.spektrum.de/news/wolkenkratzer-aus-lehm/970182, abgerufen am 12.12.2017.

175 Horst Schroeder, Lehmbau – mit Lehm ökologisch planen und bauen, Springer Vieweg, Wiesbaden 2013, S. 51.

176 Eva Selhub und Alan Logan, Your Brain on Nature – The Science of Nature's Influence on your Health, Happiness, and Vitality, Collins, Ontario 2014, S. 20.

177 Tobias Heymann, Das erste Berliner Lehmhaus – auf diese »Pampe« können Sie bauen, Berliner Kurier, 25.09.2000, https://www.berliner-kurier.de/das-erste-berliner-lehmhaus---auf-diese--pampe--koennen-sie-bauen----17164522, abgerufen am 12.12.2017.

178 Kent Bloomer, The Picture Window – The Problem of Viewing Nature Through Glass, in: Stephen R. Kellert und Mitarbeiter, Biophilic Design – The Theory, Science, and Practice of bringing Buildings to Life, Wiley, Hoboken 2008, S. 259.

179 Ya Li, Sha Li, Yue Zhou, Xiao Meng, Jiao-Jiao Zhang, Dong-Ping Xu, und Hua-Bin Li, Melatonin for the Prevention and Treatment of Cancer, in: Oncotarget, 13.06.2017, Vol. 8 (24), S. 39896–39921, online: www.ncbi.nlm.nih.gov/pmc/articles/PMC5503661/, abgerufen am 02.02.2018.

180 Abraham Haim und Boris Portnov, Light Pollution and Hormone-Dependent Cancers: A Summary of Accumulated Empirical Evidence, in: Light Pollution as a new Risk Factor for Human Breast and Prostate Cancer, Springer, Heidelberg/New York 2013, S. 77–102.

181 Abraham Haim und Boris Portnov, Geographic Patterns of Breast and Prostate Cancer (BC&PC) Worldwide, in: Light Pollution as a New Risk Factor for Human Breast and Prostate Cancers, Springer, Heidelberg/New York, 2013, S. 105–111, und Light Pollution and its Associations with BC&PC in Population-Level Studies, in: Abraham Haim und Boris Portnov, Light Pollution as a New Risk Factor for Human Breast and Prostate Cancers, Springer, Heidelberg/New York, 2013, S. 113–125.

182 Abraham Haim und Boris Portnov, Light Pollution as a New Risk Factor for Human Breast and Prostate Cancers, Springer, Heidelberg/New York 2013, S. 2, 70, 139 u. 141.

183 Abraham Haim und Boris Portnov, Light Pollution as a New Risk Factor for Human Breast and Prostate Cancers, Springer, Heidelberg/New York 2013, S. 61–65, 67–70, 78, 95, 96, 99 u. 100–102.

184 Zentrum für Krebsregisterdaten, Deutsches Robert Koch-Institut,

Krebsarten, Stand: 06.12.2017, online: www.krebsdaten.de/Krebs/DE/Content/Krebsarten/krebsarten_node.html, abgerufen am 01.02.2018.

185 Linda Sharp, David Donnelly, Avril Hegarty, Harry Comber und Mitarbeiter, Risk of Several Cancers is higher in Urban Areas after Adjusting for Socioeconomic Status. Results from a Two-Country Population-Based Study of 18 Common Cancers, in: Journal of Urban Health, Vol. 91 (3), 29.01.2014, S. 510–525, online: www.ncbi.nlm.nih.gov/pmc/articles/PMC4074316/, abgerufen am 01.02.2018.

186 Chronobiologie Online, Wie Chronobiologie die Krebsbehandlung beeinflusst, Medichron Publications, Wilmington 2017, online: https://www.chronobiology.com/de/wie-chronobiologie-die-krebsbehandlung-beeinflusst/, abgerufen am 13.12.2017.

187 Joachim Taelman und Mitarbeiter, Influence of Mental Stress on Heart Rate and Heart Rate Variability, in: European Conference of the International Federation of Medical and Biological Engineering, Springer, Antwerpen, November 2008, S. 1366–1369, online: https://link.springer.com/chapter/10.1007/978-3-540-89208-3_324, abgerufen am 01.02.2018, und B. Thielmann und I. Böckelmann, Heart Rate Variability as an Indicator of Mental Stress in Surgeons, in: Zentralblatt für Chirurgie, Thieme, 2016, Vol. 141 (05), S. 577–582, online: www.thieme-connect.de/DOI/DOI?10.1055/s-0034-1396295, abgerufen am 01.02.2018, und Alfred Lohninger, Herzratenvariabilität – Das HRV-Praxislehrbuch, Facultas, Wien 2017, S. 19–24.

188 Bum-Jin Park u. a., Effect of Forest Environment on Physiological Relaxation using the Results of Field Tests at 35 Sites throughout Japan, in: Qing Li (Hrsg.), Forest Medicine, Nova Biomedical Verlag, New York 2013, S. 37–54.

189 Jeffrey Walch und Mitarbeiter, The Effect of Sunlight on Postoperative Analgesic Medication Use: A Prospective Study of Patients Undergoing Spinal Surgery, Journal of Psychosomatic Medicine, Vol. 67, 2005, S. 156–163, und Joonho Choi, Study of the relationship between indoor daylight environments and patient average lenght of stay (ALOS) in healthcare facilities, Master's Thesis, Texas A&M University, 2005.

190 K.M. Beauchemin und P. Hays, Sunny Hospital Rooms Expedite Recovery from Severe and Refractory Depression, Journal of Affective Disorders, Vol. 40, 1996, S. 45–51, und F. Benedetti und Mitarbeiter, Morning Sunlight Reduces Length of Hospitalization in Bipolar Depression, Journal of Affective Disorders, Vol. 62, 2001, S. 221–223.

191 J.D. Bullough und Mitarbeiter, Of Mice and Women: Light as a Circadian Stimulus in Breast Cancer Research, Journal of Cancer Causes and Control, Vol. 17 (4), 2006, S. 375–383.

192 Roger Ulrich, Biophilic Theory and Research for Health Care Design, in: Stephen Kellert (Hrsg.), Biophilic Design, The Theory, Science, and Practice of Bringing Buildings to Life, Wiley, Hoboken 2008, S. 93-96.

193 NewsWise, Natural Sounds Improve Mood and Productivity, Study finds, 12.05.2015, online: http://www.newswise.com/articles/natural-sounds-improves-mood-and-productivity-study-finds, abgerufen am 14.12.2017.

194 Mocha Casa Online, New Trend Alert: Indoor Trees, 19.11.2014, online: http://www.mochacasa.com/blog/new-trend-alert-indoor-trees/, abgerufen am 14.12.2017.
195 Bürowissen Online, In der Schweiz findet ein Wandel statt, online: http://www.buerowissen.ch/Zukunftsvisionen/Innovative-Burokonzepte-/#!prettyPhoto, abgerufen am 14.12.2017.
196 Office Snapshots, 31.01.2013, Inside the New Google Tel Aviv Office, online: https://officesnapshots.com/2013/01/31/google-tel-aviv-office-design/, abgerufen am 14.12.2017.
197 Juyoung Lee und Mitarbeiter, Forests and Human Health – Recent Trends in Japan, in: Qing Li (Hrsg.), Forest Medicine, Nova Biomedical, New York 2013, S. 245–248.
198 Stephen R. Kellert und Mitarbeiter, Biophilic Design – The Theory, Science, and Practice of bringing Buildings to Life, Wiley, Hoboken 2008, S. 190–191.
199 Wikipedia, Gaylord Opryland Resort & Convention Center, online: https://en.wikipedia.org/wiki/Gaylord_Opryland_Resort_%26_Convention_Center, abgerufen am 14.12.2017.
200 Kelsey Pudloski, Luxury Layover, World's Tallest Indoor Waterfall to be built in Singapore Airport, Buzz Buzz News US, 27.12.2014, http://news.buzzbuzzhome.com/2014/12/indoor-waterfall-singapore-airport.html, abgerufen am 15.12.2017.
201 Englisches Originalzitat: »Human society and the beauty of nature are meant to be enjoyed together. The two must be made one«, Ebenezer Howard, Garden Cities of To-morrow, MIT Press, Cambridge, Massachusetts 1965, S. 48.
202 Englisches Originalzitat: »As a minority ethnic group, Native Hawaiian youth and young adults face an array of issues associated with colonization, such as persistent structural discrimination and the loss of land and indigenous ways of knowing«, Alma Trinidad, Toward Kuleana (Responsibility): A Case Study of Contextually Grounded Intervention for Native Hawaiian Youth and Young Adults, in: Journal of Aggression and Violent Behavior, 01.11.2009, Vol. 14 (6), S. 488–498, online: https://www.ncbi.nlm.nih.gov/pmc/articles/PMC2790198/, abgerufen am 14.12.2017.
203 Hans Jonas, Das Prinzip Verantwortung – Versuch einer Ethik für die technologische Zivilisation, Suhrkamp, Berlin 2003, S. 33.
204 Englisches Originalzitat: »Hawai'i needs more progressive government leaders who value 'Aina and people ahead of corporate profit«, HAPA – Hawai'i Alliance for Progressive Action, online: http://www.hapahi.org/kuleana-academy/, abgerufen am 03.12.2017.
205 Vgl. http://www.thegardenprojectswcolorado.org/okcg_design
206 Der Tagesspiegel, Urban Gardening in Berlin – Das »Himmelbeet« in Wedding muss umziehen, 05.05.2017, online: http://www.tagesspiegel.de/berlin/urban-gardening-in-berlin-das-himmelbeet-in-wedding-muss-umziehen/19763308.html, abgerufen am 14.12.2017.
207 http://www.gartendeck.de, abgerufen am 14.12.2017.
208 Stadt Andernach Online, Besondere Auszeichnung für die essbare Stadt,

online: http://www.andernach.de/de/leben_in_andernach/essbare_stadt.html, abgerufen am 15.12.2017.

209 3sat, Gärtnern für Alle, Dokumentarfilm.

210 Vgl. www.beaconfoodforest.org

211 Steve Holt, Look Out, SXSW – This Food Forest could be the Coolest Thing in Austin, TakePart Online, 07.03.2014, online: http://www.takepart.com/article/2014/03/07/austin-hotbed-music-technology-andforaging, abgerufen am 15.12.2017.

212 Arte Thema, Chronisch vergiftet – Monsanto und Glyphosat, Arte, 2016.

213 Gartenpolylog Wien, Was sind Gemeinschaftsgärten, www.gartenpolylog.org/de/gartenpolylog-gemeinschaftsgarten/was-sind-gemeinschaftsgarten, abgerufen am 15.12.2017.

214 Englisches Originalzitat: »The results have tremendous potential for supporting future successful ageing programs and applicability to larger populations«, Hui Yu Chan, Ee Heok Kua und Mitarbeiter, Effects of Horticultural Therapy on Elderly's Health: Protocol of a Randomized Controlled Trial, BMC Geriatrics, 2017, Vol. 17, S. 192, online: www.ncbi.nlm.nih.gov/pmc/articles/PMC5576101, abgerufen am 15.12.2017.

215 Takehito Takane und Mitarbeiter, Tokyo Medical and Dental University, Urban Residential Environments and Senior Citizen's Longevity in Megacity Areas: The Importance of Walkable Green Spaces, in: Journal and Epidemiology and Community Health, Vol. 56, Issue 12, online: www.jech.bmj.com/content/56/12/913, abgerufen am, 15.12.2017.

216 Vgl. http://wuhlegarten.de/wer-wir-sind/

217 Englisches Originalzitat: »This place of interaction can be considered a human fundamental need that is essential for integration into a society. Intercultural gardens respond to a specific need of migrants, implying the active respect and collaboration of other societal actors and offering a space for practicing self- and mutual respect«, Claire Moulin-Doos, Intercultural Gardens: The Use of Space by Migrants and the Practice of Respect, in: Journal of Urban Affairs, Vol. 36, Nr. 2, 2013, DOI: 10.1111/juaf.12027, S. 197–206.

218 Zentrum ÜberLeben Online, https://www.ueberleben.org/unsere-arbeit/schwerpunkte/gartentherapie/, abgerufen am 16.12.2017.

219 Jan Hassink und Majken van Dijk (Hrsg.), Farming for Health, Green-Care Farming Across Europe and the United States of America, Springer, Dordrecht 2006, S. 21–126.

220 Chris Leck, Dominic Upton und Nick Evans, Social Aspects of Green Care, in: Christos Gallis (Hrsg.): Green Care for Human Therapy, Social Innovation, Rural Economy, and Education, Nova Biomedical, New York 2013, S. 155–180.

221 Englisch »anti-crime agents«, Kristine Hahn, Michigan State University Online, 08.03.2013, www.msue.anr.msu.edu/news/community_gardens_can_be_anti-crime_agents, abgerufen am 16.12.2017.

222 Gut Zitiert Online, www.gutzitiert.de/zitate_sprueche-gemeinschaft.html, abgerufen am 16.12.2017.

223 Schriftliche Mitteilung vom 04.01.2018.
224 Schriftliche Mitteilung vom 21.12.2017.
225 Englisches Originalzitat: »Until very recently, and for thirty-five years, I lived in the mountains just outside of the city of Boulder, in Colorado. I always felt blessed to coexist with many magnificent and inquisitive nonhuman animals. I remember, as I was writing one morning, a red fox ran in front of my office window, stopped, peered in, and trotted off«, schriftlicher Gedankenaustausch zwischen Marc Bekoff und Clemens Arvay vom 04.02.2018.
226 Englisches Originalzitat: »The fox was not my pet, and no good would come to him within his wild life by acclimating to my presence to that degree. He and the many other animals in the mountains always brought a smile to my face, but I never forgot that this place was their home first. And I hope I was able to act in ways that kept their homes a safe and peaceful place to live«, schriftlicher Gedankenaustausch zwischen Marc Bekoff und Clemens Arvay vom 04.02.2018.
227 Deutscher Naturschutzbund (NABU), Maßnahmen gegen den Vogeltod an Glas, online: www.nabu.de/tiere-und-pflanzen/voegel/helfen/01079.html, abgerufen am 03.02.2018.
228 American Bird Conservancy, An End to Birds Dying at Windows, online: https://abcbirds.org/program/glass-collisions/, abgerufen am 03.02.2018.
229 CBC Radio, A Million Birds die in Toronto every Year, 14.11.2017, online: www.cbc.ca/radio/docproject/travel-disasters-1.4389603/a-million-birds-die-in-toronto-every-year-and-she-s-trying-to-save-them-1.4391137, abgerufen am 03.02.2018.
230 Clemens G. Arvay, Der Heilungscode der Natur – die verborgenen Kräfte von Pflanzen und Tieren entdecken, Riemann Verlag, München 2016, S. 224.

REGISTER